세상에 단 하나

나만의 명품 백

DIY

나

운

의

명품 백

about 이지은

1990년 (주)핵사 International Design에 입사해 실력을 다진 뒤 1993년
청담동에 IHN Design을 설립, 고급스럽고 개성 강한 인테리어와
패브릭으로 금세 그 이름이 알려졌다. 반복되는 이미지나 틀에 박힌 구도를
경계하는 그의 감각은 조금씩 걷는가 싶더니 어느새 먼저 고지에 오른
거북이의 여유와 믿음을 갖게 한다. 디자이너들 사이에선 이미 알아주는
Bag 수집가로, 이번에 전업을 고려할 만큼 Bag 만들기에 흠뻑 빠졌다.

www.ruahands.com

학창시절 가정시간에 했던 바느질, 뜨개질은
왜 그렇게 싫었던지....
아마 적지 않은 숙제 거리 때문이었을 겁니다.
바로 어제 일인 듯한데,
그 싫었던 것들에 자꾸 눈이 가기 시작합니다.
세상은 참 빠르게 변하지만 옛것에 눈이 가는
것은 추억 때문만은 아닌 것 같습니다.
감동적인 것, 따뜻한 것에 대한 갈망이 아닌가
싶습니다.
이런 것들을 놓치고 싶지 않은 마음으로
가방을 만들기 시작했습니다.
학창시절을 지내온 분이라면 누구나 할 수
있는 간단한 방법들로 만들었습니다.
조그만 천 조각들이 어울려 어떻게 하면
쓸 만한 가방이 될 수 있을까 생각했습니다.
누군가에게 선물하고 싶을 때 마음을 담아줄
수 있는 가방들도 있습니다.
추수할 때를 기다리는 농부의 마음이
되어봅니다.
부족하지만 이 책을 통해 자신만의 개성이
담긴, 진정한 명품의 의미를 가져가셨으면
합니다.
무엇보다 주님께 감사드립니다.
또한 실패한 가방도 기쁘게 들고 다녀주는
세 딸들, 무조건 응원해주는 남편과 가족들,
기도의 후원자들, 특히 이 일을 같이 해준
동희, 부족한 솜씨의 가방들을 잘 기획해서
책으로까지 나올 수 있게 애써주신 많은
분들께 감사드립니다.

CONTENTS

CONTENTS

CONTENTS

1 이 책은 화보와 만들기 페이지를 분류하여 구성했다. 패션의 마무리인 가방의 스타일링 방법과 전체적인 느낌을 볼 수 있도록 앞쪽에 비주얼을 배열하고, How To Make (만들기) 페이지를 별도로 기재했다.

2 How To Make (만들기) 페이지는 만드는 과정을 일러스트 비디오 형식으로 구성해 자세히 설명했다. 또한 만들기의 중요한 부분을 클로즈업하여 쉽게 이해할 수 있도록 했다.

3 PATTERN 모서리를 둥글려야 하는 디자인이나 모양이 독특한 가방은 실물 사이즈 패턴을 별도로 넣어 초보자도 패턴만 잘라서 그대로 만들 수 있게 했다.

4 가방 완성 사이즈는 가로(W)×세로(H) × 폭(D)으로 표시했다.

5 마름질 보는 방법

——————— 완성선(실물 본 사이즈)

——————— 안내선(시접선, 재단선)

·················· 접는 선

■ 원단 사이즈는 재단에 필요한 최소 사이즈를 5㎝ 단위로 자를 수 있도록 표시했다. 예를 들어 재단 사이즈가 22×48㎝이라면, 천을 25×50㎝로 준비한다.

■ 대부분은 원단의 식서 방향으로 재단하고, 특별한 경우에만 식서 방향을 따로 표시했다.

■ 시접은 기본 1㎝로 하고, 특별한 경우에는 따로 표시했다.

■ 모서리가 둥근 가방의 재단에 표시된 R은 원의 지름을 나타낸다. 예를 들어 밑단 모서리에 R6이라고 표시되었다면 지름 6㎝짜리 원에서 옆선과 바닥을 연결하여 모서리를 둥글리면 된다.

6 일러스트 보는 방법

겉감(겉) · 안감(안)　　　　겉감(안)

접착심　　　　안감(겉)

뒤집는 표시

■ 과정 중 빨간색으로 표시된 점선(- - - - - - -)은 박음선을 나타내며, 검은색 점선(- - - - - - - -)은 이미 박음질된 부분이다.

Baguette Bag with Cross Stitch

십자수로 멋을 낸 코듀로이 바게트 백

고급스러운 와인과 브라운 컬러가 매치된, 가로로 긴 모양의 바게트 백. 대비되는
컬러의 실로 가방 본체에 수놓은 눈 모양의 십자수와 땀이 도드라지도록 홈질한
손잡이의 스티치 디테일이 이 가방의 포인트. 화이트나 뉴트럴 컬러의 내추럴 의
상에 매치하면 전원의 여유로움이 묻어나는 색다른 패션 소품이 된다.

p68

Comfort Zone, Utility Bag

레이스와 리본으로 컬러 악센트를 준
실용 만점 숄더백

책가방처럼 뚜껑이 있어 여닫기 편리한 숄
더백. 레이스뜨기로 테두리에 컬러 감각을
더하고, 포인트가 되는 색상의 테이프로 장
식을 하여 한결 경쾌한 느낌이다. 컬러풀한
옷이나 빈티지 스타일의 레이어드 룩에 매
치하여 세련되면서도 실용적인 감각이 돋보
이도록 연출하기에 그만이다.

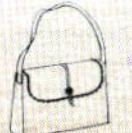 p70

Bloom Pattern Casual Bag

꽃 문양이 은은한 소파 원단으로 만든 사각 숄더백

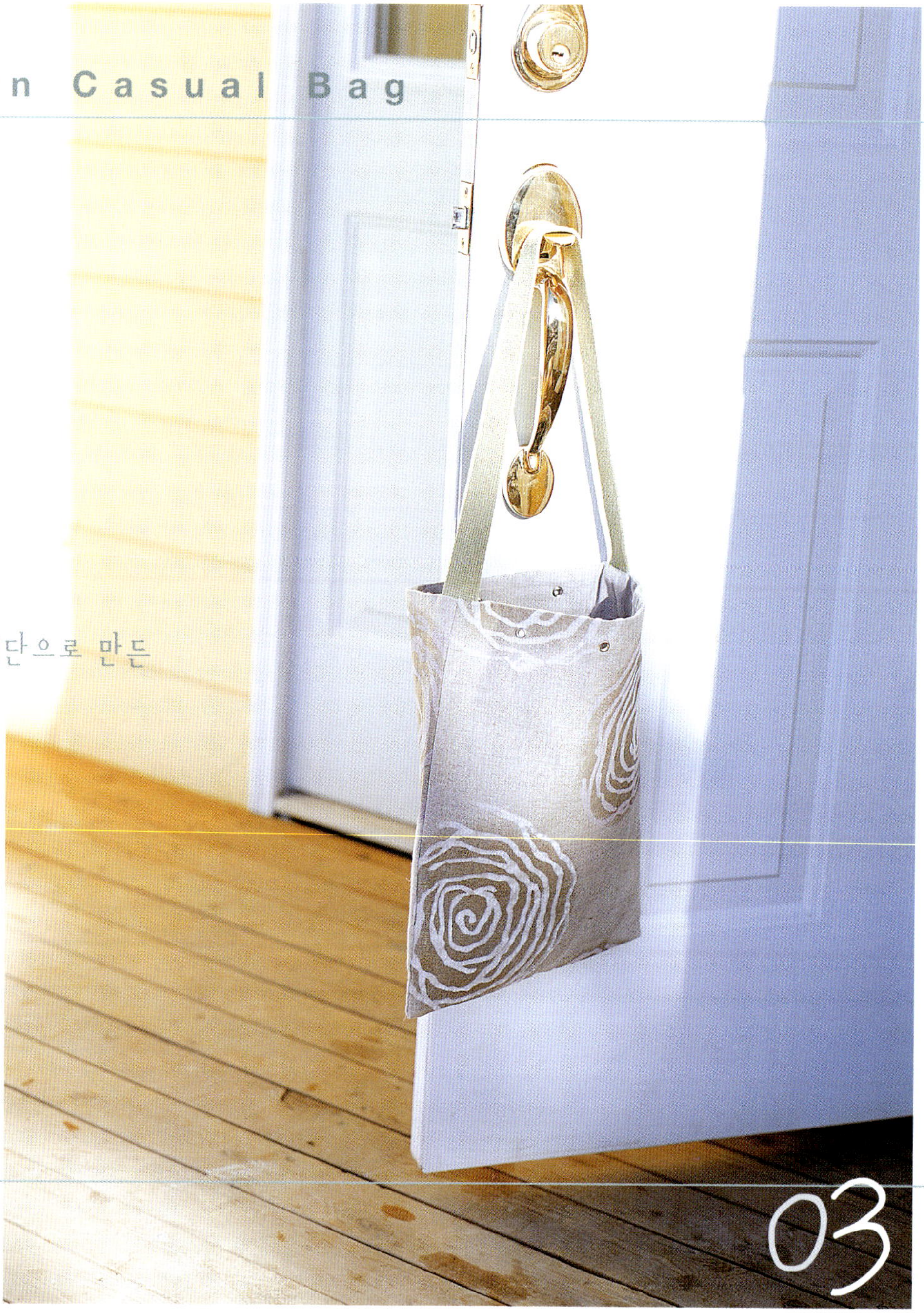

톡톡한 질감의 소파 커버용 원단을 이용한 사각 숄더백. 커다란 꽃무늬가 엠보싱 처리되어 빛의 각도에 따라 텍스처의 느낌이 달라지므로 자신의 스타일에 맞게 가방끈을 면, 가죽 등으로 적절하게 선택하면 활용도 높은 일상용 가방으로 최고. 이처럼 프린트에 임팩트가 있거나 문양이 복잡한 원단으로 가방을 만들 때 디자인은 최대한 단순하게 하는 것이 좋다.

03

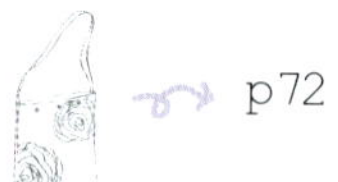

p72

Reversible Cute Bag

체크와 가죽의 두 얼굴, 캐주얼 양면 가방

파스텔 톤 체크무늬와 시크한 메탈 느낌의 가죽 원단을 각각 앞뒤로 구성한 양면 가방. 특히, 가죽 면은 위쪽에 셔링을 잡아 입체적인 느낌을 살림으로써 세련되면서도 여성적인 이미지를 놓치지 않았다.

04

p74

fabric bag

가을바람 솔솔 부는 잎사귀 자수
내추럴 숄더백

한 편의 서정시 같은 분위기를 듬뿍 머금은 내추럴 무드
숄더백. 짚을 꼬아 가방끈을 만들고, 은근한 향이 퍼질 것
같은 라벤더 모양을 수놓았다. 이러한 디테일과 브라운 톤
이 어우러져 고요한 자연의 아름다움을 표현할 뿐 아니라
수납공간이 넉넉해 실용성까지 고루 만족시킨다.

05

p76

Pin-tuck Detail Big Bag

p78

수납력 짱짱한 자연주의 빅 백

턱시도 스타일의 셔츠 등에 주로 활용하는 핀턱 기법으로 천을
집어 스트라이프로 박음질한 디자인의 가방, 세로로 길게 핀턱
을 잡아 가방 사이즈가 커서 형태가 늘어지거나 망가지는 것을
최소화했다. 또한 입구 부분에 긴 끈을 달아 복조리 모양으로
여밀 수 있는 아이디어가 돋보인다.

위트 넘치는 장식을 한 원통형 숄더백

세로로 길어 다소 지루해 보일 수 있는
가방 모양이지만, 겉감을 분할하여 가
로·세로 스트라이프 패턴을 조합함으
로써 시선을 분산시켰다. 또한 세로 라
인 중간 중간에 자투리 천과 단추 등의
장식 요소로 여성스러움을 더하고, 견
고한 가죽의 가방끈을 손바느질로 연결
해 스티치를 살린 것이 특징.

07

p80

fabric bag

3×3 Patchwork

질감이 다른 원단을 패치워크한 실용 가방

조각 천을 조합하여 구제 느낌을 살린 토트백. 메탈 같은 광택이 있는 가죽 원단 5피스를 안정감 있게 배열하고 포인트가 되는 천을 매치하여 빈티지 룩을 마무리했다. 최소한의 재료를 최대한 활용하는 핸드메이드 패션 아이템으로 제격.

8 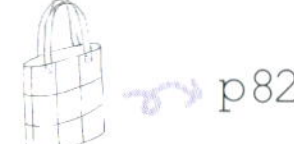

p82

Old-time Elegance

내구성 뛰어난 빈티지 스타일 토트백

블랙에서 그레이로 이어지는 그러데이션 기법으로 멋스럽게 무채색을 매치한 토트백. 중간에 레이스뜨기 장식으로 향수어린 옛 느낌을 살린 빈티지 스타일. 촌스러운 듯 우아한 언밸런스를 살리거나 자신없다면 고급스러운 파시미나 숄 또는 뜨개 머플러 등의 다른 패션 소품과 매치하는 센스가 중요하다.

09 

p84

Eye-catching Mustard Color

머스터드 컬러의 퍼 소재 패브릭과 두건이나 손수건 등에 많이 쓰
는 빈티지 패턴의 브라운 면 원단을 매치한 사랑스러운 토트백.
분리 수납할 수 있도록 칸막이를 구성하여 더욱 편리하다. 특히
물건을 넣었을 때 가방 입구 쪽이 늘어지지 않도록 칸막이에 고무
줄을 넣어 탄탄하게 디자인한 것이 특징.

 p86

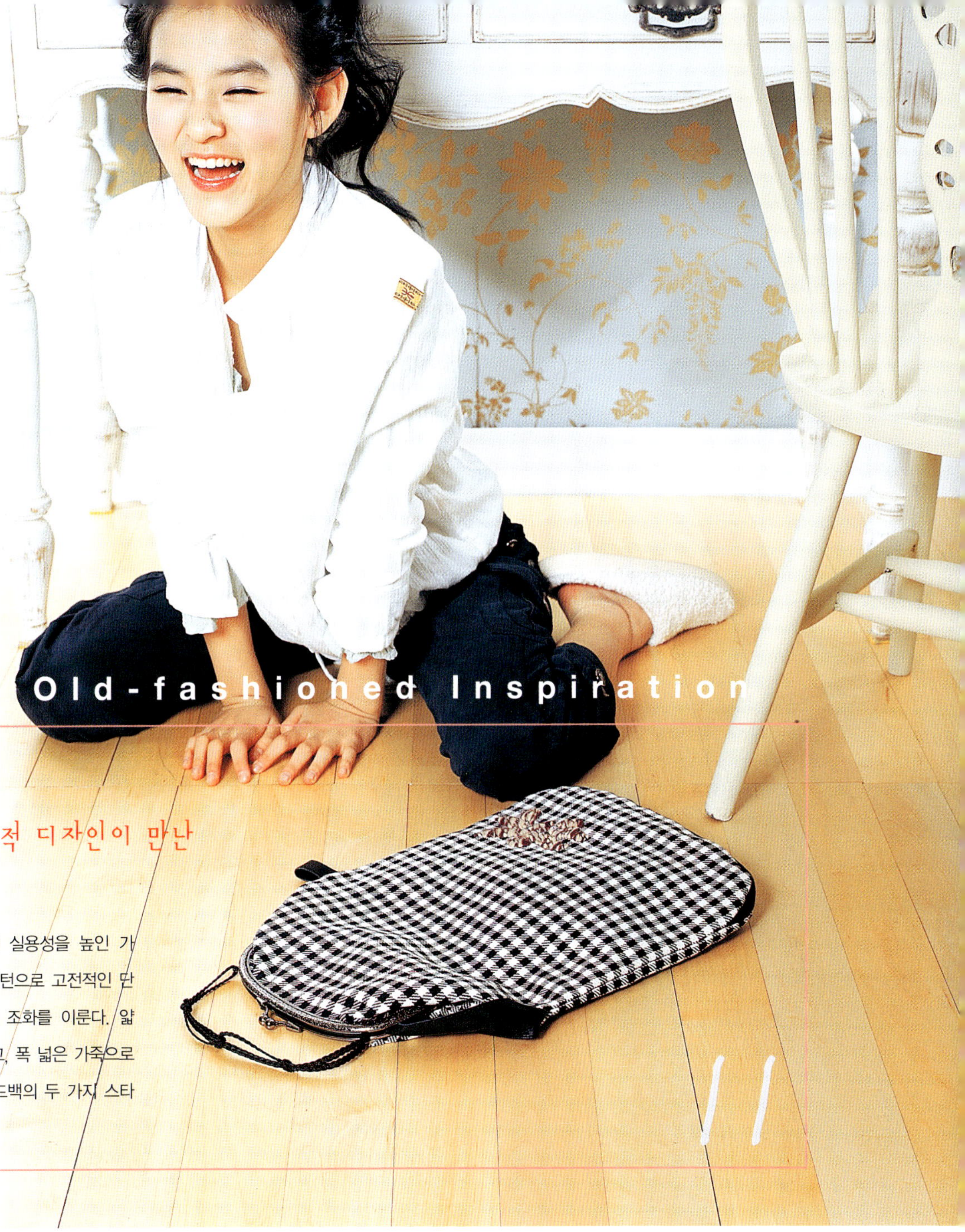

Old-fashioned Inspiration

복고풍 손잡이와 실용적 디자인이 만난 캐주얼 멀티백

클러치를 세로로 길게 디자인하여 실용성을 높인 가방. 블랙 & 화이트의 깅엄 체크 패턴으로 고전적인 단정함과 색다른 디자인의 산뜻함이 조화를 이룬다. 얇은 가죽 끈을 땋아 손잡이를 만들고, 폭 넓은 가죽으로 긴 끈을 연결하여 숄더백 혹은 핸드백의 두 가지 스타일로 활용할 수 있다.

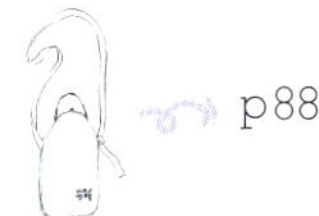

p88

단아하고 고급스러운 색감의
뜨개 장식 핸드백

호보백에 많이 활용되는 동글동글하게 라운딩된 형태의 숄더백. 코코아처럼 부드러운 질감의 면 스웨이드 본체와 여러 가지 색상이 섞인 털실로 뜬 가방 덮개로 디자인하여 포멀 룩과 캐주얼 룩에 다양한 표정을 연출한다. 따로 옆면을 넣지 않아 슬림한 스타일이지만 가방에 셔링 디테일을 가미하여 입체감을 살린 것이 특징.

12

p 90

Cheerful Color, Knit Tote

경쾌한 컬러의 앙증맞은 손뜨개 미니 토트백

p92

다섯 가지 색상의 올 굵은 털실을 이용해 가장 쉬운 메리야스뜨기로
다소 투박한 느낌을 살려 완성한 미니 토트백. 빨간색 손잡이로 경쾌한
포인트를 주고, 토글(일명 떡볶이 단추)로 여밈 처리하여 캐주얼 감각
을 살렸다. 클럽 갈 때 악센트 소품으로 가볍게 들 수 있고, 파우치로
사용하기도 좋다.

023
fabric bag

하트 & 비즈 포인트
코듀로이 크로스 백

여행용 여권 지갑으로 활용하기에
적격인 초미니 사이즈의 슬림 크로
스 백. 라임색 티셔츠나 흰색 스웨
터 등과 잘 어울리는 딥와인 컬러
의 부담 없는 '가는 골 코듀로이'
원단을 선택하고 하트 액세서리와
반짝이는 비즈를 총총 박아 큐트한
이미지를 더했다.

p93

Exciting Rock'n'roll Bag

어깨끈이 넓어 편안한
금속 장식 다용도 가방

까슬까슬하고 광택이 있는 원단으로 큼
직하게 만든 가방. 자유분방한 밀리터리
룩이나 로맨틱 히피 스타일의 레이어드
룩에 매치하여 스타일리시한 패션 리더
로 변신해보자. 테두리에 일정한 간격으
로 금속 장식을 박고 여밈 덮개 색상을
달리하여 복잡하지 않으면서도 독특한
감각을 과시했다.

p94

p96

아가자기한 꽃무늬, 복고풍 미니 백

터치감이 살아 있는 색색깔의 플로럴 프린트 클러치. 패브릭 자체의 패턴만으로 가방은 꽃밭이 된다. 가방끈을 안으로 넣고 벨벳 재킷이나 원피스에 매치하여 클러치로 포인트를 주면 한결 럭셔리한 소품이 되고, 가방끈을 길게 하여 청바지와 티셔츠에 매치해 크로스로 매면 화사하고 깜찍한 캐주얼 소품이 된다.

Metallic Eyelet Bag

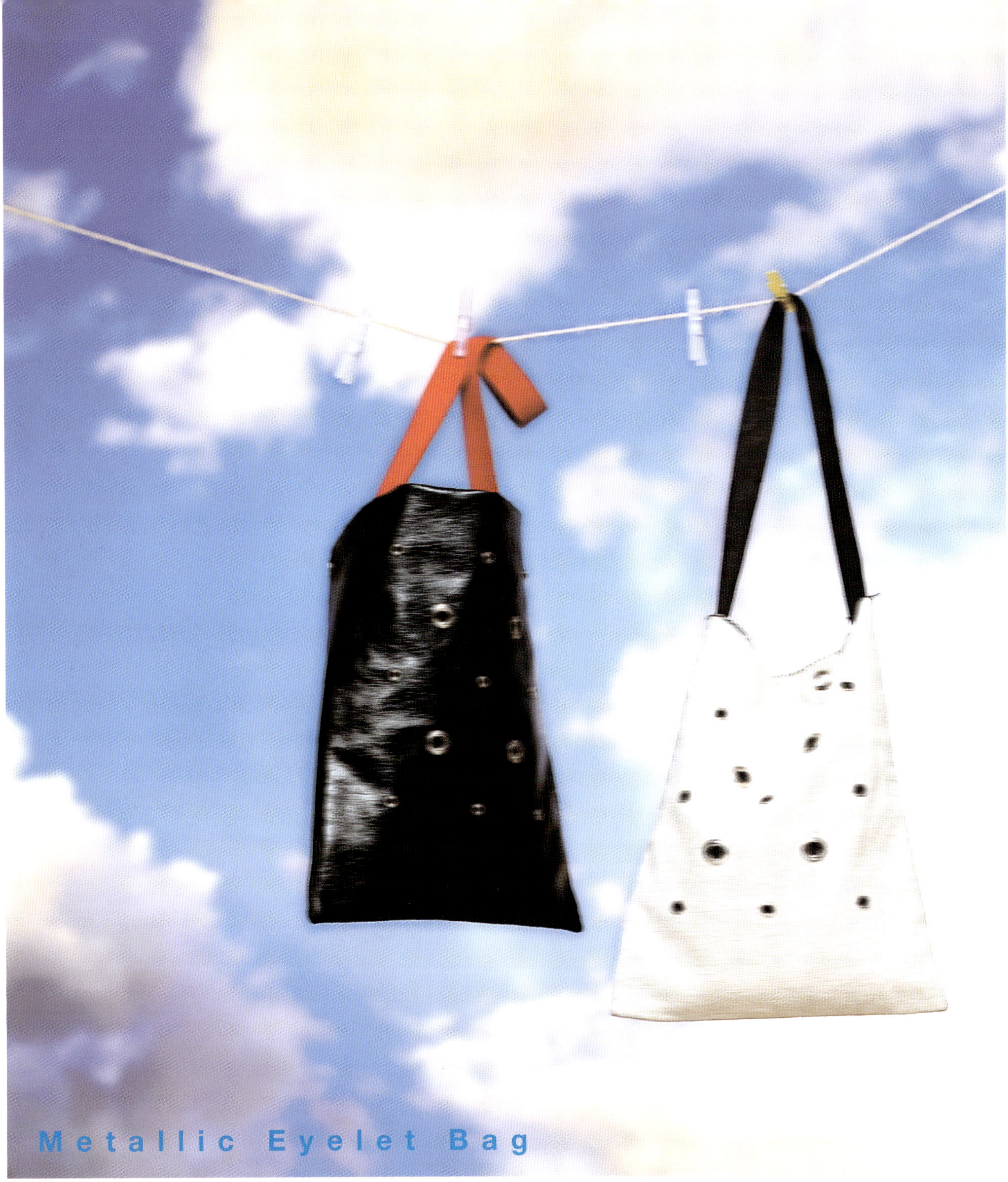

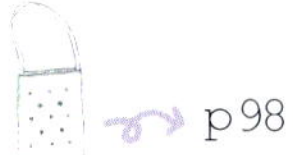

p98

아일릿 장식의 심플 사각 가방

단조로운 디자인이지만 세련된 컬러 매치와 메탈 아일릿 장식으로 한 단계 스타일리시하게 변신한 직사각 가방. 원단이 너무 얇으면 가방 입구 부분이 힘없이 늘어져 모양이 예쁘지 않으므로 블랭킷 스티치로 각을 잡아주어야 견고한 느낌으로 사용할 수 있다.

Funny Variety

18

상큼한 컬러 매치, 미니 토트백

경쾌한 컬러의 가방에 레이스, 비즈 등 아기자기한 장식 요소를 플러스해 잔재미를 더한 토트백. 지갑과 휴대폰 등 간단한 물건을 수납할 수 있는 미니 사이즈이다. 바닥 쪽에 다트를 넣어 가방 모양이 흐트러지지 않도록 만드는 것이 포인트.

p100

p102

p104

p105

19~21

톡 쏘는 레몬처럼, 상쾌한 바다내음에 날아갈 듯 기분 좋은 비치 토트백 시리즈. 레트로 스타일에 자주 사용되는 큼직한 연속 패턴과 톡톡 튀는 컬러, 귀여운 모양이 어우러져 심플한 캐주얼 의상에 포인트가 된다. 모양과 색상을 달리해 만들어 다양하게 연출해보는 것도 아이디어.

레몬처럼 톡 쏘는 맛, 비치 토트백 시리즈 1·2·3

Hard-Handled Formal Bag

스티치 장식으로 캐주얼 감각 살린
뉴요커 스타일의 기본 백

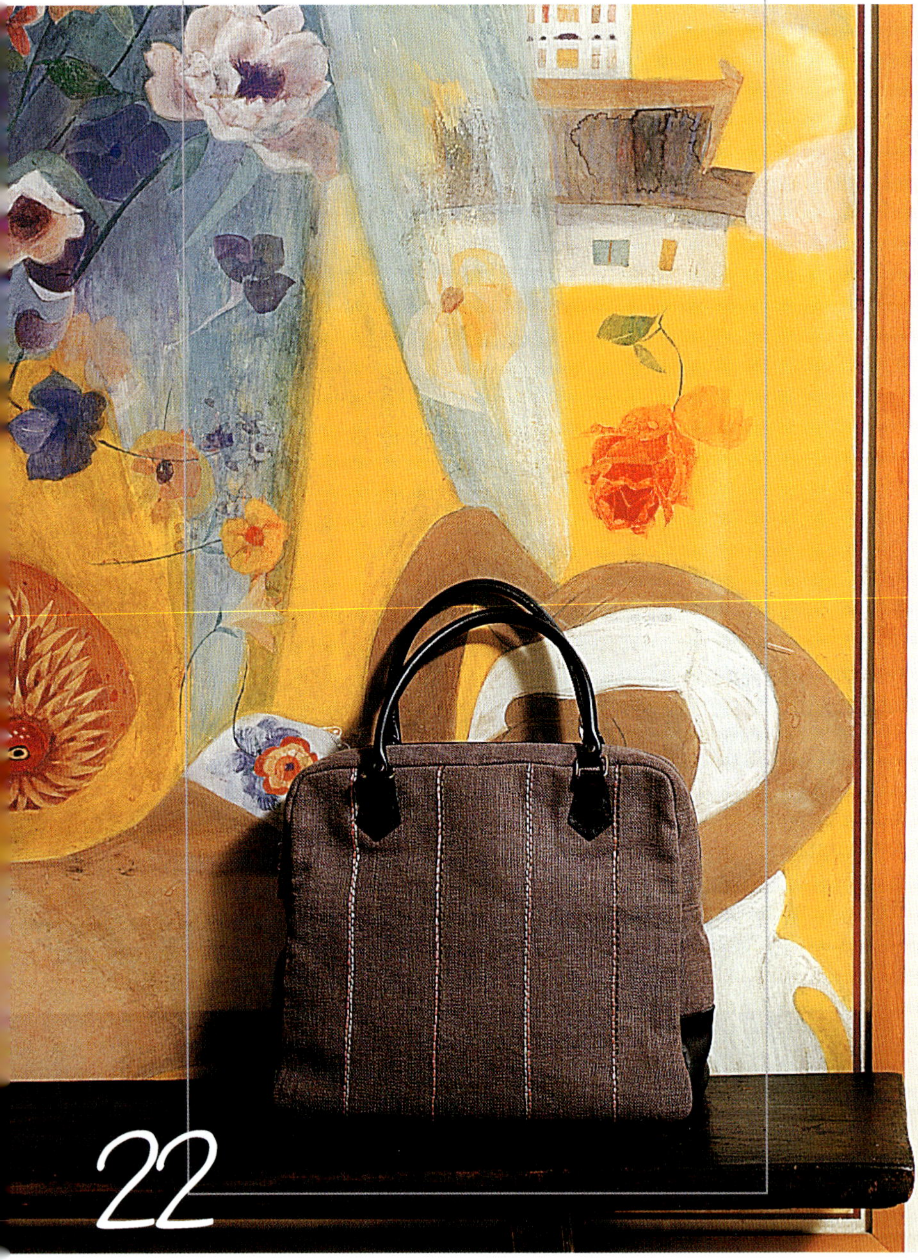

22

서류 가방을 연상케하는 디자인의 매니시한 핸드백. 가방 앞뒤에 세로로 길게 투톤으로 십자수를 놓아 단조로움을 피한 이 가방은 뉴요커 스타일의 시크한 룩에 잘 어울린다. 또한 옆단 아래쪽부터 바닥까지 가죽으로 견고하게 처리하였고, 버클로 연결되어 잡기 편한 가죽 손잡이를 사용하여 고급스러움을 더했다.

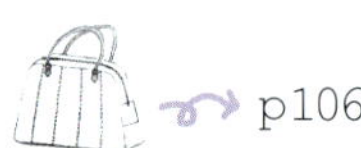

p106

레이스뜨기로 로맨틱 감성을 더한 블랙 심플 숄더백

블랙 & 그레이의 세련된 컬러 매치가 돋보이는 숄더
백. 어깨에 매면 힙 라인 정도까지 내려오는 길이로 사
용이 편리하고, 워싱 소재로 만들어 어떤 옷에나 멋스
럽게 어울린다. 디자인적인 특징은 플랩 테두리의 레이
스뜨기 장식. 심플한 디자인에 복고적인 감각을 불어넣
은 아이디어가 새롭다.

23

 p108

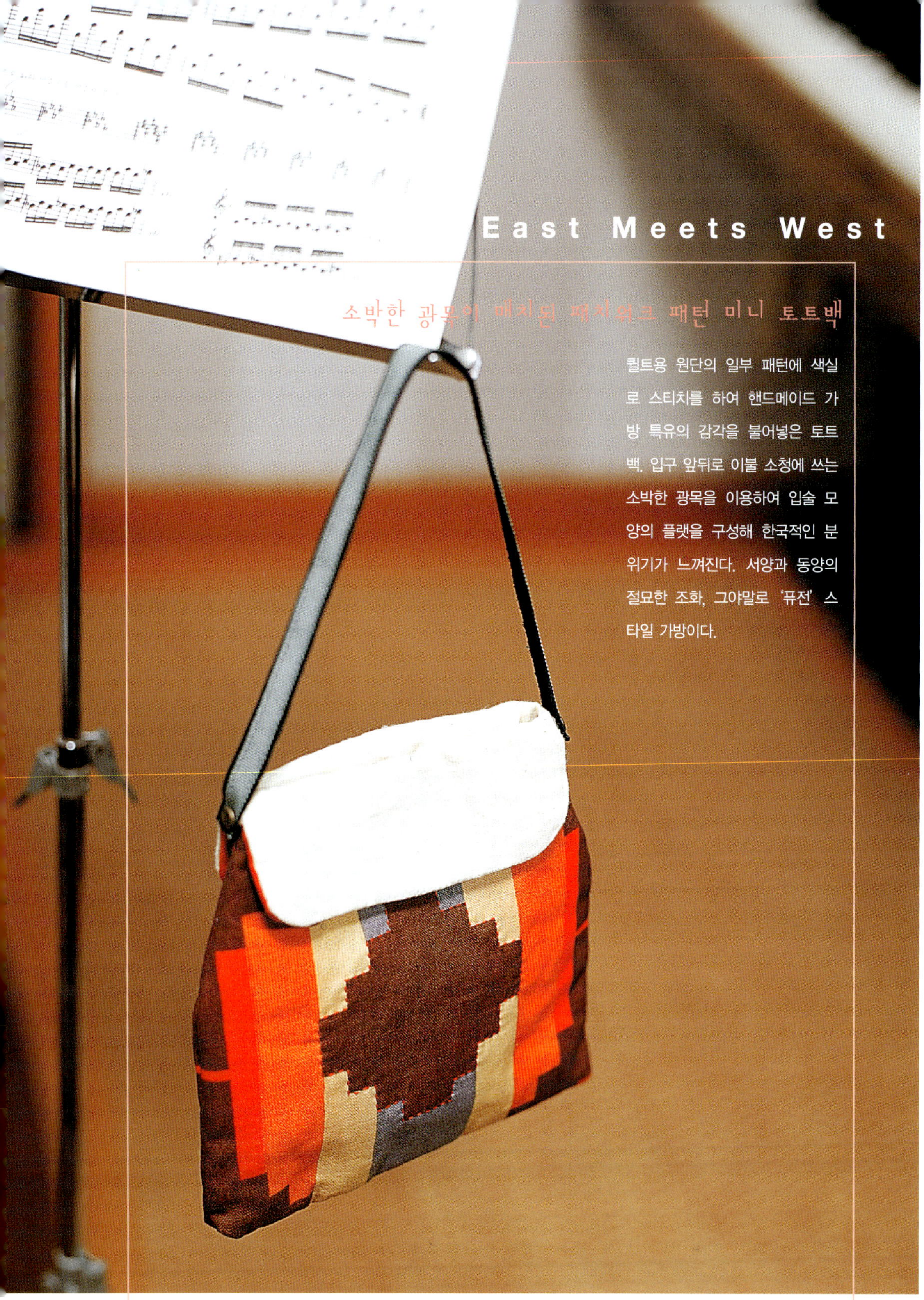

East Meets West

소박한 광목이 매치된 패치워크 패턴 미니 토트백

퀼트용 원단의 일부 패턴에 색실로 스티치를 하여 핸드메이드 가방 특유의 감각을 불어넣은 토트백. 입구 앞뒤로 이불 소청에 쓰는 소박한 광목을 이용하여 입술 모양의 플랩을 구성해 한국적인 분위기가 느껴진다. 서양과 동양의 절묘한 조화, 그야말로 '퓨전' 스타일 가방이다.

24

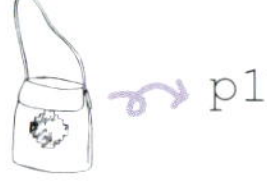

p110

우아한 파티의 주인공으로 변신
럭셔리 미니 백

고전적인 화려함의 대명사인 조가비 모양 미니 손가방.
앤티크한 메탈 입술 잠금과 결이 고운 벨벳 소재가 어
우러져 점잖은 자리나 행사가 있는 날 특별함을 과시할
수 있는 패션 액세서리이다. 홈질로 수놓은 앤티크 의
자 장식과 고풍스러운 느낌을 더욱 살려준 빨간색 파이
핑도 빼놓을 수 없는 중요한 디자인 요소.

p112

자투리 천과 리본을 백 배 활용한 큐트 크로스 백

선물 받은 포장용 리본, 사용하고 남은 천과 털실 등
만 모아두어도 큰돈 들이지 않고 개성 넘치는 패션 소
품 몇 개쯤 뚝딱 만들 수 있다. 가방 앞판에 주름과 스
티치 디테일을 살려 자투리 리본과 천으로 장식한 아
이디어가 반짝반짝 빛나는 코듀로이 크로스 백. 기다
란 가방 끈의 일부를 뜨개 테이프로 연결한 센스도 놓
치지 말 것.

26

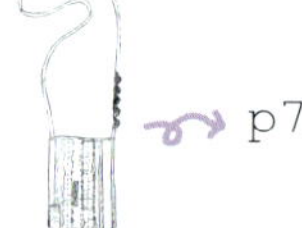

→ p75

27 산뜻한 계절감 살린 털실 디테일 미니 백

컬러와 질감이 소프트한 스웨이드 패브
릭으로 만든 클러치 가방의 비밀은 전
면의 뜨개 장식에 있다. 부드러운 스웨
이드와 5가지 색상의 털실로 굵게 뜬
대바늘뜨개는 질감의 대비 효과로 특유
의 독특한 멋을 자아낸다. 이로써 가방
은 수납의 용도뿐 아니라 패션을 마무
리하는 액세서리의 역할을 톡톡히 해내
야 한다는 임무를 완벽 수행!

 p114

Patchwork Silk Bag 28

화려한 공단 패치워크 파티 백

은은한 문양의 푸른색 공단과 길이를
달리 하여 잔잔한 리듬을 실은 자투리
원단을 조각보처럼 맞춰 바느질한 사다
리꼴 숄더백. 앙증맞은 노란색 비즈로
경쾌한 포인트를 주고, 얇은 끈으로 여
밈 처리를 하는 등 섬세한 디테일에 주
목할 것.

 p116

Rounding Designed Woolen Bag

자투리 부재료의 알뜰한 쓰임새
라운딩 숄더백

가방 본체가 호보백처럼 겨드랑이 바로 밑으로 내려와 착용감이 편한 울
소재 가방. 리본과 스팽글, 코바늘뜨개 등의 자잘한 소품으로 마치 미완성
작품처럼 가방을 장식한 것이 그 자체의 스타일로 완성된다. 또 하나의 숨
겨진 아이디어는 가방끈. 하나는 앞쪽에, 또 하나는 뒤쪽에 고정시켜 가방
을 들거나 멜 때 입구가 벌어지지 않는다.

p118

바람 소리가 들리는 듯한
그물 장식 토트백

패션리더의 필수 아이템인 데님에 가죽과
메시 원단을 연결하거나 겹쳐 버라이어티
한 분위기가 완성되었다. 주의할 점은 메시
를 연결할 때 부자연스러울 수 있으므로
위에 리본 테이프를 한 줄 겹쳐 박아 깔끔
하게 마무리해야 한다는 것. 흰색 면 티셔
츠에 청바지만 입어도 그물 장식 토트백
하나만 매치하면 2배쯤 스타일리시해진다.

30

p120

Two Tone Stitched Trunk
내 마음 같은 친구처럼 편안한 여행 가방

무거운 하드케이스 대용으로 사용하기에 적격인 패
브릭 트렁크. 3면으로 지퍼가 연결되어 가방의 앞판
이 뚜껑처럼 구성된 디자인으로, 물건을 넣고 꺼내기
수월하다. 일정한 간격으로 폭을 표시하고 두 가지
색실로 십자수를 놓아 스트라이프 무늬를 연출, 내추
럴한 장식의 묘미까지 살린 실용 아이템.

31
p122

나무 한 그루 멋스럽게 수놓인
코듀로이 크로스 백

앞면에 빨간 열매가 총총 달린 나무 한 그루를 수놓은 코듀로이 소재의
페이퍼 백. 폭 없이 납작한 스타일로, 리포트나 서류 등의 부피감이 적은
물건을 넣기에 좋다. 가방을 만들 때 겉끼리 겹쳐 바느질해 뒤집지 않고
안끼리 겹쳐 겉에서 바로 오버로크 처리했으며, 이때 박음선을 두 가지
색으로 하여 장식성을 더한 것이 특징이다.

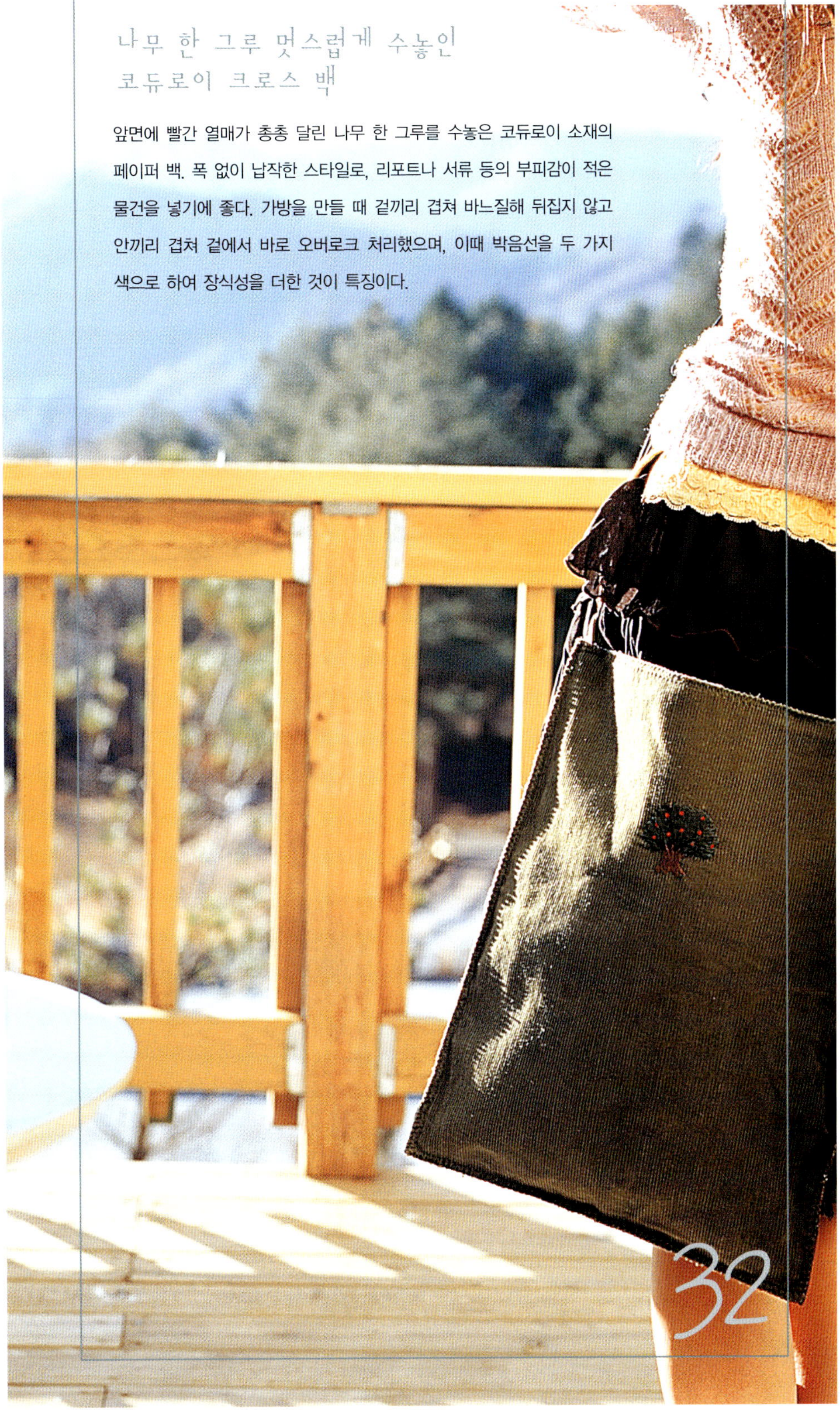

32

p124

포근한 모직 소재의
리본 디테일 토트백

저렴하고 따뜻한 겨울 소재로
매년 각광받고 있는 폴라플리
스 원단으로 포근한 느낌을
살린 캐주얼 토트백. 힘없이
부드러운 소재임을 감안하여
안에서 한 번 박고, 겉에서 모
서리 각을 세워 한 번 더 눌러
박아 모양을 잡았고 가방 양
옆에 똑딱단추를 달아 입구
부분이 늘어지지 않도록 했다.

p126

털실로 꽃을 수놓은
실용 사이즈 토트백

검은색·하늘색·갈색 옥스퍼드를 각각 폭을 달리 하여
연결한 기본형 토트백. 부드러운 가죽으로 두툼하게 손잡
이를 만들어 안정감을 더하고, 앞면에 보송보송한 털실의
결을 살려 꽃 넝쿨 모양의 수를 놓은 것이 특징. 담백하고
캐주얼한 디자인에 여성스러운 장식이 더해져 다양한 룩
을 소화할 수 있는 패션 소품으로 업그레이드되었다.

34

p128

p130

로맨틱 히피 스타일 사다리꼴 토트백

페이즐리 문양, 잔잔한 꽃무늬, 히스토리컬 패턴 등의 빈티지 룩에 자주
이용되는 이국적인 에스닉 패브릭으로 토트백을 완성했다. 고급스러운 질
감의 가는 테이프 두 줄로 시선을 붙잡고, 비즈 장식으로 마무리한 패션
아이템. 커다란 링, 색색의 비즈, 늘어지는 장식 등 화려한 보헤미안 스타
일의 액세서리와 매치하면 더욱 멋스럽다.

Metal like Leather, Party Bag

메탈릭 가죽과 공단의 매치
오리엔탈 디테일 숄더백

광택 있는 가죽과 고풍스러운 오리엔탈
패턴의 공단이 어우러진 숄더백. 여성스
러운 실크 소재 원피스나 블라우스, 여
유 있는 니트 카디건, 민속 의상을 연상
케 하는 자수 장식 원피스 등 로맨틱 히
피 스타일 연출에 딱 어울린다.

36

p132

동양적 세련미의 극치
고전 무양의 미니 백

톤 다운된 그린색 공단과 약간
바랜 듯한 광목이 매치되어 동
양적인 매력을 발산하는 미니
토트백. 겉단에 색실로 땀을 넣
어 고즈넉한 멋을 더하고, 아일
릿과 가죽 손잡이로 실용성도
놓치지 않았다.

Real Oriental Accent

37

p134

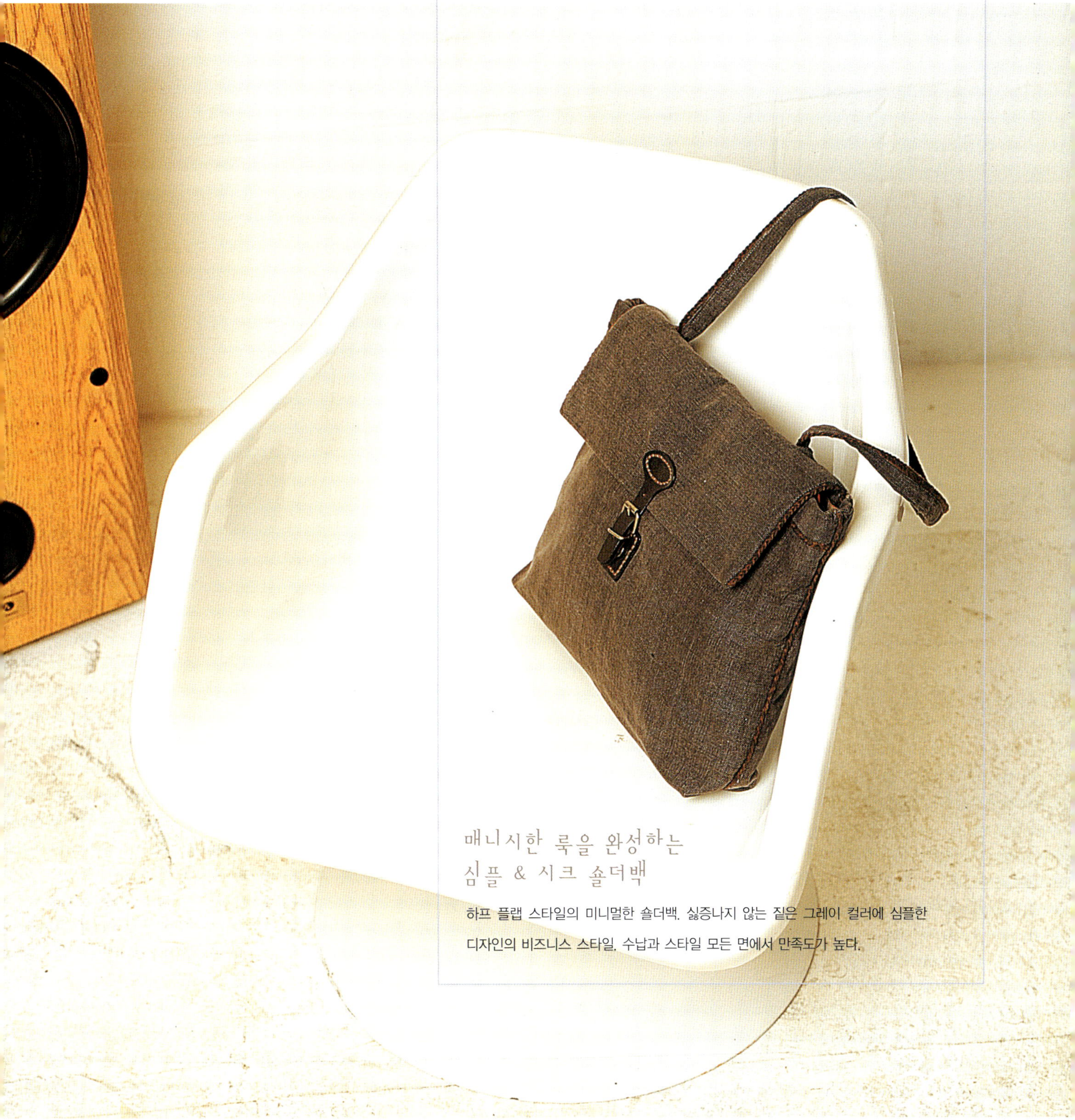

매니시한 룩을 완성하는
심플 & 시크 숄더백

하프 플랩 스타일의 미니멀한 숄더백. 싫증나지 않는 짙은 그레이 컬러에 심플한
디자인의 비즈니스 스타일. 수납과 스타일 모든 면에서 만족도가 높다.

p136

기본에 충실, 활용도 만점
내추럴 토트백

다른 가방에 비해 폭이 엄청
길어 장바구니로 활용하기
에 적합한 기본 스타일 토트
백. 은은한 베이지 컬러와
캐러멜 컬러 가죽 끈의 매치
가 세련된 느낌이다.

39

 p138

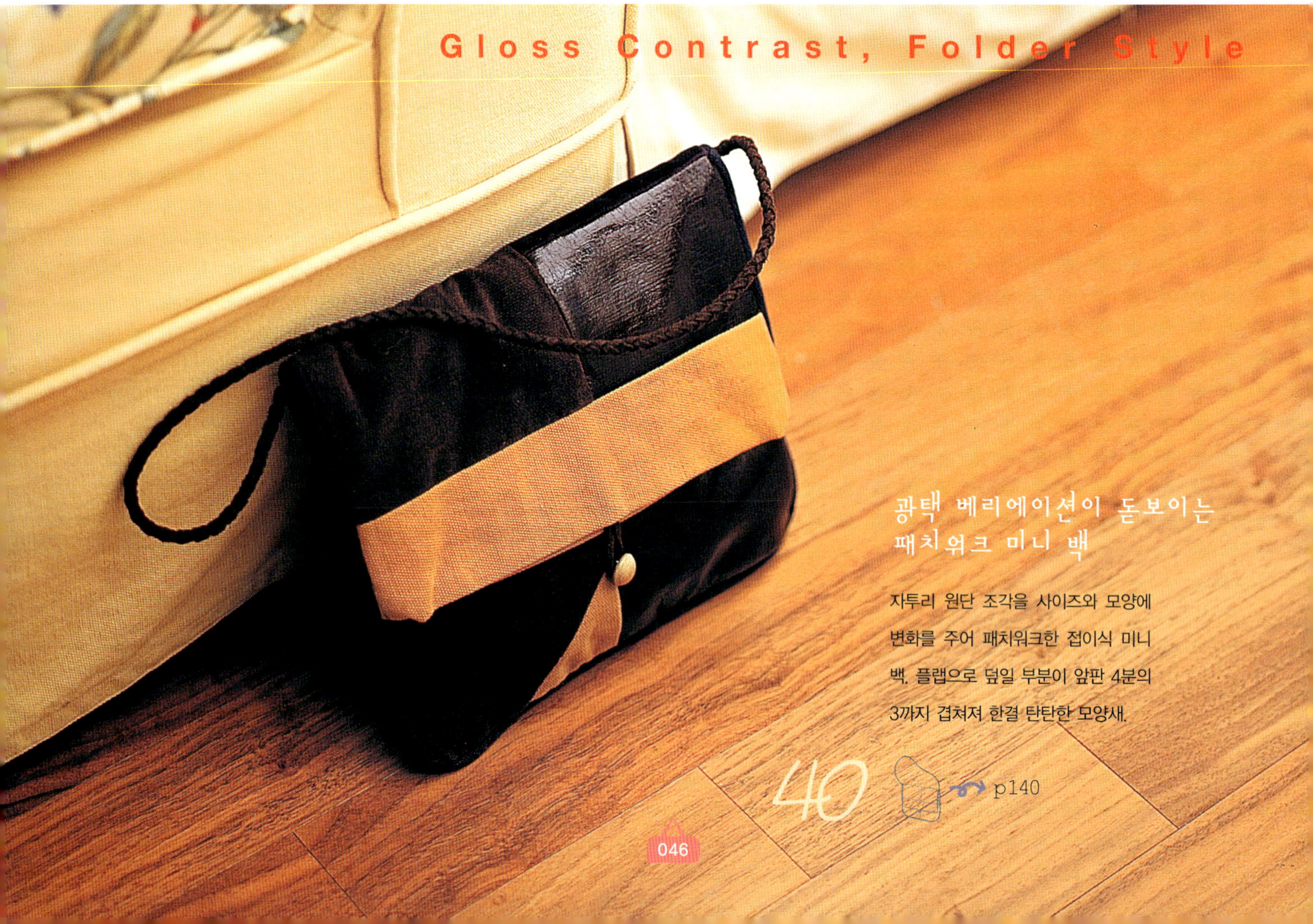

Gloss Contrast, Folder Style

광택 베리에이션이 돋보이는
패치워크 미니 백

자투리 원단 조각을 사이즈와 모양에
변화를 주어 패치워크한 접이식 미니
백. 플랩으로 덮일 부분이 앞판 4분의
3까지 겹쳐져 한결 탄탄한 모양새.

40 p140

Korean Patterned Slim Bag

전통 문양을 활용한 직사각 실크 백

방패 모양으로 천을 연결해 붙인 슬림 핸드백으로 독특한 재단 아이디
어가 돋보인다. 옆면의 폭을 얇게 잡아 날렵해 보이도록 한다.

p142

p144

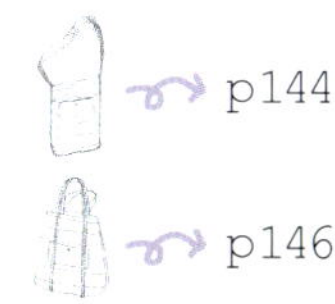

p146

Knit Pocket Casual Bag

43

면 뜨개 주머니를 매치해 포인트와
실용성을 살린 스트라이프 백 1·2

무난하고 담백한 스트라이프 가방에 톡톡 튀는 컬러의 귀
여운 뜨개 주머니를 달아 참신한 인상으로 변신했다. 수납
력과 장식성을 동시에 만족시킨 아이디어에 박수 짝짝짝!

42

거친 질감을 살린
자연주의 리넨 숄더백 1·2

서글서글한 인상의 친구를 만난 듯 기분 좋은 마 소재 숄더백. 캐주얼한 디
자인이지만 카키색과 겨자색을 선택하여 내추럴하면서도 고급스러운 감각을
살렸다. 대비되는 색실로 얼기설기 스티치를 넣어 억지로 꾸미지 않아도 자
체의 멋이 살아나는 소재의 특성이 주요 포인트.

44

p148

p150

경쾌한 컬러 포인트, 베이식한 디자인
직사각 토트백

부담 없이 들 수 있는 실용 사이즈의 기본 토트백. 내추럴
한 베이지색에 경쾌한 컬러의 스트라이프 패브릭이 조화를
이뤄 리듬감이 느껴진다. 컬러풀한 티셔츠, 열대 야자수나
큼직한 플라워 프린트 셔츠에 매치하여 시원하고 활동적인
분위기를 연출할 수 있다. 또한 화이트 카디건이나 터틀넥
등 심플한 의상과 매치하면 부드러운 인상으로 동화된다.

46

p152

스티치로 각을 잡은 사각 반듯 핸드백

짜임이 굵은 면과 마 혼방 소재로 만든 토트백. 자칫 투박해 보일 수 있는 원단으로 가방을 만들 때는 형태가 너무 심하게 늘어지는 디자인보다는 가방의 겉에서 모서리의 각을 한 번 더 잡아 정형화된 모양으로 기본 디자인을 해야 깔끔해 보인다. 또한 중앙에 세로로 길게 스티치와 비즈 장식을 하여 시선을 모을 수 있는 포인트를 잡아줄 것.

p154

끈 길이 조절이 자유로운
광택 소재 크로스 백

네이비와 실버 컬러가 조화를 이룬 다
소 파격적인 마블 무늬의 크로스 백.
너무 불룩해지지 않도록 간단한 소지
품만 넣어 둔탁해 보이지 않도록 스타
일링할 것. 밀리터리 룩에 매치하여 터
프한 느낌을 더하거나, 로맨틱 히피 룩
에 매치해 개성있게 연출해보자.

p156

Short Handle Felt Tote Bag

Circle Cutting Hobo Bag

Vintage Style Shirring Bag

복조리 닮은 복고풍 핸드백

할머니의 장롱 속 깊숙이 감춰둔, 그 옛날 청춘과도 같은 복고풍 가방. 가장자리를 와인색 실로 코바늘뜨기를 하여 컬러 포인트를 주고, 입구 부분에 굵게 주름을 잡아 겨자색 테이프로 눌러 박아 고정시키고, 파이핑에 리본 테이프를 친친 감아 가방끈을 만들었다. 뉴트럴 톤에 와인, 겨자, 다크 블루 등 각각 다른 색상으로 장식을 하여 가방에 젊고 경쾌한 기운을 불어넣었다.

51

p162

Fashionable Mono Bag

p164

캐주얼한 파티에 손색없는 복고풍 미니 백

블랙 & 화이트가 어우러진 불규칙 스트라이프 패턴의 미니 숄더백 겸 클러치. 흰색과 검은색 실로 코바늘뜨기를 하여 꽃을 만들어 가방 앞면에 장식하고, 노란색의 얇은 손잡이를 달아 미니 크로스 백의 이미지에 어울리는 발랄함을 더했다.

How To Make

How To Make

만들기 전에 알아두면 훨씬 쉬워요 

재단 & 재봉 도구

재단용 가위
원단을 자를 때 사용하는 전용 가위

줄자
입체적인 부분의 사이즈를 잴 때 사용한다.

초크펜
깔끔하게 선을 그을 수 있는 펜 타입의 초크. 하늘색,
노란색, 흰색, 회색 등 색상이 다양하다.

골무
손바느질을 할 때 손가락에
끼워 충격을 완화한다.

초크
삼각형의 초크가 일반적이며, 손에 묻지
않도록 케이스 안에 내용물을 넣은 분말
초크가 편리하다.

실
면사, 견사, 폴리에스테르사 등이 주
로 사용되며 원단의 색상과 종류에
맞게 선택한다.

Beginner's Page

STEP 1 사이즈 선택

얼마나 큰, 혹은 작은 가방을 만들 것인지 사이즈를 먼저 생각해본다. 가방
사이즈는 용도에 맞게 고려해야 하며, 자신의 체격과 어울리는 크기로 만
들어야 어색하지 않고 자연스러운 포인트를 줄 수 있다. 초보자의 경우, 실
물 사이즈대로 종이로 오려보면 가방 크기를 정확하게 가늠할 수 있다.

직선자
직선 부분의 재단선을 그을 때 인치와 센티미터로 구성된 직선자를 사용한다.

바늘
손바느질용과 재봉틀용으로 나뉘며 번호가 커질수록 두껍다. 천이 두꺼워서 바늘이 잘 움직이지 못할 때는 두꺼운 바늘을 선택하여 바늘땀을 크게 한다.

리퍼
재봉틀이나 손바느질로 박음질한 땀을 풀 때 사용한다.

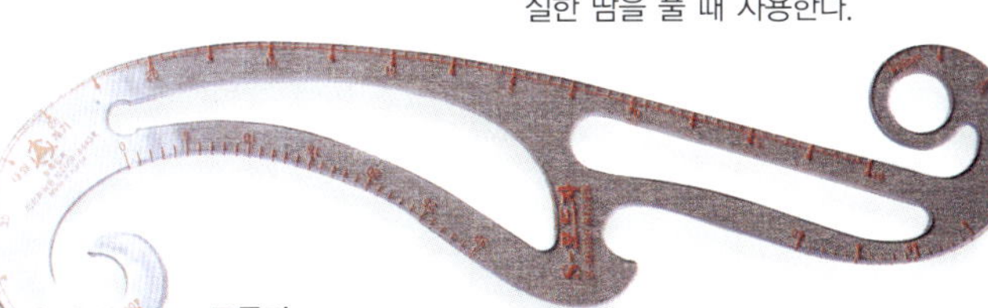

구름자
선이나 커브 라인을 그릴 때 구름자를 사용한다.

쪽가위
박음질이 끝난 뒤 실을 자르거나 실밥을 정리할 때 사용한다.

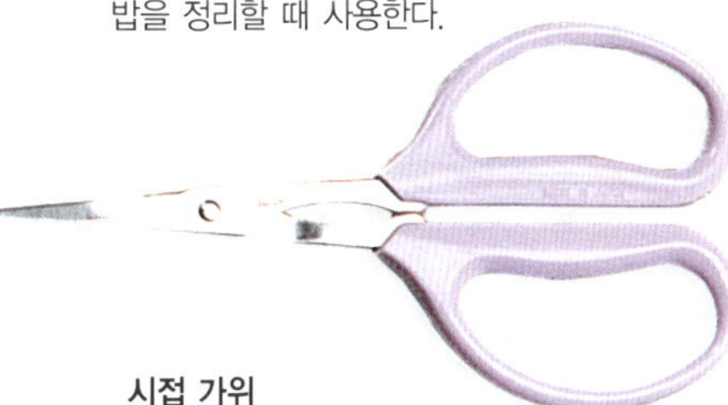

시접 가위
박음질 후 모서리 등 둔탁해지기 쉬운 부분의 시접을 정리할 때 사용하는 가위.

시침핀과 핀 쿠션
단과 본을 고정하는 도구. 원단끼리 고정시킬 때는 적은 양의 핀을 사용한다.

STEP 2 원단고르기

겉감

1 종류에 구애받지 않고 다양한 천을 활용하여 다양한 가방을 만든다. 또한 소파 커버나 커튼, 쿠션 등에 주로 쓰이는 인테리어용 패브릭을 이용하면 비교적 견고한 작품이 완성된다.

2 적은 양의 원단으로도 얼마든지 패션에 악센트가 되는 가방을 만들 수 있다. 자투리 천이나 원단 시장에서 받은 스와치(샘플용 조각 천)를 이용하고, 낡은 한복이나 헌옷을 재활용하는 알뜰 감각을 발휘해보자.

3 보다 특별한 느낌의 가방을 원할 때는 색다르고 특이한 소재를 사용한다. 특히 수납보다는 장식의 용도로 사용할 가방은 단단한 천이 아니더라도 레이스나 리본 테이프, 각종 끈 등을 이용해 만들 수 있다.

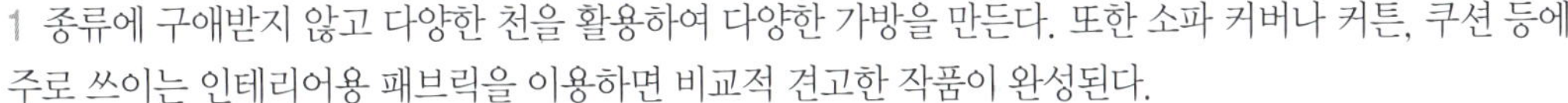

안감

1 안감도 겉감처럼 모든 원단을 사용할 수 있다.

2 안감을 대지 않는 디자인의 가방도 만들 수 있으며, 겉감을 보강하거나 바느질 선을 감추기 위해 안감을 대는 경우가 많다.

3 DIY 가방에서 안감은 겉감의 느낌과 잘 어울리는 화려한 프린트나 귀엽고 따뜻한 느낌의 원단을 활용하는 것이 좋다.

1 원단을 다림질하여 올을 똑바로 잡는다. 이때 천의 세로 방향이 힘이 들어가는 방향이 되도록 해야 가방이 튼튼하다.
2 30cm 그리드 자(바둑판 모양의 눈금자), 삼각자, 곡선자 등을 이용해 패턴을 그린다. 초크나 연필을 사용하고, 대부분의 시접은 1cm로 잡는다.

핸드메이드로 어려운 가죽, 이렇게 활용하세요
가정에서 가죽 자체로 DIY 가방을 만들기란 쉽지 않다. 하지만 바닥이나 손잡이, 한쪽 면을 원단과 매치하여 사용하면 고급스럽고 견고한 느낌을 한층 더해주는 소재가 바로 가죽. 가죽을 재봉틀로 바느질할 경우, 얇은 트레이싱 페이퍼를 밑에 대고 박는다. 송곳을 이용해 바느질할 완성선을 따라 구멍을 뚫은 후 손바느질로 스티치하면 핸드메이드의 분위기를 더욱 살릴 수 있다. 의류용으로 재코팅된 가죽이 재봉에 용이하다.

STEP **4** 접착심 붙이기

가방의 형태를 더욱 견고하게 하고 원하는 디자인으로 모양을 잡기 위해 접착심을 붙이는 것이 좋다. 접착심은 두꺼운 것, 중간 두께의 것, 얇은 것, 양면용 등으로 여러 가지가 있다. 접착심의 선택은 원단의 종류와 디자인, 원하는 느낌 등에 의해 결정된다.

How to

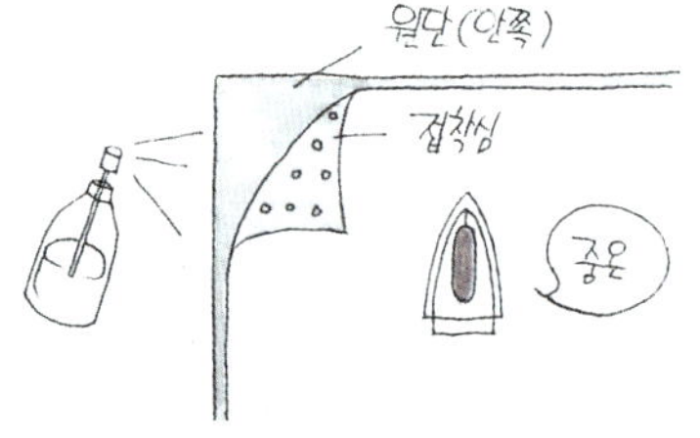

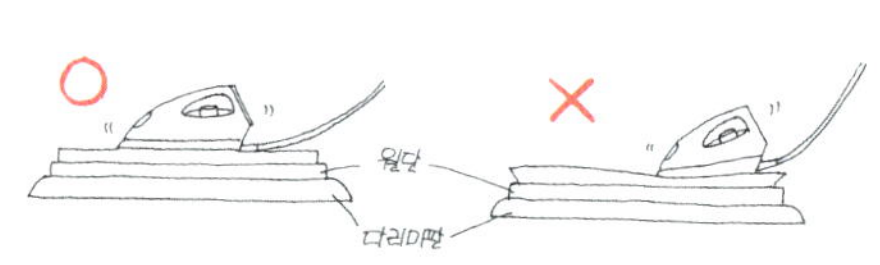

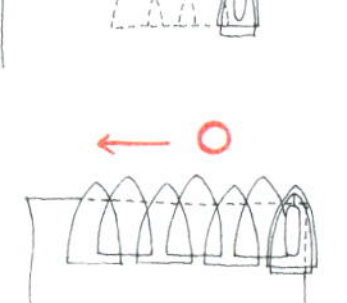

1 원단 안쪽과 접착심의 오돌토돌한 면을 맞대고 물을 뿌려가며 다리미로 누르면서 붙인다. 이때 접착심 위에 얇은 면 원단을 깔고 다림질하면 더욱 효과적이다.

2 원단, 접착심을 다리미판 위에 판판하게 펼쳐놓고 다려야 심이 떨어지지 않는다.

3 다리미의 온도는 중온(110~150°C)으로 맞춰 그림과 같이 겹치듯 누르며 다린다.

STEP **5** 지퍼 달기

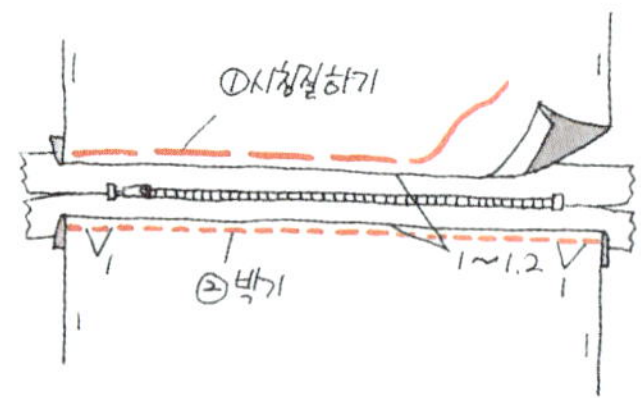

지퍼를 가방 안쪽으로 넣는 스타일
원단 앞뒤판 사이에 지퍼를 배치하여 시침질로 고정시킨 후 박음질한다. 이때 원단 앞뒤판 사이의 간격, 즉 지퍼 부분의 폭은 1~1.2cm 정도가 적당하다. 또한 지퍼의 시작 부분은 완성선에서 1cm 떨어진 위치로 잡고, 지퍼 끝은 3cm 정도 남겨두어야 지퍼를 여닫기 편리하다.

끈 만들기

원단으로 가방 끈 만들기

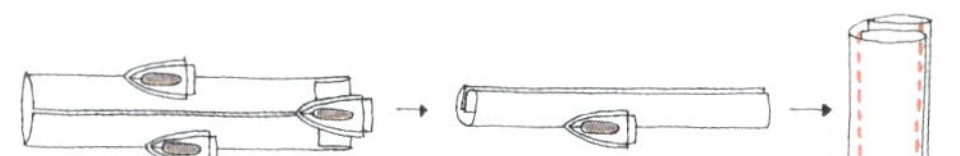

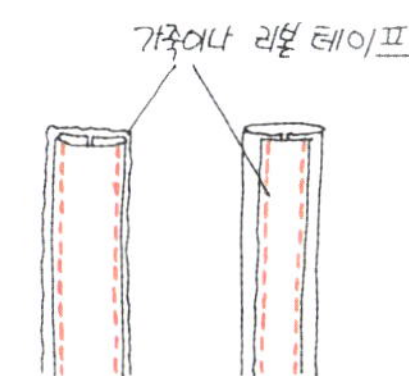

1 재단한 천을 길이로 반 접은 후 한쪽 면만 박아 뒤집는다. 끈의 폭이 넓은 경우에 주로 사용한다.

2 원단이 뒤집기 어려운 경우나 폭이 아주 얇은 끈을 만들 때는 재단한 원단의 중앙을 향해 양쪽으로 접어 다림질한 다음 다시 길이로 반 접어 다려 두 줄로 박음질한다.

3 재단한 끈의 중앙을 기준으로 양 옆을 접어 다린 다음 가죽이나 리본 테이프 등을 덧대 박는다. 이처럼 가방 끈을 두 겹으로 처리하면 포인트 컬러를 줄 수 있고 훨씬 견고하다.

파이핑심으로 가방 끈 만들기

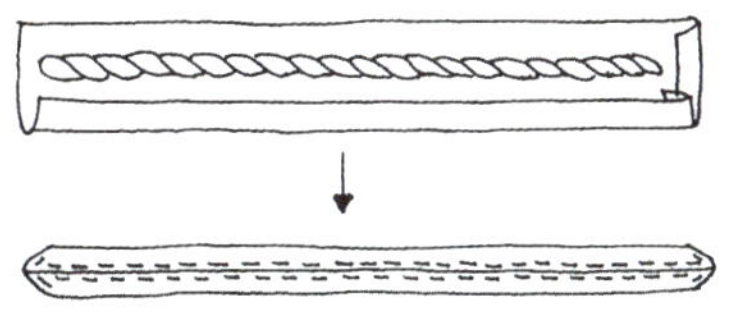

볼륨감을 주고 디자인적인 요소를 가미할 때 파이핑심을 활용한다. 파이핑심의 두께와 테이프의 종류 및 두께가 다양하므로 가방 분위기에 변화를 주기 제격. 파이핑심을 테이프나 원단으로 감싸 박음질한다

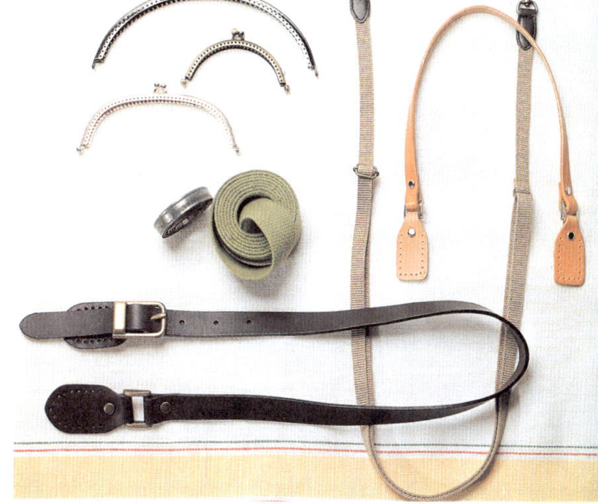

시판 가방 끈을 이용한다

가죽, 면 끈 등 다양한 소재의 가방끈이 기성 제품으로 판매되고 있어 시간도 절약하고 번거로움도 줄일 수 있다.

겉감과 안감 붙이기

핸드메이드 가방은 안감을 넣어야 탄탄하고 실용적이다. 겉감과 안감을 붙일 때 유의할 점은 겉감과 안감을 겉끼리 맞대고 박은 후 안감에 만들어놓은 창구멍을 통해 뒤집는 것. 단, 지퍼가 달린 가방은 안감을 따로 만들어 완성된 겉감 안쪽에 넣고 지퍼 시접 부분을 손으로 떠서 고정시킨다.

How to

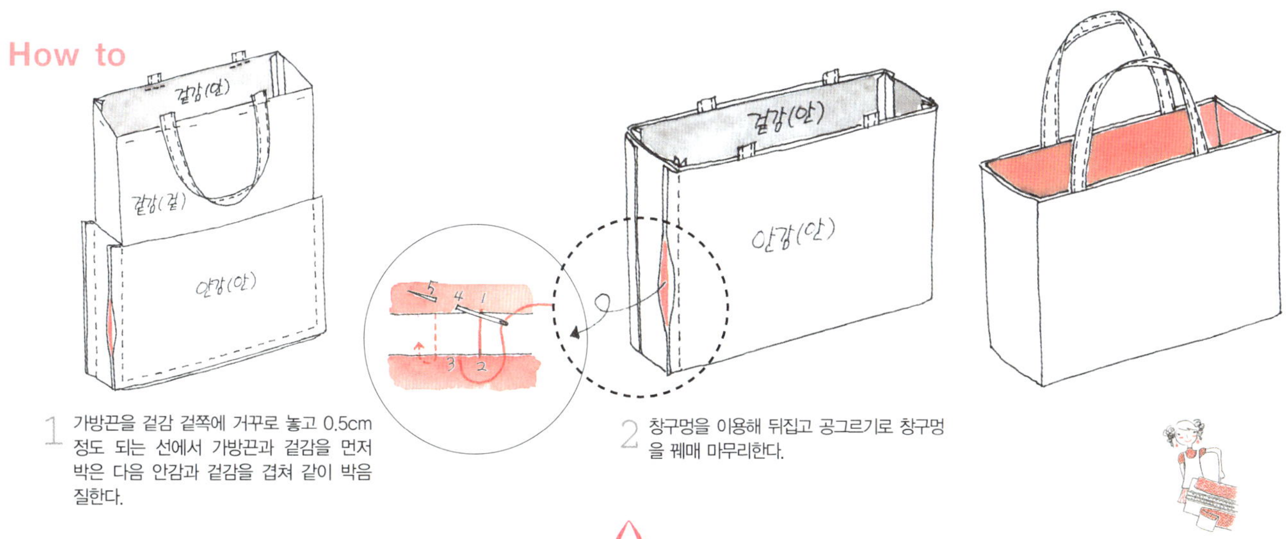

1 가방끈을 겉감 겉쪽에 거꾸로 놓고 0.5cm 정도 되는 선에서 가방끈과 겉감을 먼저 박은 다음 안감과 겉감을 겹쳐 같이 박음질한다.

2 창구멍을 이용해 뒤집고 공그르기로 창구멍을 꿰매 마무리한다.

잠금 장치 부착하기

핸드메이드 가방의 잠금 장치는 천을 뚫어 고정시키는 자석 단추와 손바느질로 고정시키는 스냅 단추가 가장 많이 사용된다.

자석 단추 달기

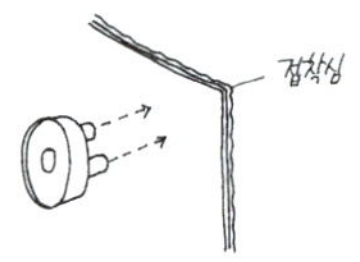

1. 원단에 적당한 위치를 표시하여 암자석의 다리 간격에 맞게 천에 구멍을 뚫어 끼운다. 이때 자석 달리는 부분이 힘을 받을 수 있도록 원단에 접착심을 붙여준다. 수자석도 같은 방법으로 끼운다.

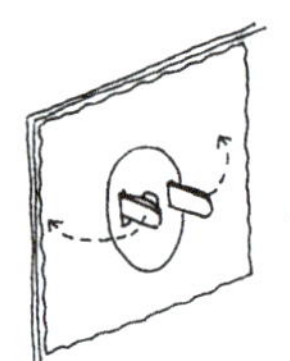

2. 자석 다리가 흔들리지 않도록 납작한 판을 끼운 다음 다리를 양쪽으로 벌려 고정시킨다.

STEP 9

Level Up! 안주머니 달기

기본형 포켓 1

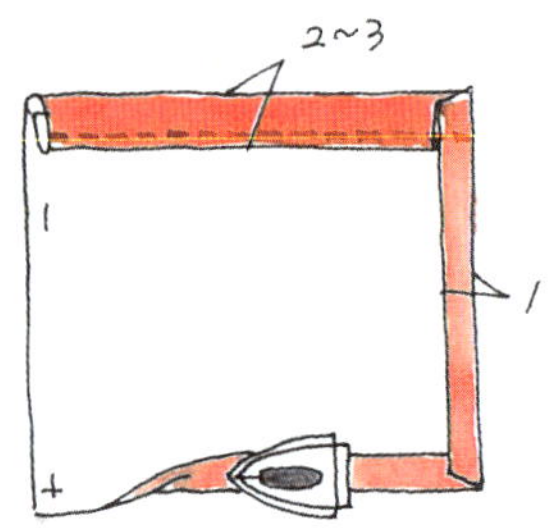

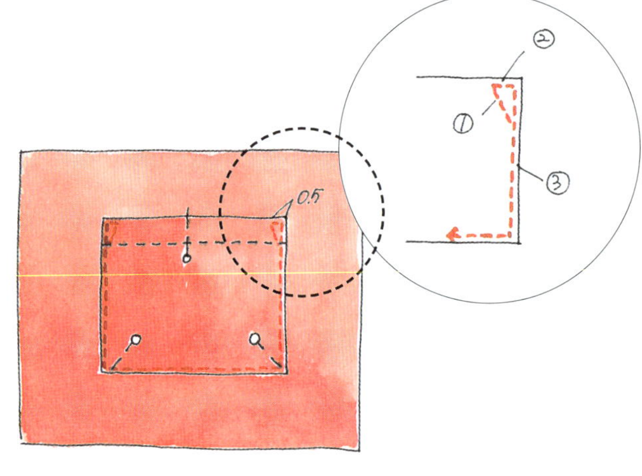

1. 재단한 주머니 원단의 상단 부분을 2~3cm 접어 눌러 박는다. 나머지 세 곳의 시접은 1cm로 잡아 다리미로 눌러준다.

2. 원단에 주머니 달릴 위치를 잡고 1을 시침핀으로 고정한 후 상단을 제외한 세 곳을 눌러 박는다. 옆선 윗부분은 삼각형 모양이 되도록 박아 견고하게 마무리한다.

기본형 포켓 2

1. 길게 재단한 주머니 원단을 반으로 접어 한쪽 옆면에 창구멍을 남기고 박음질한 다음 창구멍으로 뒤집는다.

2. 반으로 접은 상단 부분을 눌러 박는다.

3. 원단 위에 2의 주머니를 올려놓고 양 옆선과 바닥을 눌러 박는다.

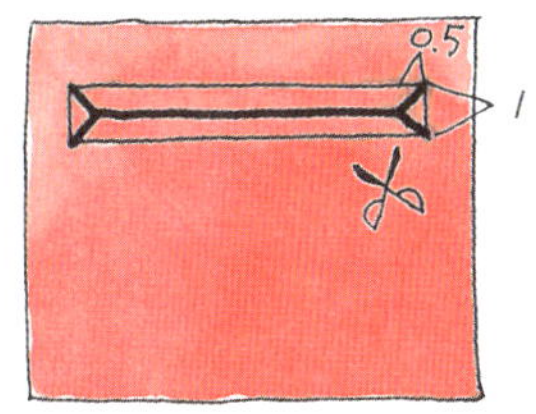

1 재단한 안주머니 원단의 지퍼 달릴 부분을 Y자로 자른다.

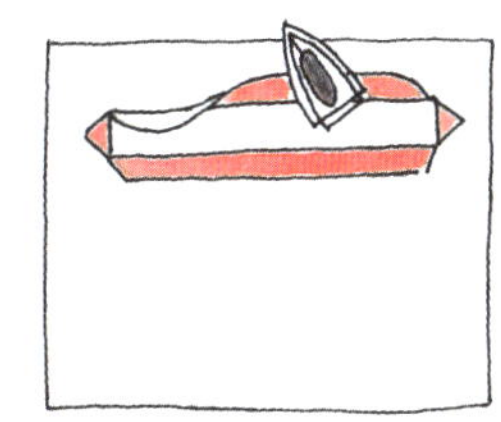

2 1의 자른 부분을 안쪽으로 꺾어 다리미로 눌러준다.

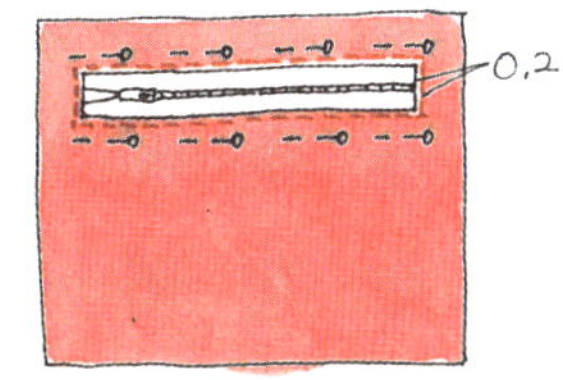

3 2의 지퍼 구멍에 맞춰 지퍼를 넣고 시침핀으로 고정한 후 사방을 박음질한다.

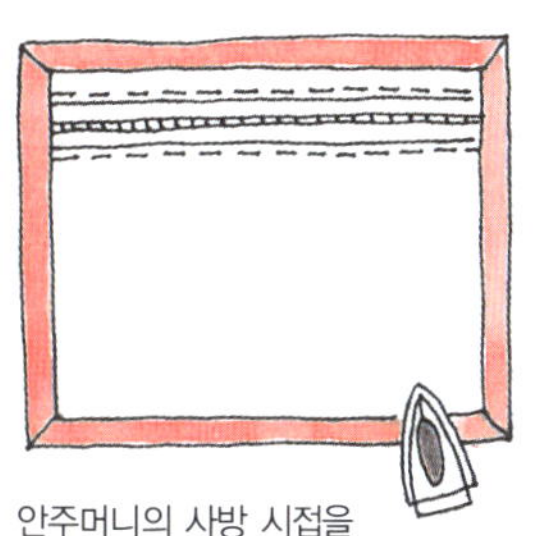

4 안주머니의 사방 시접을 다리미로 눌러준다.

5 원단 위에 주머니를 올려 사방을 눌러 박는다.

 # 포인트 장식, 금속 아일릿 박기

금속 아일릿은 그 종류와 사이즈가 무척 다양하다. 디자인을 위해 장식 요소로 사용할 수 있고, 끈 고리로 사용할 수도 있다. 아일릿을 박을 때 필요한 준비물은 아일릿 암수알과 구멍 뚫는 펀치, 그리고 머리와 받침으로 구성되는 하토메 아일릿이다.

How to

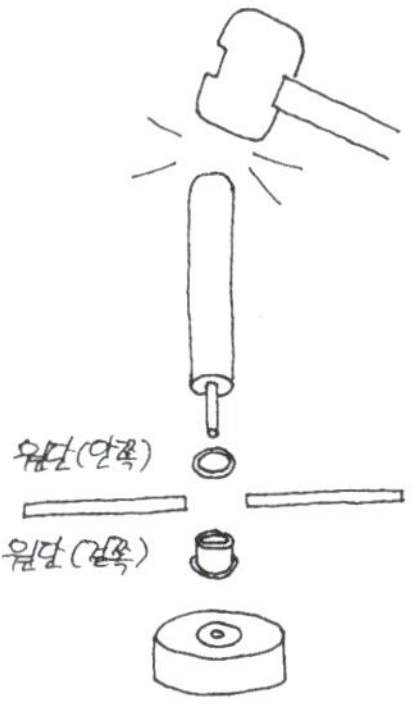

1 원단에 아일릿 장식할 위치를 초크로 표시한 후 펀치를 대고 망치로 윗부분을 톡 쳐서 구멍을 뚫는다.

2 받침 위에 아일릿 수알을 올리고 1의 구멍 낸 원단을 아일릿에 맞춰놓는다. 여기에 아일릿 암알을 올리고 머리를 꽂아 망치로 톡톡 쳐서 아일릿을 박는다.

아웃포켓 지퍼 백

원단

겉감 A (하늘색 무늬 10수
옥스퍼드) 90×25㎝
겉감 B (스트라이프 면)
90×20㎝
안감 (20수 광목) 90×40㎝

부자재

접착심 90×45㎝
검은색 가죽 17×11㎝
검은색 지퍼 45㎝
시판 가방 끈 (1㎝ 폭) 45㎝

만들기

1

겉감 A 안쪽에 접착심을 맞
대고 물을 약간씩 뿌리면서
다리미로 눌러 붙인다.

2

지퍼 양 옆 시접 1㎝ 부분과
양 끝에서 1.5㎝ 되는 지점
을 초크로 그어 표시한다.

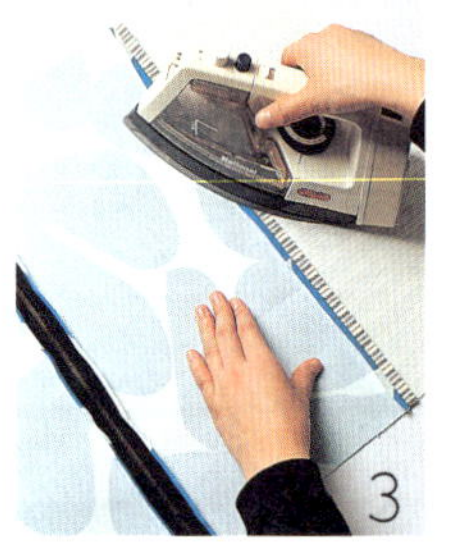

3

겉감 A의 앞뒤판 두 장 사이
에 지퍼를 올려 시침핀으로
고정하여 박음질한다. 양쪽에
겉감 B를 박고 시접은 다림
질해 가름솔로 펼친다.

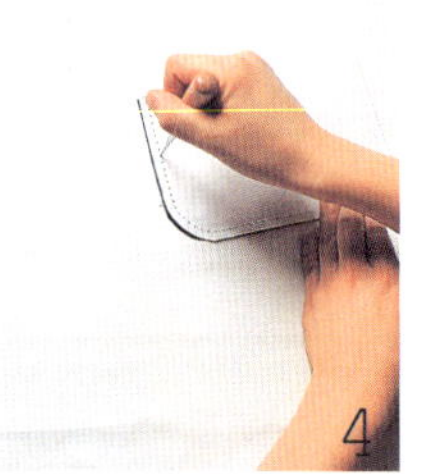

4

가죽으로 재단한 주머니에
송곳을 이용해 일정한 간격
으로 구멍을 뚫는다.

5

겉감 A 앞판 쪽에 **4**의 주머
니를 대고 십자수 실로 홈질
하여 붙인다.

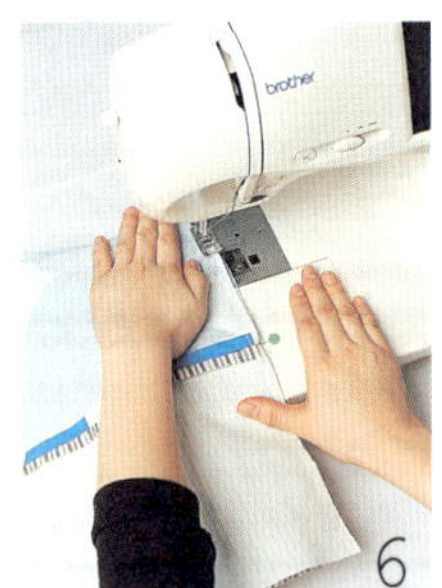

6

겉감 앞뒤판을 겉끼리 맞대
시접과 선을 맞추기 위해 시
침핀으로 고정한 뒤 옆선을
박는다.

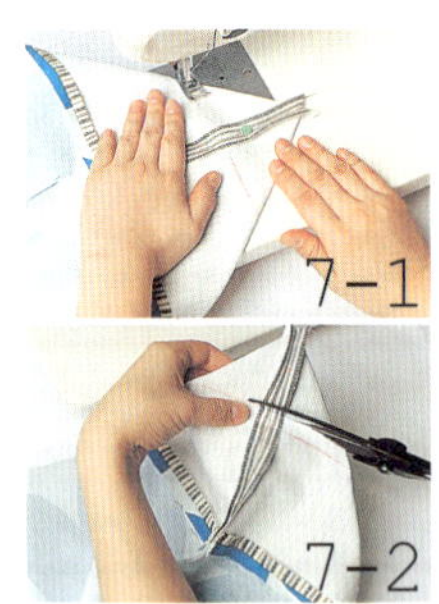

7-1

7-2

옆선 바닥 부분을 삼각형으로
접어 15㎝ 길이를 박은 다음
시접 1㎝를 남기고 잘라낸다.

8

안감은 반 접어 양 옆선을
박은 다음 입구 부분의 시접
을 1㎝ 접어 다리미로 눌러
둔다.

9

겉감을 다시 뒤집어 안에 안
감을 넣고 시침핀으로 고정
시킨 뒤 감침질로 바느질하
여 연결한다.

10

겉감 앞뒤판의 손잡이 달릴 부
분에 초크로 위치를 표시한 다
음 십자수 실을 이용해 홈질을
반복하여 손잡이를 단다.

리버서블 사각 토트백

원단

겉감 (멀티플 스트라이프 10수
옥스퍼드) 70×35cm
안감 (노란색 20수 면)
70×35cm

부자재

접착심 70×35cm
웨빙 끈 (3cm 폭) 108cm×2개
아일릿 (지름 0.9cm) 12개

만들기

1 겉감 안쪽에 접착심을 맞대고 물을 약간씩 뿌리면서 다리미로 눌러 붙인다.

2 겉감 앞뒤판에 끈 달릴 위치를 초크로 표시한 다음 웨빙 끈을 시침핀으로 고정시킨다.

2의 끈을 두 줄로 박음질한다.

4 3의 끈에 아일릿 장식할 위치를 초크로 표시한 후 펀치를 대고 망치로 윗부분을 톡 쳐서 구멍을 뚫어 아일릿을 박는다.

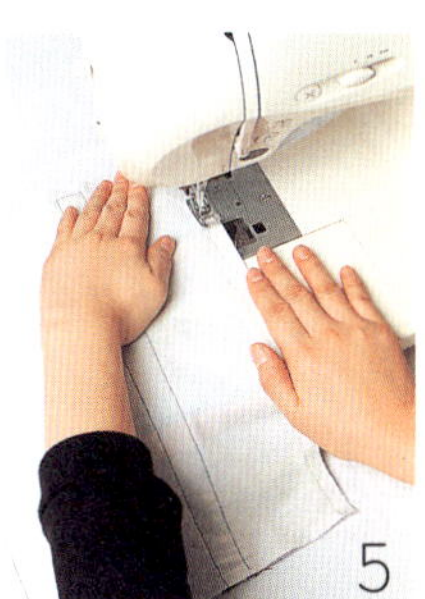

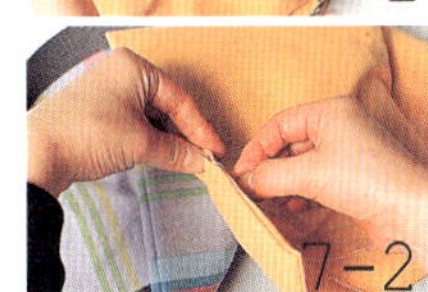

5 겉감 앞뒤판을 겉끼리 겹쳐 양 옆선과 바닥을 박는다.

안감은 바닥에 창구멍 10cm를 남기고 양 옆선과 바닥을 박음질한 뒤 겉감을 안감에 씌우듯 끼워 가방 입구 둘레를 박는다.

창구멍을 이용해 뒤집고 다림질하여 완성선을 제대로 잡아준 후 공그르기로 창구멍을 꿰매 막는다.

| 대바늘뜨기의 기본 | 코 만들기

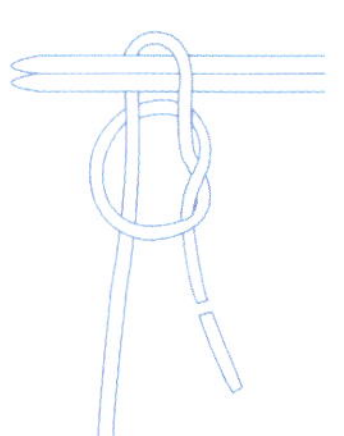

① 실을 고리 모양으로 만들어 손가락을 넣어서
실을 빼내어 바늘 2개를 넣는다.

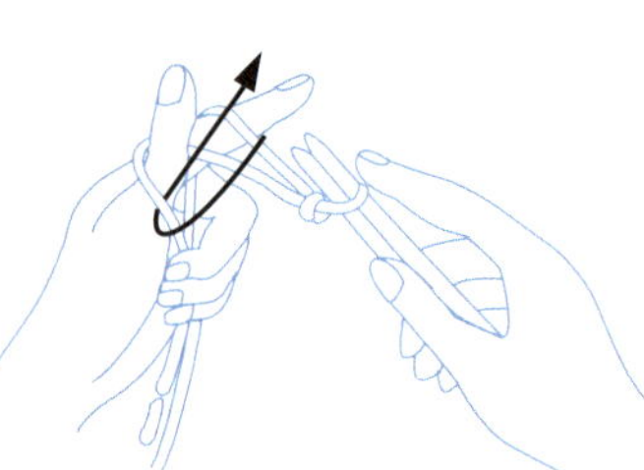

② 오른손의 바늘을 엄지에 걸친 바깥쪽의
실에 화살표 방향으로 넣는다.

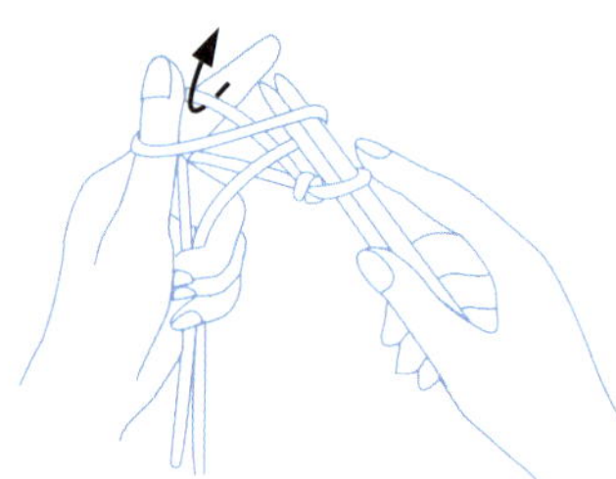

③ 검지에 걸쳐 있는 실에 바늘을 끼워 뒤에서 앞으로 빼낸다.

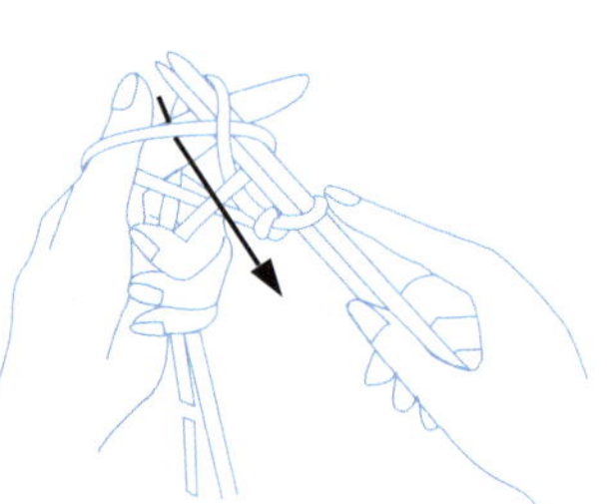

④ 검지에 걸쳐 있는 실을 앞으로 빼낸다.

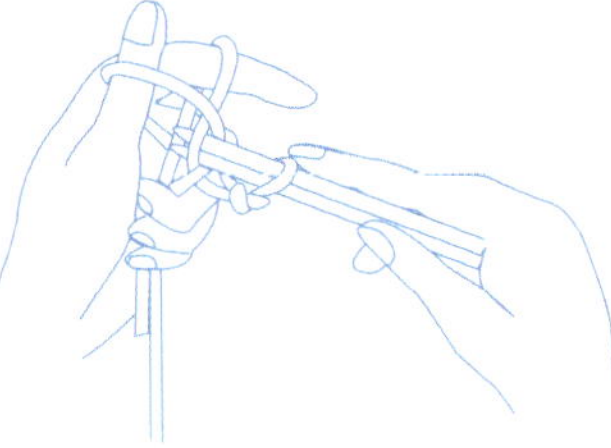

⑤ 계속해서 엄지에 걸린 실의 고리를 통해서 실을 빼낸
다음 엄지의 실을 풀고 실을 잡아당겨 조인다.

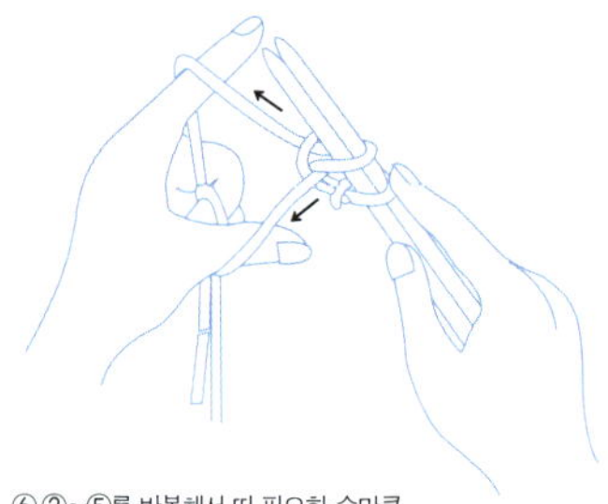

⑥ ②~⑤를 반복해서 떠 필요한 수만큼
코를 만든다.

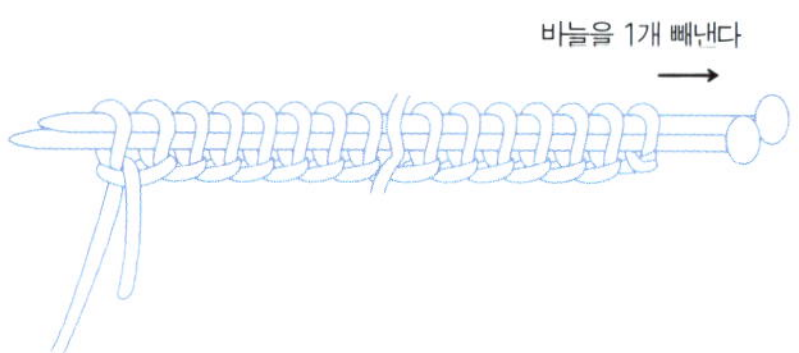

바늘을 1개 빼낸다

⑦ 바늘 1개를 빼낸 후 시작코를 1단으로 셈한다.

기호와 뜨는 법

겉뜨기

|

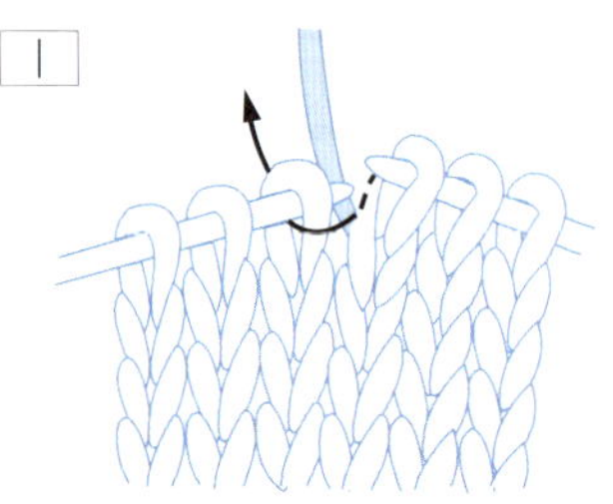

① 실을 뒤쪽으로 놓고 오른쪽 바늘을
화살표와 같이 앞쪽에서 뒤로 넣는다.

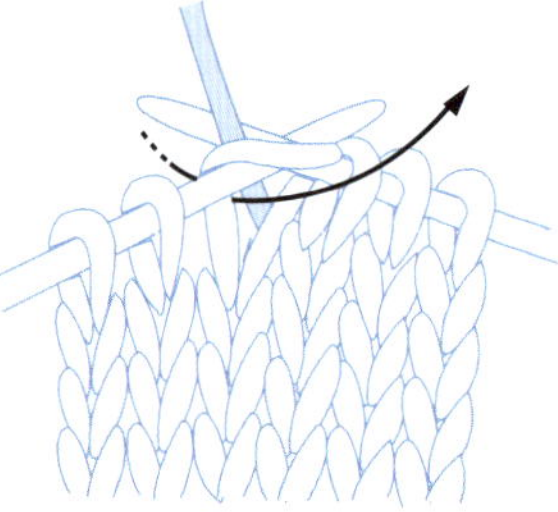

② 바늘에 실을 걸어서 화살표와 같이
앞쪽으로 끌어낸다.

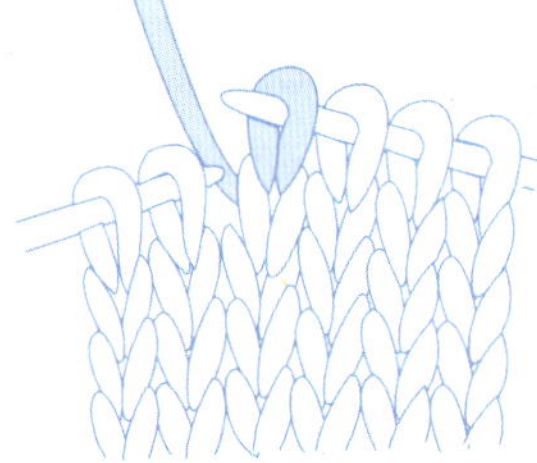

③ 겉뜨기가 완성된 모습.

안뜨기

—

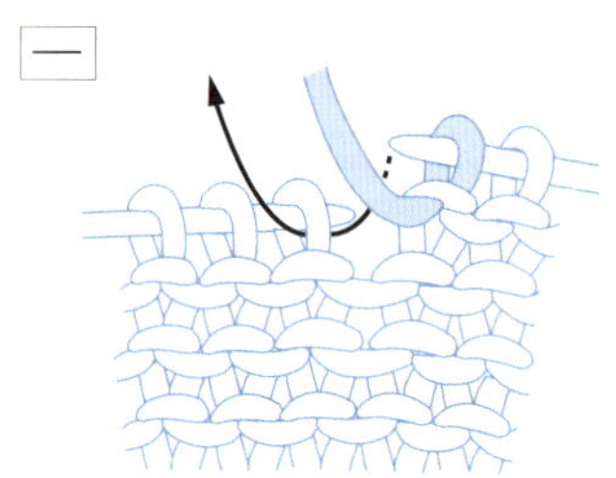

① 실을 앞쪽으로 놓고 오른쪽 바늘을
뒤쪽에서 앞쪽으로 나오도록 넣는다.

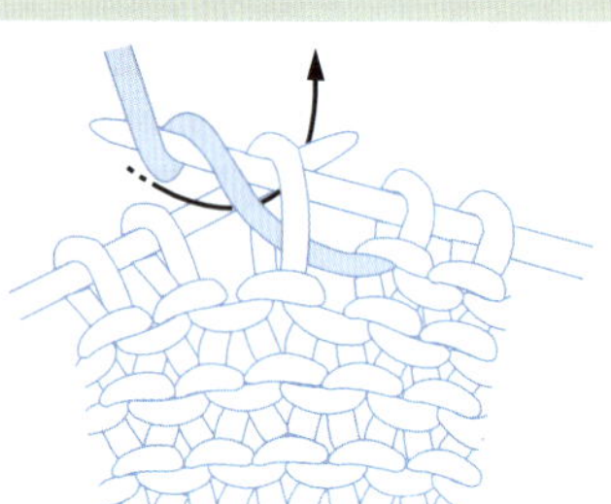

② 그림과 같이 바늘에 실을 걸어서
앞쪽으로 끌어낸다.

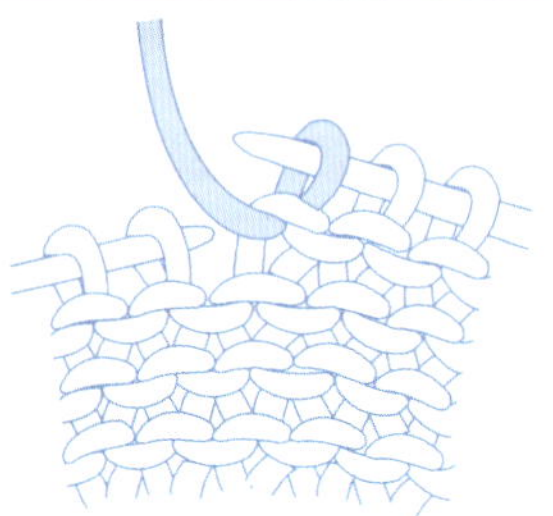

③ 안뜨기가 완성된 모습.

코 만들기

실 감아 둥근코 만들기(골)

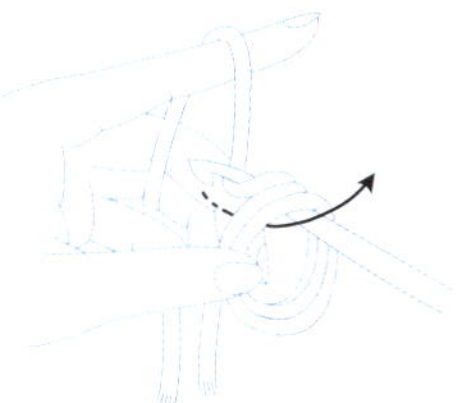
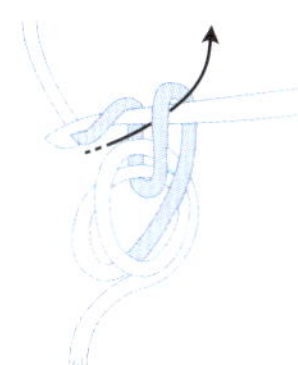

① 왼쪽 검지에 실을 두 번 감는다.

② 실을 그대로 빼내 실 끝과 원형 고리를 손끝으로 살짝 눌러 잡는다.

③ 원형 고리 가운데에 바늘을 넣어 실을 걸어서 끌어낸다.

④ 바늘코에 실을 감아 루프 사이로 빼낸다.

⑤ 둥근코가 완성된 모습. 이 코는 1코로 세지 않는다.

기호와 뜨는 법

사슬뜨기

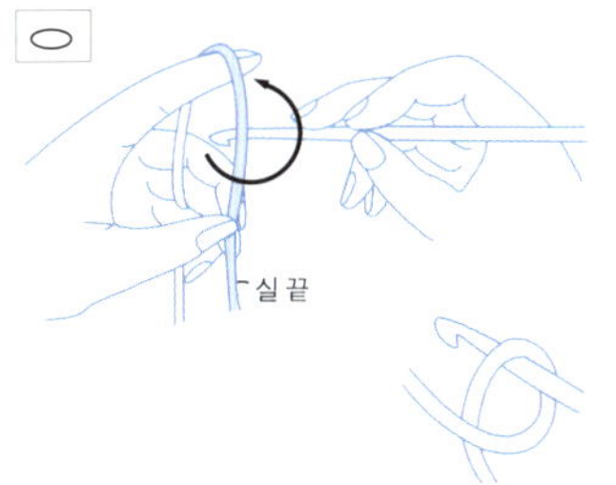

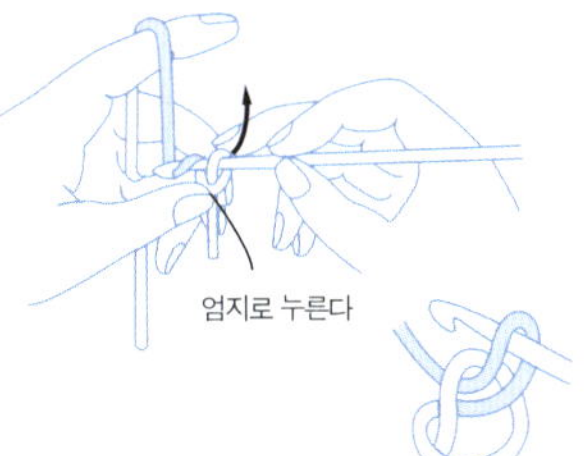

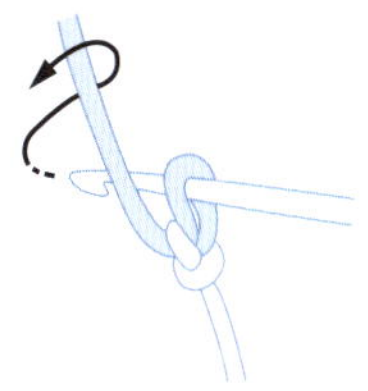
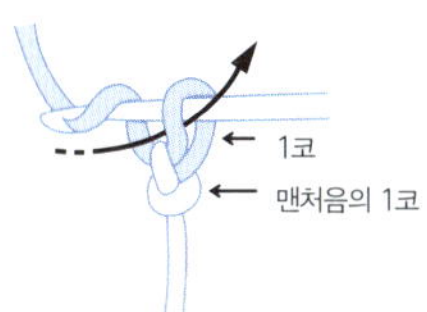

① 바늘을 화살표 방향으로 1회 돌리면 바늘에 실이 감긴다.

② 바늘코에 실을 걸어서 끌어낸 다음 실 끝을 잡아당겨서 실을 조인다.

③ 화살표와 같이 바늘을 움직여서 바늘에 실을 건다.

④ 바늘에 걸려 있는 루프 속으로 실을 끌어내면 1코가 완성된다.

짧은뜨기

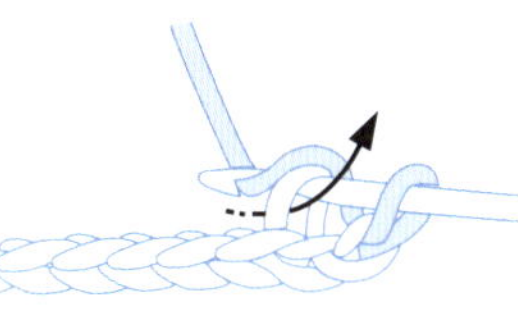
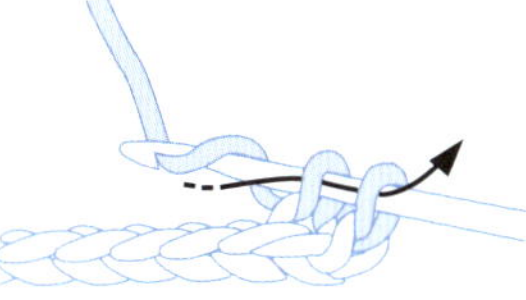
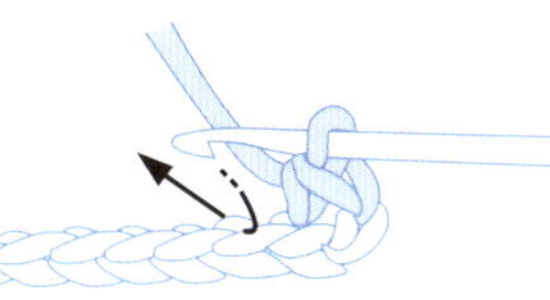

① 사슬뜨기 한 1코를 세워 올리고 시작코의 1코째의 뒷산에 바늘을 끼워 넣는다.

② 바늘에 실을 걸어서 화살표 방향으로 끌어낸다.

③ 이 상태에서 또 한 번 실을 걸어서 바늘에 걸린 2개의 루프 사이로 한 번에 빼낸다.

④ 짧은뜨기 1코가 완성된 모습.

긴뜨기

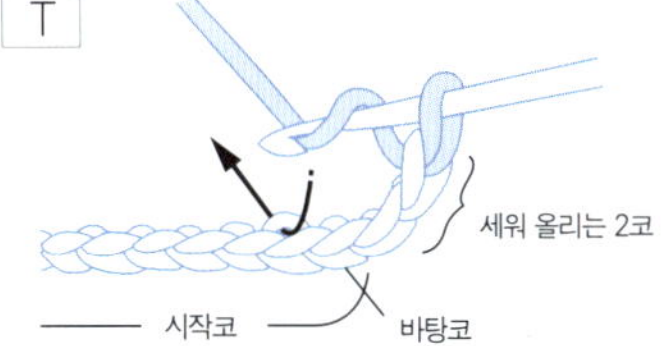

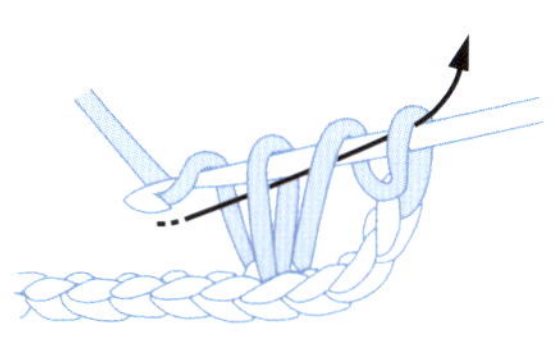
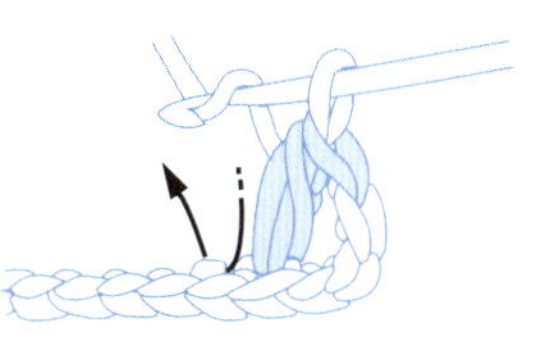
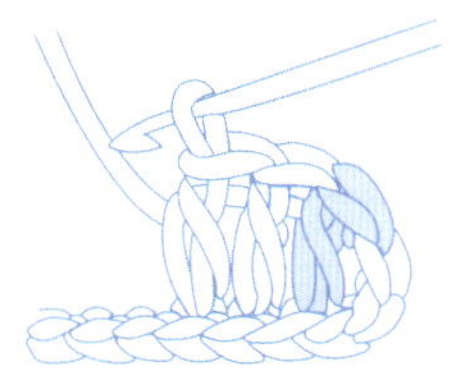

① 바늘에 실을 걸어서 바탕코 왼쪽 사슬의 뒷산에 바늘을 넣는다.

② 새로 루프를 끌어내고 다시 실을 걸어서 3개의 루프를 한 번에 빼뜬다.

③ 긴뜨기 1코가 완성된 모습. ①, ②를 반복한다.

④ 세워 올린 코도 1코로 센다. 긴뜨기 4코가 떠진 상태.

옥스퍼드 바게트 백

원단

겉감 (와인색 10수 옥스퍼드)
60×55cm

안감 (블루 체크무늬 40수 면)
60×55cm

부자재

접착심 60×55cm

갈색 웨빙 끈 (3cm 폭) 70cm

지퍼 55cm

십자수 실 DMC 932

웨이스트 캔버스 적당량

완성 사이즈 37×17×7cm(끈 길이 31cm)

겉감·안감

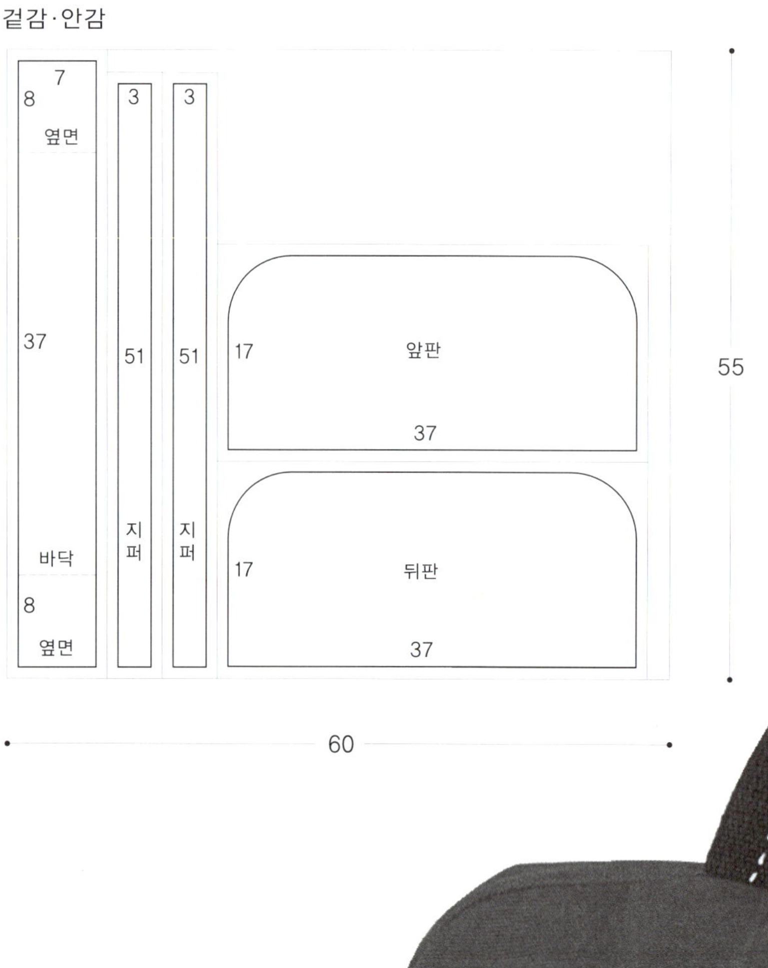

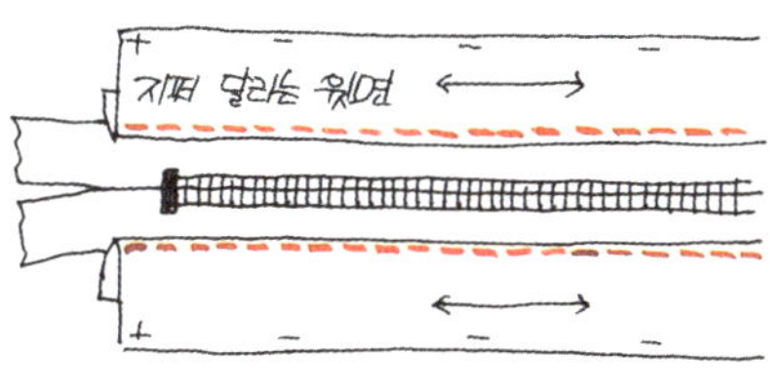

1 겉감 안쪽에 모두 접착심을 붙인 다음 앞판에 패턴대로 십자수를 놓는다. 이때 겉감에 도안대로 표시한 선보다 약간 여유 있게 웨이스트 캔버스를 잘라 고정시키고 수를 다 놓은 후 웨이스트 캔버스를 빼낸다.

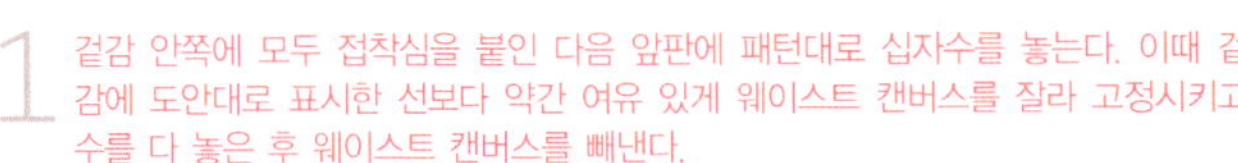

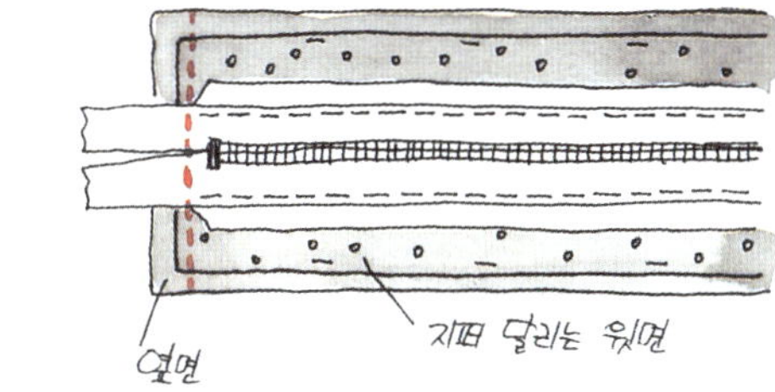

2 지퍼 천은 1cm씩 꺾어 접고 두 장의 겉감 지퍼 천을 지퍼 양쪽에 대고 박는다. 지퍼 단 것과 겉감 옆면을 겹쳐 박아 연결한다.

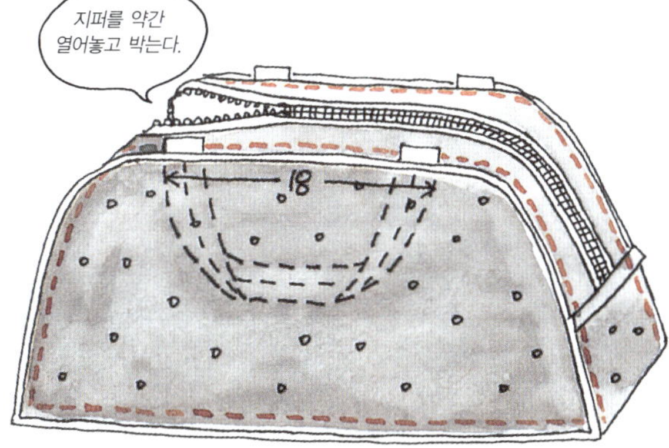

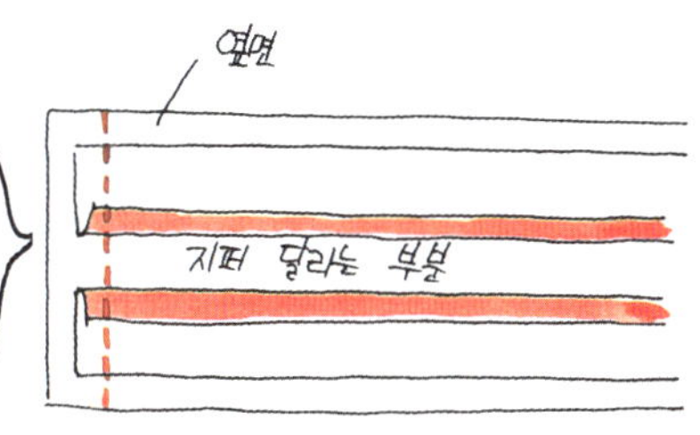

3 손잡이용 웨빙 끈은 33cm 길이로 2개 준비하여 끈 중심선을 십자수 놓은 실과 같은 색으로 각각 홈질한다.

4 2와 옆면·바닥 그리고 앞뒤판을 모두 이어서 시침핀으로 임시 고정한다. 3의 끈을 사이에 넣고 같이 박는다.

5 안감도 지퍼 부분과 옆면·바닥을 연결하고 앞뒤판과 맞춰 박는다. 이때 안감의 지퍼 부분은 시접을 안으로 꺾어 접어 다림질한다.

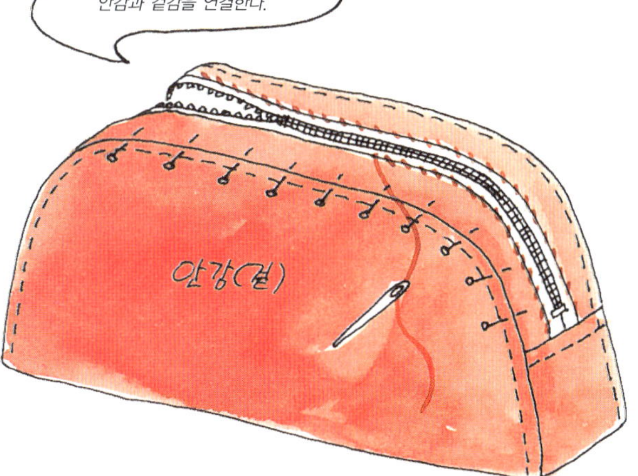

6 4의 겉감과 5의 안감을 안끼리 맞붙여 시침핀으로 고정한다. 안감 지퍼 시접과 지퍼 양 끝 부분을 공그르기로 떠주어 연결한다. 지퍼 쪽으로 뒤집어 완성한다.

실용 만점 숄더백

완성 사이즈 37×24×7㎝(끈 길이 59cm)

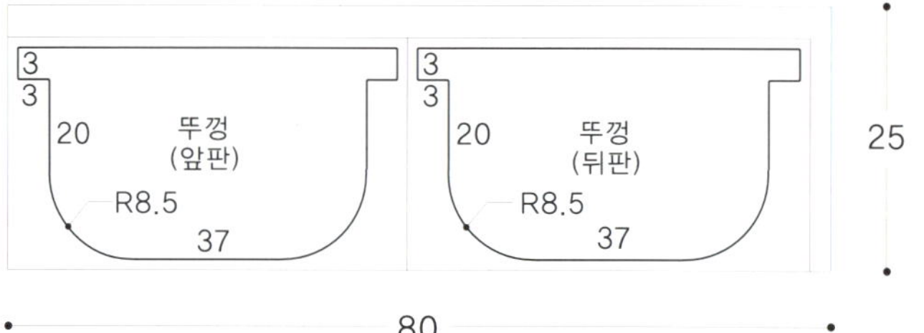

겉감A

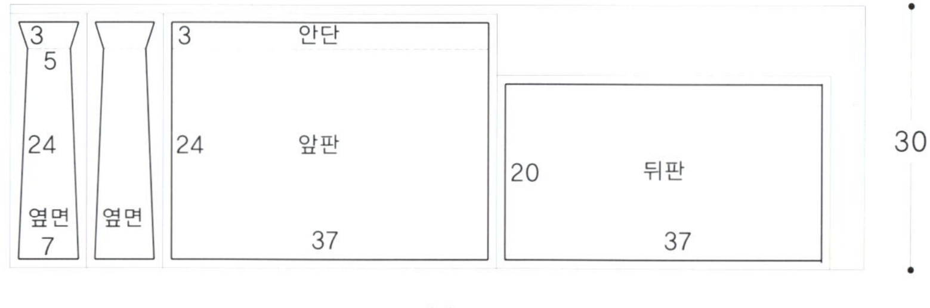

겉감B

안감

가죽

원단

겉감 A (뚜껑용 검은색 면 · 마 혼방)
80×25cm

겉감 B (몸판용 파란색 면 · 마 혼방)
100×30cm

안감 (20수 광목) 100×30cm

검은색 가죽 (바닥용) 40×10㎝

부자재

접착심 100×45cm

붉은색 면 뜨개실 적당량

시판용 검은색 가죽 끈 (3cm 폭) 65cm

리본 테이프 100cm

구슬 1개

자석 단추 (지름 1.5cm) 1개

가방의 겉감은 면 63%에 마 37%가 섞인 실용적인 원단을 사용했고,
안감은 노란색 광목을 매치하여 자연스러운 멋을 냈다.
가방 뚜껑 앞판에 포인트 컬러 리본을 바느질해 내려오다가 그 실을 당겨
동그랗게 꽃 모양을 만들어 여성스러운 매력을 더한 감각에 한 표!

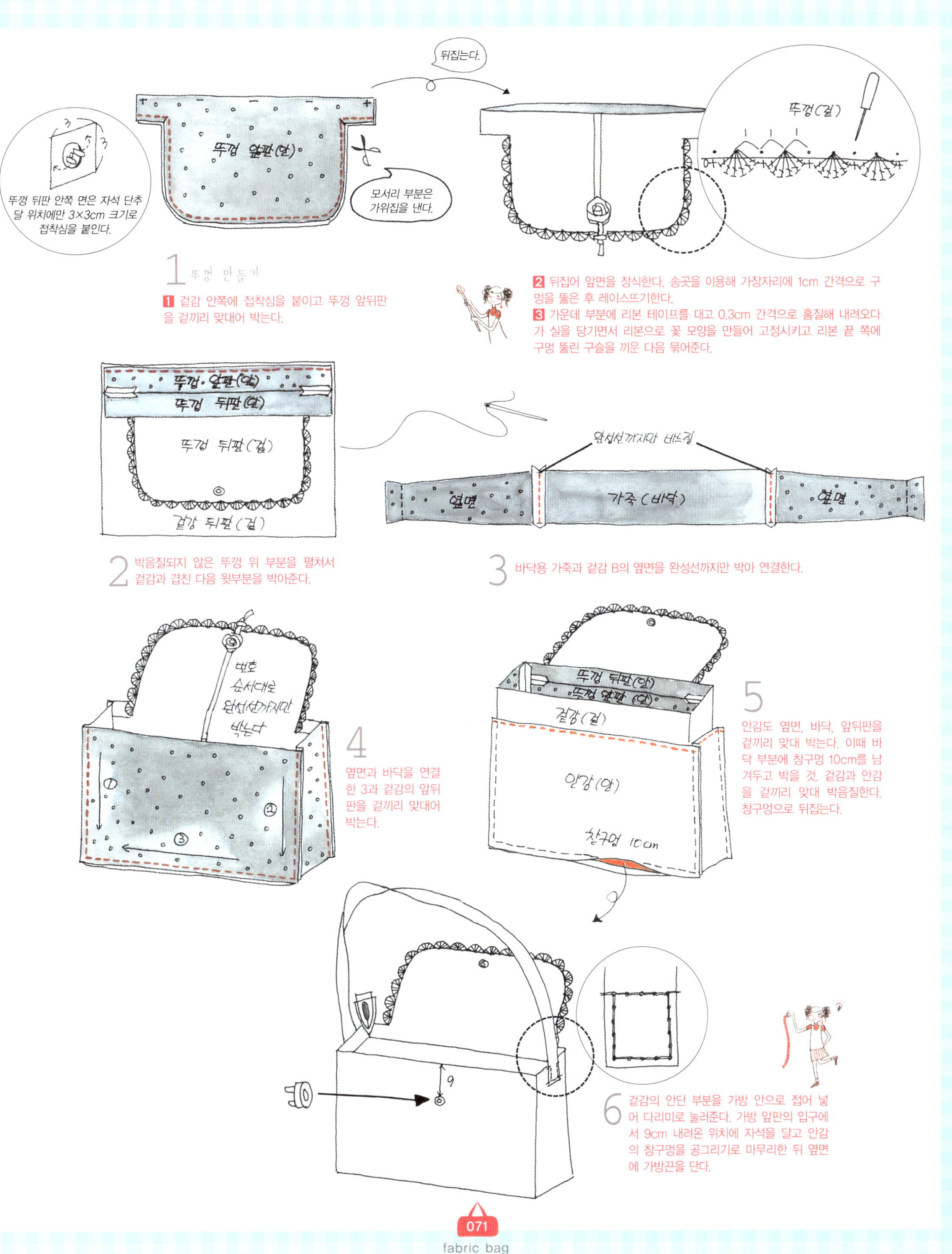

1 뚜껑 만들기

1 겉감 안쪽에 접착심을 붙이고 뚜껑 앞뒤판을 겉끼리 맞대어 박는다.

2 뒤집어 앞면을 장식한다. 송곳을 이용해 가장자리에 1cm 간격으로 구멍을 뚫은 후 레이스뜨기한다.

3 가운데 부분에 리본 테이프를 대고 0.3cm 간격으로 홈질해 내려오다가 실을 당기면서 리본으로 꽃 모양을 만들어 고정시키고 리본 끝 쪽에 구멍 뚫린 구슬을 끼운 다음 묶어준다.

2

박음질되지 않은 뚜껑 위 부분을 펼쳐서 겉감과 겹친 다음 윗부분을 박아준다.

3

바닥용 가죽과 겉감 B의 옆면을 완성선까지만 박아 연결한다.

4

옆면과 바닥을 연결한 3과 겉감의 앞뒤판을 겉끼리 맞대어 박는다.

5

안감도 옆면, 바닥, 앞뒤판을 겉끼리 맞대 박는다. 이때 바닥 부분에 창구멍 10cm를 남겨두고 박을 것. 겉감과 안감을 겉끼리 맞대 박음질한다. 창구멍으로 뒤집는다.

6

겉감의 안단 부분을 가방 안으로 접어 넣어 다리미로 눌러준다. 가방 앞판의 입구에서 9cm 내려온 위치에 자석을 달고 안감의 창구멍을 공그리기로 마무리한 뒤 옆면에 가방끈을 단다.

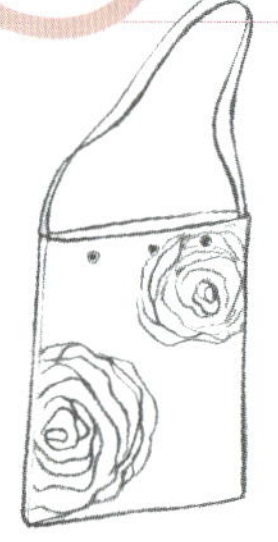

꽃 문양이 은은한 리넨으로 만든
사각 숄더백

원단
겉감 (베이지색 꽃무늬 리넨) 60×45㎝
안감 (20수 광목) 60×35㎝

부자재
접착심 60×45㎝
핑크색 웨빙 끈 (3㎝ 폭) 74㎝
아일릿 6개

완성 사이즈 28×36㎝(끈 길이 72㎝)

겉감

5	28 안단	5	28
36	앞판	36	뒤판
	28		28

45

60

안감

31	앞판	31	뒤판
	28		28

35

60

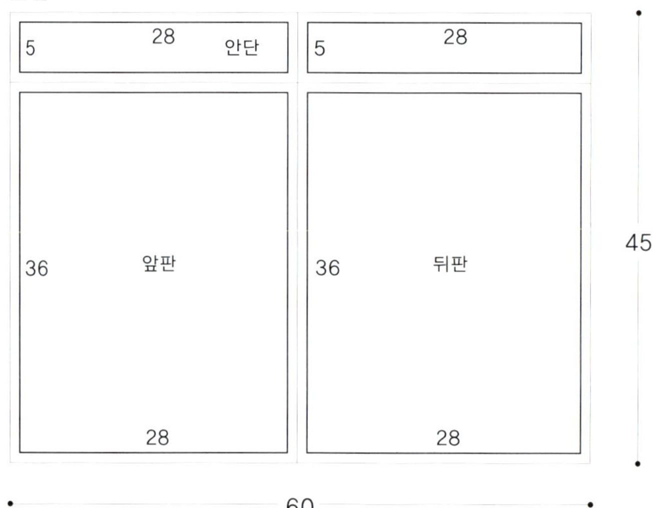

아일릿을 박을 때 가장 많이 사용되는
도구는 하토메 아일릿 세트이다.
구멍 뚫는 펀치, 머리, 받침으로 구성되며
원단을 기준으로 아일릿 암수알을 견고하게
박기에 편리하다.

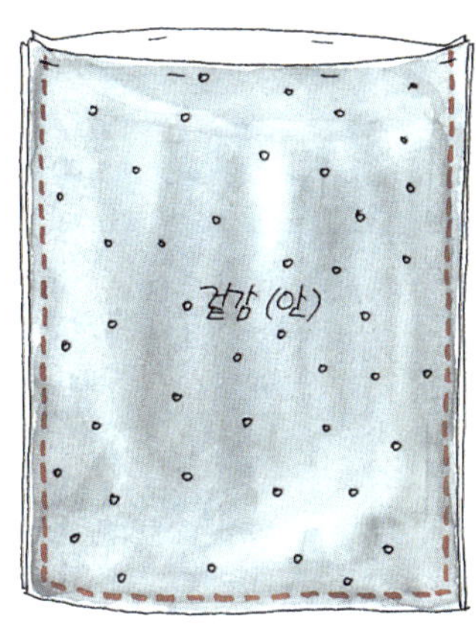

1 겉감 안쪽에 접착심을 붙인 후 겉감 앞뒤판 두 장을
겉끼리 맞대고 양 옆과 바닥 부분을 박아 뒤집는다.

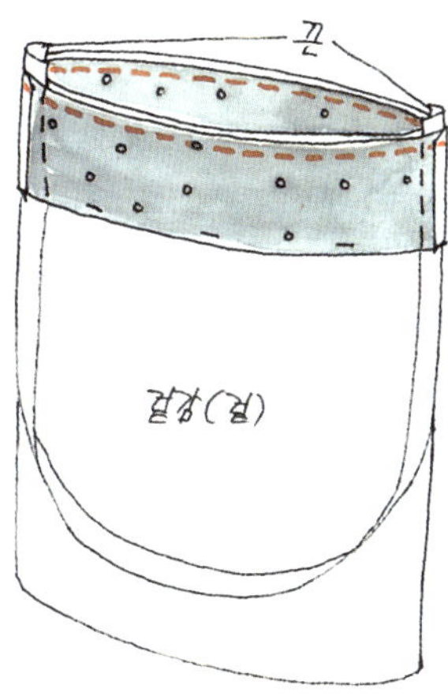

2 겉감 안단 두 장의 옆선을 박고 양 옆선에 손잡이용
끈을 맞춘 다음 1의 앞뒤판과 안단을 겉끼리 겹쳐 가
방 입구 부분을 끈과 함께 박는다.

3 안감 앞뒤판을 겉끼리 겹쳐 양 옆선과 바닥을 박는다.
이때 바닥 부분에 창구멍 10cm를 남긴다.

4 2의 겉감에 3의 안감을 겉끼리 맞닿도록 씌우고,
안감과 안단이 만나는 부분을 박는다.

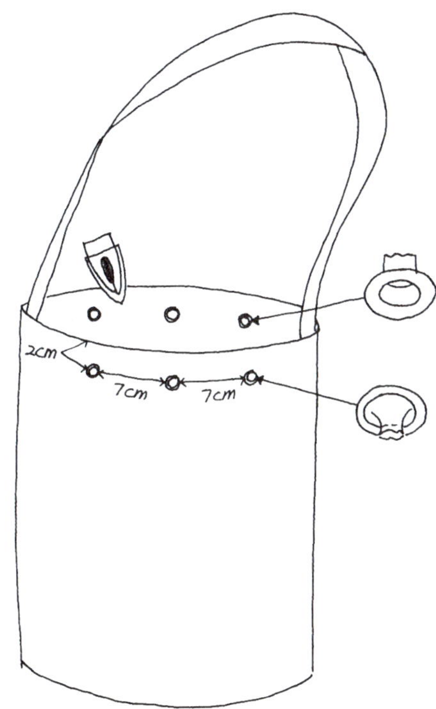

5 뒤집어 창구멍을 공그르기로 꿰매 막는다. 입구의
안단 부분을 다리미로 눌러준 다음 장식용 아일릿
을 박는다.

04 캐주얼 양면 가방

원단

겉감 (갈색 펄 코팅 가죽)
30×75cm

안감 (핑크 & 블루 체크무늬
40수 면) 30×75cm

부자재

고무줄 테이프
(연한 갈색) 50cm

완성 사이즈 21×25.5cm(끈 3×72cm)

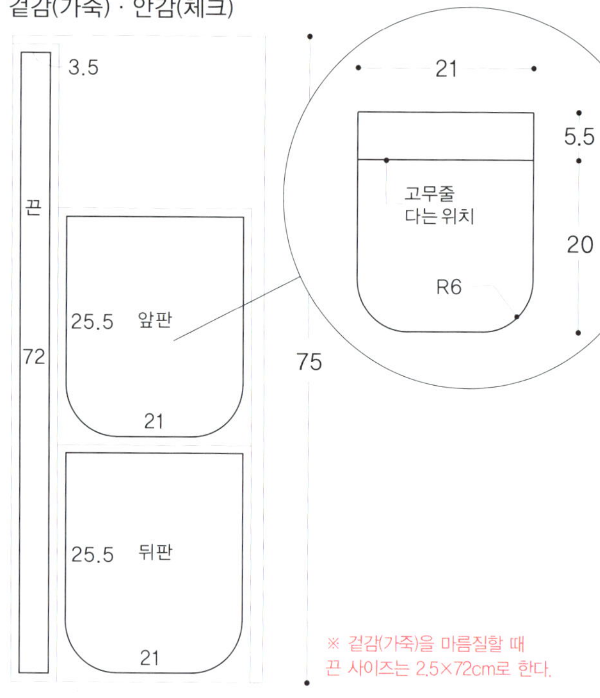

※ 겉감(가죽)을 마름질할 때
끈 사이즈는 2.5×72cm로 한다.

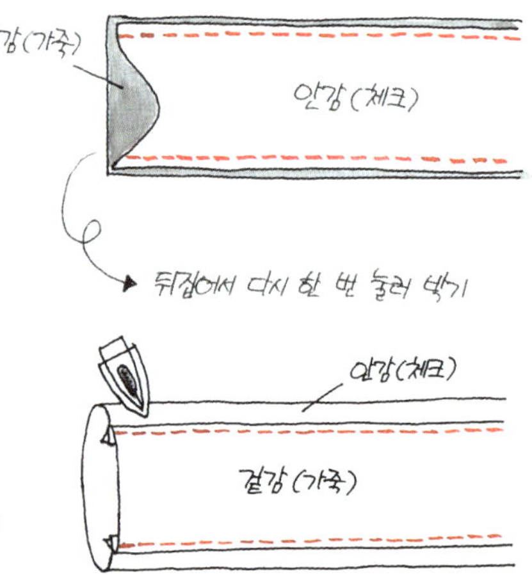

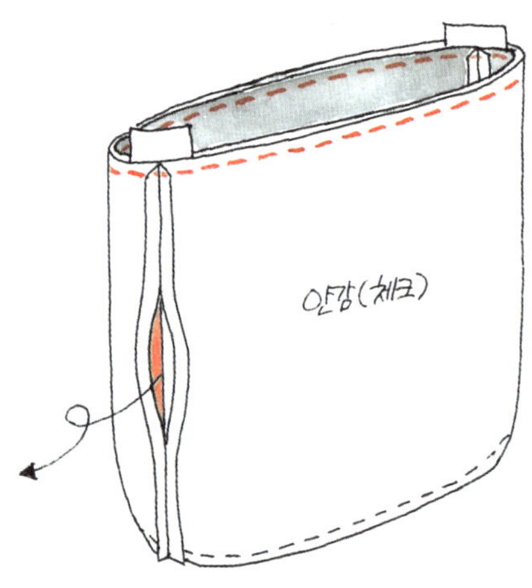

1 겉감(가죽) 앞뒤판에 각각 고무줄 테이프를 당기면서 눌러 박는다.

2 겉감(가죽)과 안감(체크) 앞뒤판을 각각 겉끼리 겹쳐 옆선과 바닥을 박는다. 이때 안감은 옆선에 창구멍 10cm를 남겨놓고 박음질한다.

3 끈으로 재단한 가죽과 체크 원단을 겉끼리 겹쳐 박는다. 체크 원단이 가죽보다 좌우 0.5cm씩 넓으므로 좌우 간격을 잘 맞춰 박는다. 뒤집어서 가죽 원단이 위로 오도록 한 후 체크 원단의 여분을 다리미로 누르고 위에서 눌러 박는다.

4 겉감과 안감을 겉끼리 겹치고 양 옆선에 맞춰 가방끈을 넣어 가방 입구 부분을 함께 박는다. 뒤집어 공그르기로 창구멍을 막는다.

5 겉에서 가방 입구 부분을 다시 한 번 눌러 박는다.

가방 끈에 포인트가 되는 체크 원단의 폭을 조금 더 크게 함으로써 완성되었을 때 가죽 끈 양옆으로 체크가 살짝 보여 경쾌한 분위기를 연출한다.

큐트 크로스 백

원단

겉감 (카키색 코듀로이) 40×25cm

안감 (카키색 실크) 40×25cm

끈 (카키색 코듀로이, 6cm 폭) 120cm

부자재

접착심 40×25cm

카키색 뜨개 테이프 20cm

앞면 장식 (0.8cm, 2.5cm, 3cm 폭 테이프, 자투리 원단) 약간씩

스냅 단추 (지름 0.8cm) 1세트

완성 사이즈 18×20cm(끈 길이 115cm)

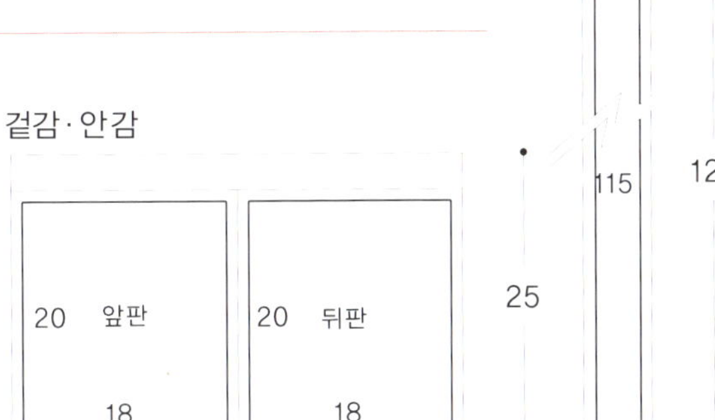

ⓐ ⓖ ⓗ 자투리 원단을 적당한 폭, 길이로 잘라 박는다.

ⓑ 2.5cm 폭 테이프는 주름을 주면서 홈질한다.

ⓕ 2.5cm 폭 테이프는 두 줄로 박음질한다.

ⓔ 0.8cm 폭 테이프는 가운데 부분에 홈질을 한다.

ⓓ 3.5cm 폭으로 자른 원단은 양 옆의 올을 자연스럽게 푼 다음 주름을 잡으면서 홈질한다.

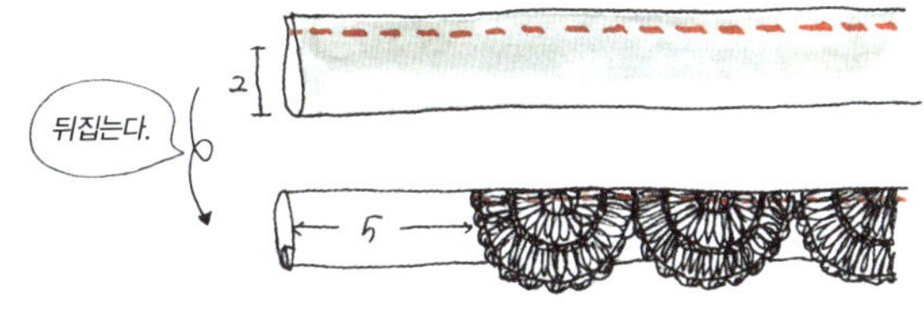

3 끈은 길이로 반 접어 한쪽을 박아 뒤집은 다음 한쪽 끝에서 5cm 되는 부분부터 면 뜨개 리본 테이프 20cm를 덧붙여 박는다.

1 겉감 안쪽에 접착심을 붙인 후 테이프, 자투리 원단을 이용하여 앞판을 자유롭게 꾸민다.

2 겉감 앞뒤판을 겉끼리 맞대고 옆선과 바닥을 박은 후 뒤집어놓는다.

4 안감은 옆선 쪽에 창구멍 10cm를 남기고 겉끼리 맞대 옆선과 바닥을 박는다.

5 겉감에 안감을 씌우듯 겉끼리 겹치고 그 사이에 끈을 넣어 가방 입구를 함께 박는다.

6 뒤집어 가방 안쪽에 스냅 단추를 단 다음 공그르기로 창구멍을 꿰매 마무리한다.

05 내추럴 숄더백

가방의 바닥 쪽 사방 모서리에
다트를 잡아 물건을 넣어도
가방 형태가 망가지지 않고
자연스럽게 모양이 잡힌다.
지푸라기로 머리 땋듯이 꼬아서 만든
가방끈으로 내추럴한
분위기를 낸 아이디어도 참고할 것.

원단

겉감 (갈색 10수 옥스퍼드) 80×40㎝

안감 (베이지색 체크무늬 10수 옥스퍼드) 80×35㎝

부자재

접착심 80×40㎝

지푸라기 (보라색, 베이지색) 적당량

겉감

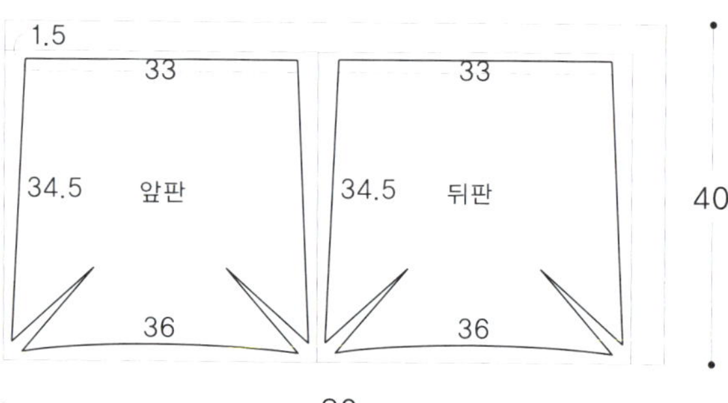

안감

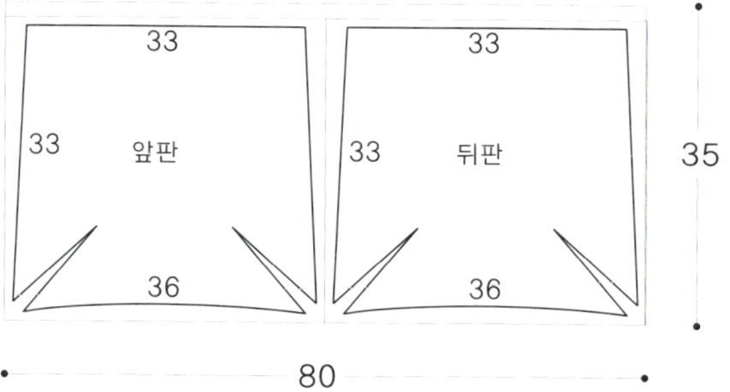

완성 사이즈 33×30×5cm(끈 길이 51cm)

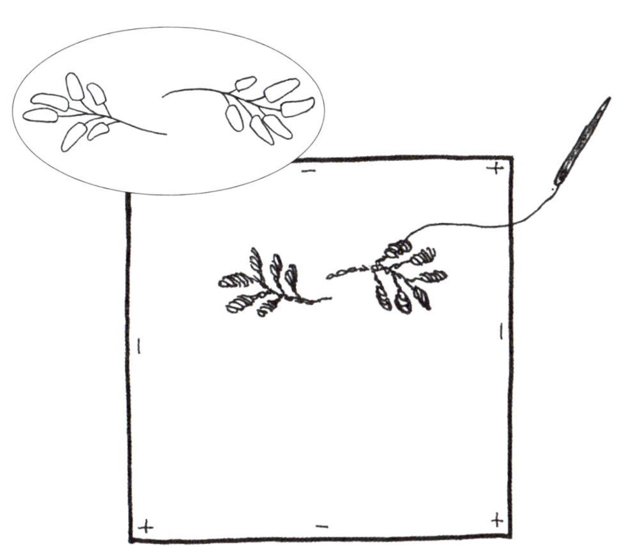

1 겉감 앞뒤판 안쪽면에 접착심을 붙인 다음 앞판 겉면에 가는 지푸라기를 바늘 귀에 꿰어 잎사귀 모양으로 수를 놓는다.

2 겉감 아래쪽 양 끝 모서리를 접어 다트를 박은 다음 시접을 앞뒤판이 서로 반대 방향이 되도록 접는다. 겉끼리 맞대고 양 옆선과 바닥을 박는다.

3 옆선 바닥을 시접과 직각으로 접어 5cm 되는 지점에서 박음질한다.

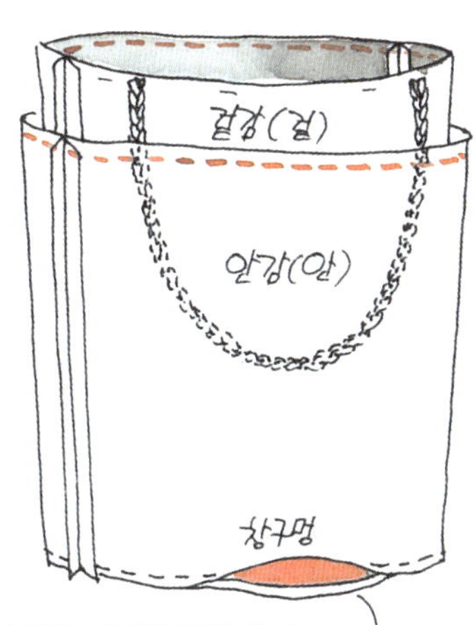

4 안감의 앞뒤판도 아래쪽 모서리에 다트를 박은 다음 겉끼리 맞대어 바닥 쪽에 창구멍 10cm를 남기고 양 옆선과 바닥을 박는다. 옆선 바닥을 시접과 직각으로 접어 5cm 되는 지점에서 박음질한다.

5 짚을 몇 가닥씩 잡고 세 갈래로 머리 땋듯 엮어 가방끈을 만든다. 3의 겉감을 뒤집어 안감을 씌우듯 겹치고 그 사이에 가방끈을 넣어 가방 입구를 함께 박는다.

6 창구멍으로 뒤집고 겉감의 안단을 접어 다리미로 누른다. 끈을 위에서 한 번 더 눌러 박는다. 공그르기로 창구멍을 꿰매 마무리한다.

06

자연주의 빅 백

완성 사이즈 48×40㎝

원단

겉감 (베이지색 리넨) 75×85㎝
안감 (20수 광목) 60×85㎝

부자재

시판용 갈색 가죽 끈 52㎝ 길이
갈색 면 리본 테이프 (묶음용, 1.2㎝ 폭)
100㎝×2개

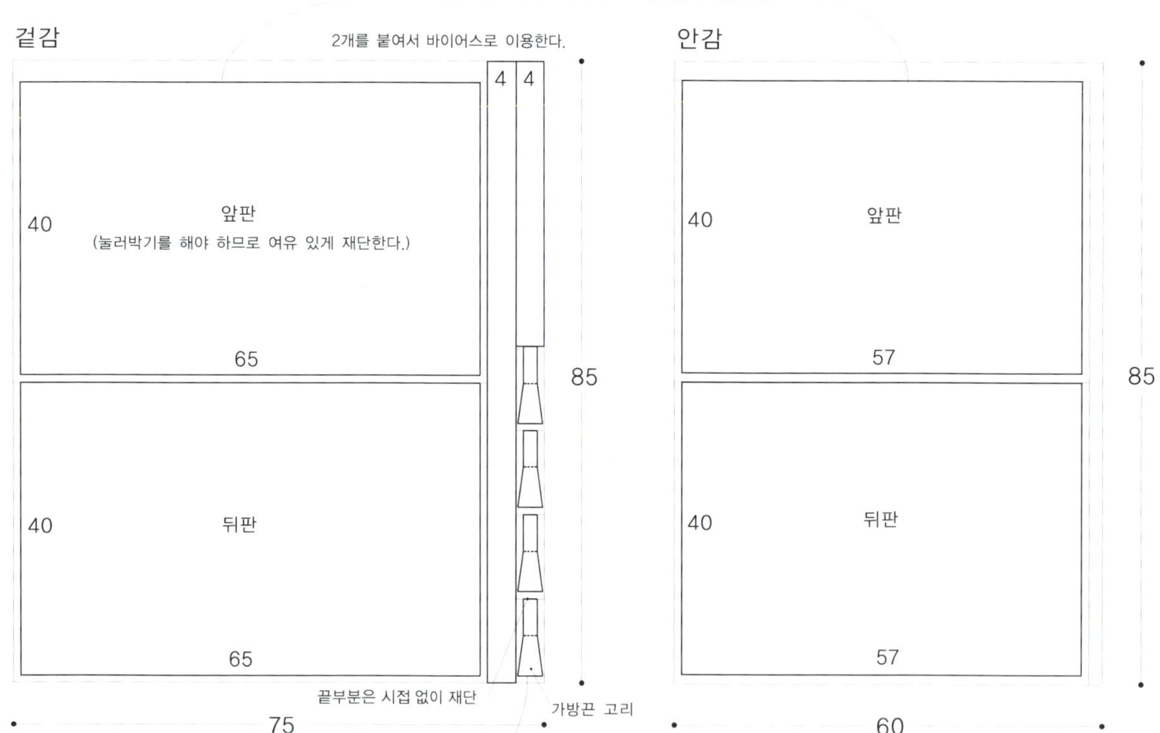

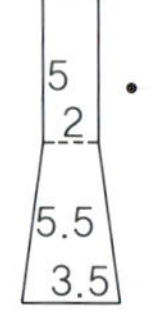

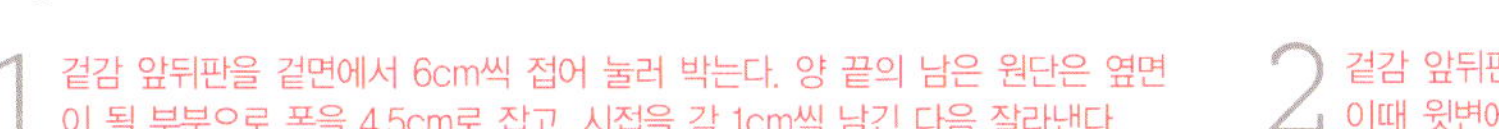

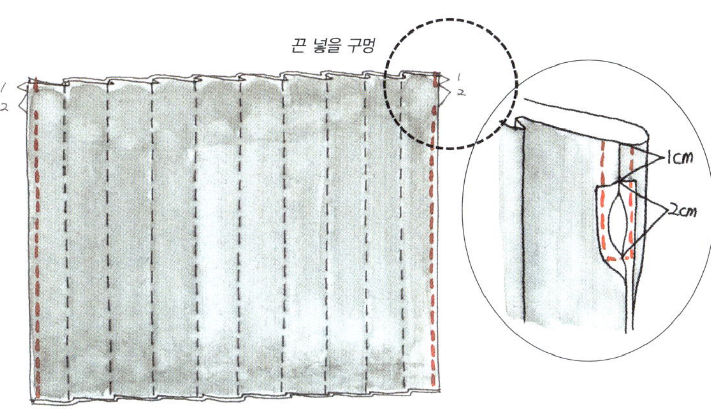

1 겉감 앞뒤판을 겉면에서 6cm씩 접어 눌러 박는다. 양 끝의 남은 원단은 옆면이 될 부분으로 폭을 4.5cm로 잡고, 시접을 각 1cm씩 남긴 다음 잘라낸다.

2 겉감 앞뒤판을 겉끼리 맞대어 양 옆에 끈 넣을 구멍 2cm를 남기고 옆선을 박는다. 이때 윗변에서 1cm 내려온 부분부터 구멍 위치를 잡는다.

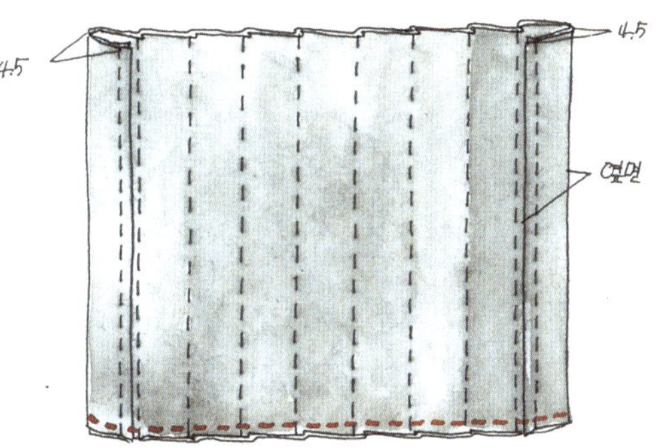

3 옆면 부분 4.5cm를 한쪽으로 접어 바닥을 박은 다음 뒤집는다.

4 안감 앞뒤판을 겉끼리 맞대어 양 옆선과 바닥을 박는다. 겉감 안쪽에 안감을 안끼리 맞닿도록 넣는다.

5 4cm 폭으로 재단한 천을 겉감 윗선에 맞춰 겉끼리 대고 한 번 박은 다음 접어 넣고 다시 한 번 눌러 박아서 바이어스 처리한다.

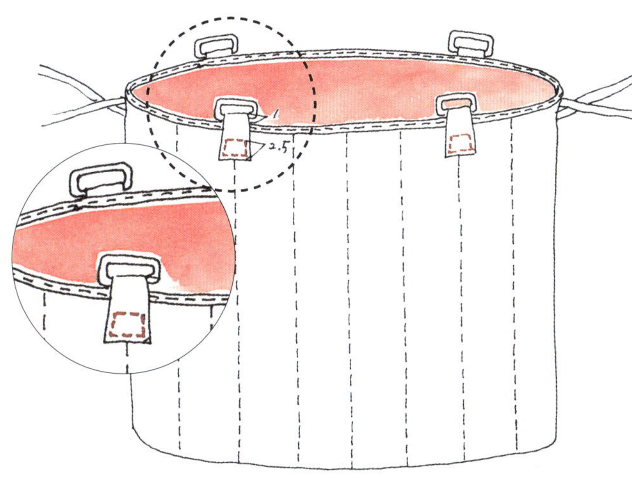

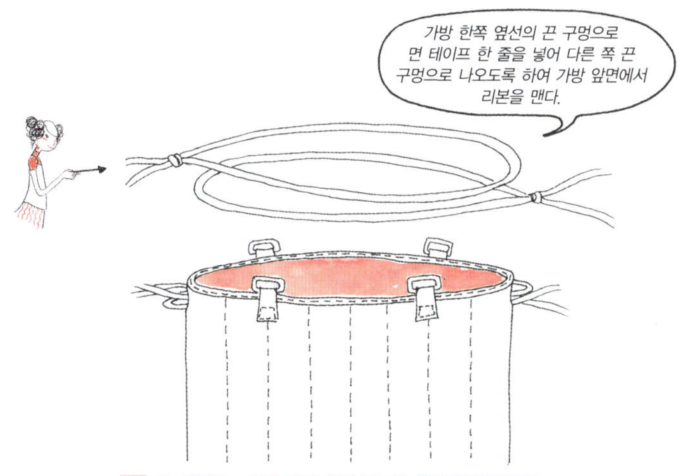

6 끈 고리용 원단을 완성선대로 접어 다리미로 눌러준 다음 금속 끈 고리를 넣어 겉감 위에 놓고 눌러 박는다.

7 끈 구멍에 그림과 같이 끈을 넣는다. 6의 끈고리에 가죽 줄을 끼워 마무리한다.

07

위트 넘치는 장식을 한
원통형 숄더백

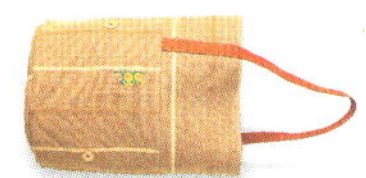

원단

겉감 (베이지색 줄무늬 리넨) 100×80cm
안감 (20수 광목) 100×80cm

부자재

접착심 100×80cm
연한 갈색 가죽 끈 (2cm 폭) 76cm
자투리 천·망사 적당량
장식용 단추 3개
십자수 실 DMC 3765

리넨 원단은 다소 거친 듯한 질감이지만 자연스러운 구김과 소박한 매력으로 여러 아이템에 활용 가능하다. 비슷한 느낌의 장식이나 포인트가 되는 상반된 느낌의 장식 모두 멋스럽다.

완성 사이즈 23×37cm (끈 길이 76cm)

겉감·안감

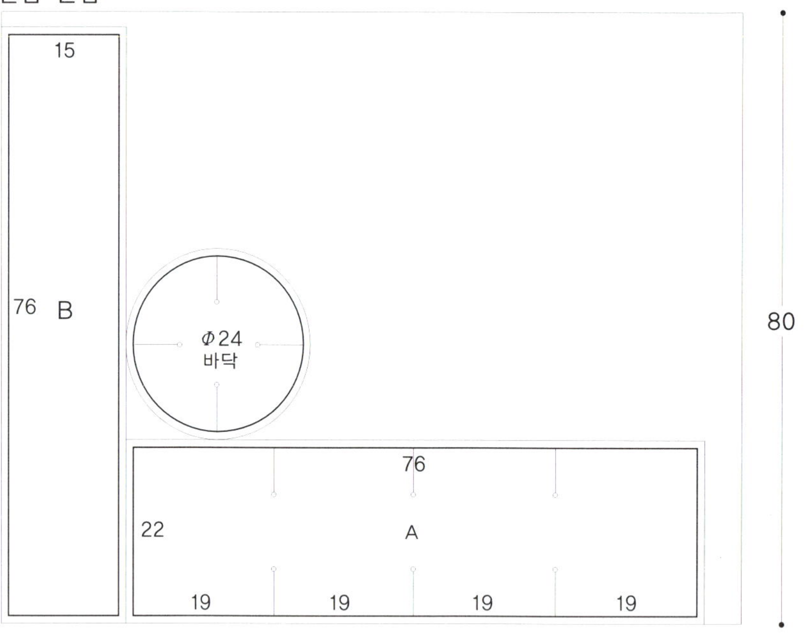

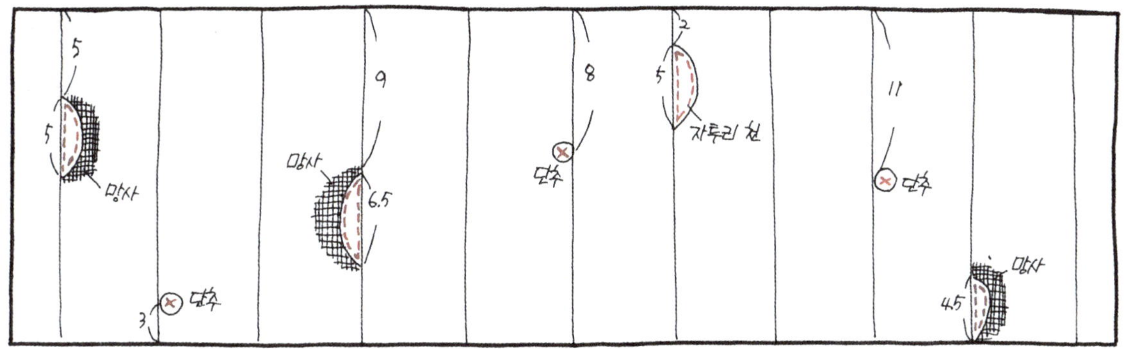

1 겉감 안쪽에 접착심을 붙이고, 겉감 A의 겉면에 자투리 천, 망사, 단추 등을
이용해 자유롭게 장식한다. 장식한 겉감 A와 겉감 B를 잇는다.

2 겉감의 원형 바닥과 1의 본체를 시침핀으로 고정시킨 후
완성선을 따라 박는다.

3 안감 A와 B를 연결한 후 원형 바닥을 잇는다. 이때 창구멍
을 10cm 정도 남기고 박아 시접을 바닥 쪽으로 접는다.

4 겉감에 안감을 겉끼리 맞닿도록 씌우듯 겹친다. 가방 입구
부분을 빙 둘러 박고 뒤집은 다음 공그르기로 창구멍을 꿰
매 막는다.

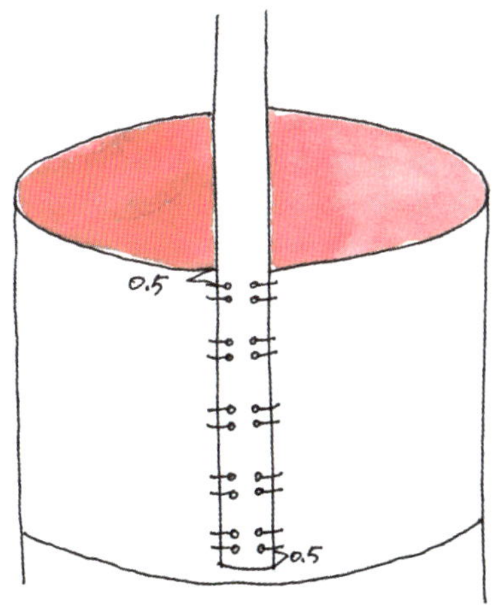

5 겉감의 A, B 경계선부터 가죽 끈을 붙이기 시작한다.
가죽 끈에 구멍을 두 개씩 뚫어 실로 꿰매 연결한다.

08

질감이 다른 원단을 패치워크한
실용 가방

원단

겉감 A (고동색 펄 코팅 가죽) 65×50㎝

겉감 B (베이지색 무늬 실크) 25×15㎝

겉감 C (노란색 무늬 실크) 25×15㎝

겉감 D (갈색 무늬 실크) 25×15㎝

겉감 E (겨자색 무늬 실크) 25×15㎝

안감 (20수 광목) 65×40㎝

부자재

파이핑심 70㎝

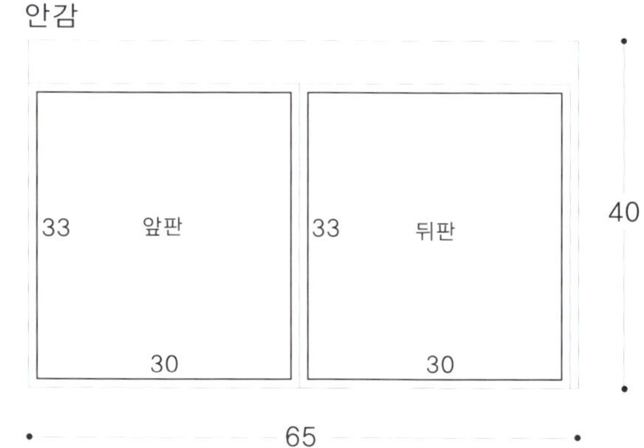

완성 사이즈 30×33㎝(끈 2.5×36㎝)

겉감A (고동색)

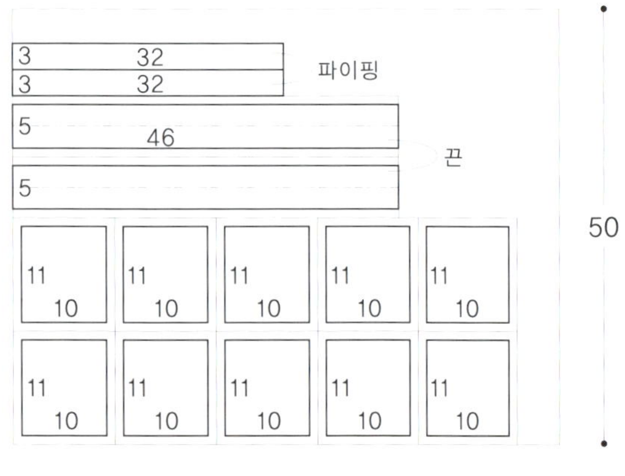

안감

겉감B (베이지)
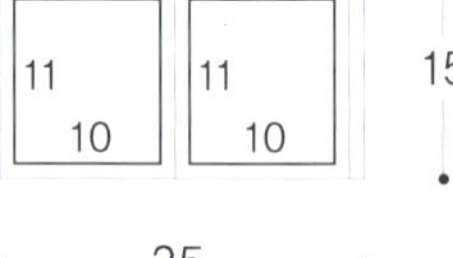

겉감C (노란색)
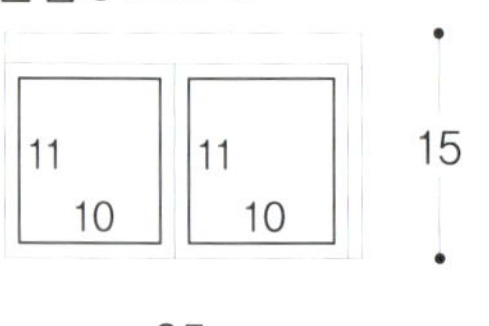

겉감D (갈색)
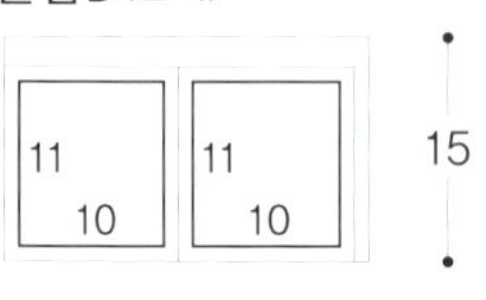

겉감E (겨자색)
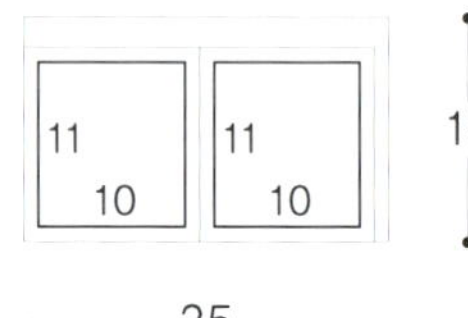

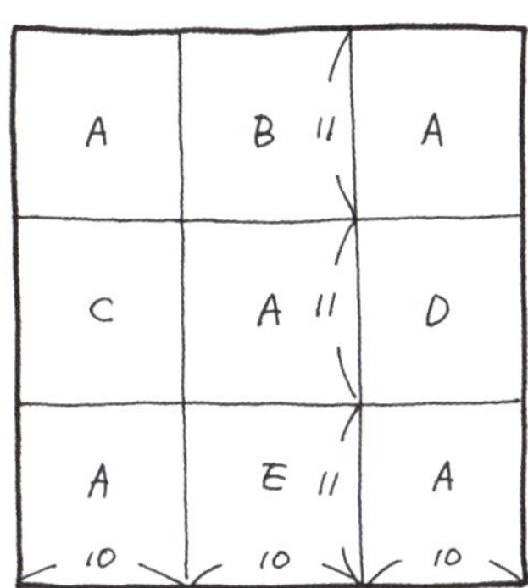

1 11×10cm의 겉감 A, B, C, D, E를 박음질해 연결한다. 이때 앞뒤판 각 9개의 조각을 같은 패턴으로 배열한다.

2 1의 9조각을 연결한 앞판과 뒤판을 겉끼리 맞대고 양 옆선에 파이핑을 끼워 넣어 박는다. 그런 다음 바닥 부분을 박는다.

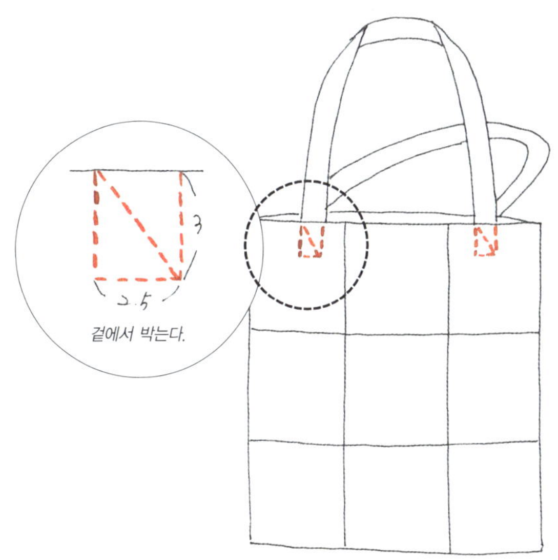

5 뒤집어 창구멍을 공그르기로 마무리한 다음 겉감 쪽에서 끈을 한 번 더 눌러 박는다.

3 안감을 겉끼리 맞대 양 옆선을 박은 후 창구멍 10cm만 남겨두고 바닥 부분을 박는다.

4 3의 안감을 2의 겉감에 씌우듯 겉끼리 겹치고 안감과 겉감 사이에 끈을 넣어 가방 입구 부분을 함께 박는다.

패턴과 광택에 차이가 있는 패브릭을 매치하여 빈티지 스타일을 살리는 것이 포인트.

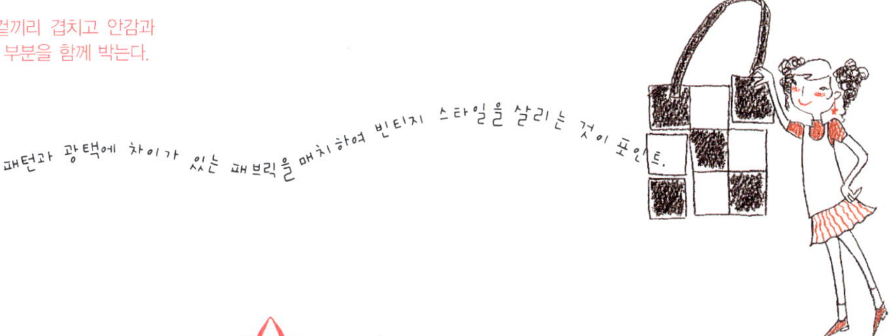

09 내구성 뛰어난

빈티지 스타일 토트백

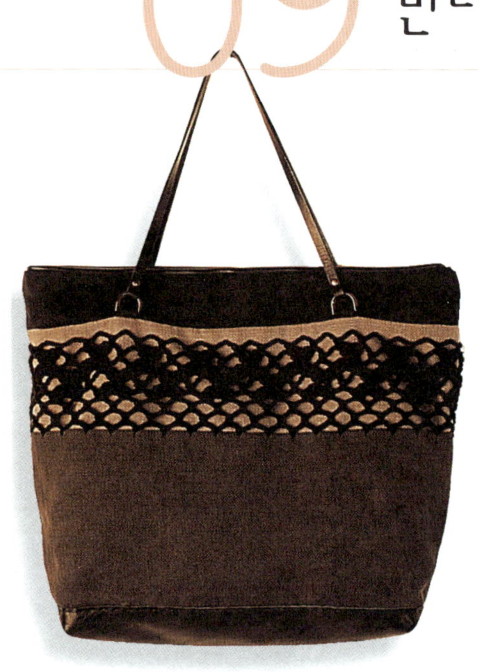

완성 사이즈 38×29×9㎝(끈 길이 45㎝)

원단

겉감 A (검은색 면 · 마 혼방)
90×10㎝

겉감 B (연보라색 면 · 마 혼방)
80×15㎝

겉감 C (바랜 검은색 면 · 마 혼방)
40×45㎝

검은색 가죽 (바닥 · 안단용)
80×15㎝

안감 (20수 광목) 80×30㎝

부자재

접착심 80×45㎝

뜨개실 검은색 적당량

시판용 검은색 가죽 끈 (0.8㎝ 폭) 45㎝

가장 넓게 재단한 겉감 위쪽에 구멍을
뚫어 코바늘 뜨기를 한 다음 조금 옅은 색상의
원단과 겹쳐 앤티크 감각을 살린다.

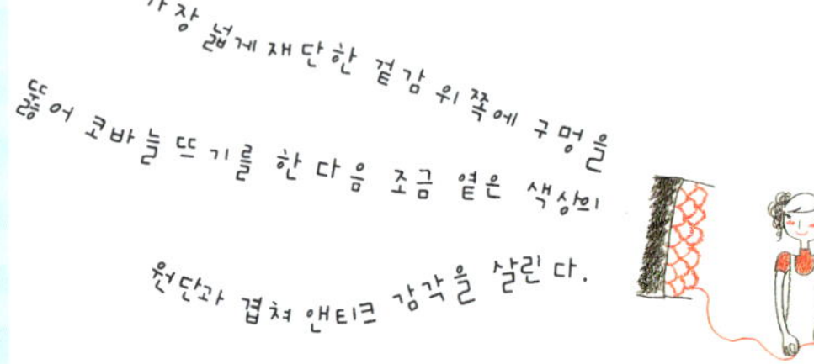

겉감A
2X2 가방끈 고리
4
38
앞판
4
38
뒤판
10
90
겉감B
9
38
앞판
9
38
뒤판
15
80
겉감C
41
38
45
40
안감
25
앞판
38
25
뒤판
38
30
80
가죽
11
바닥
38
4
38
안단
4
38
안단
15
80

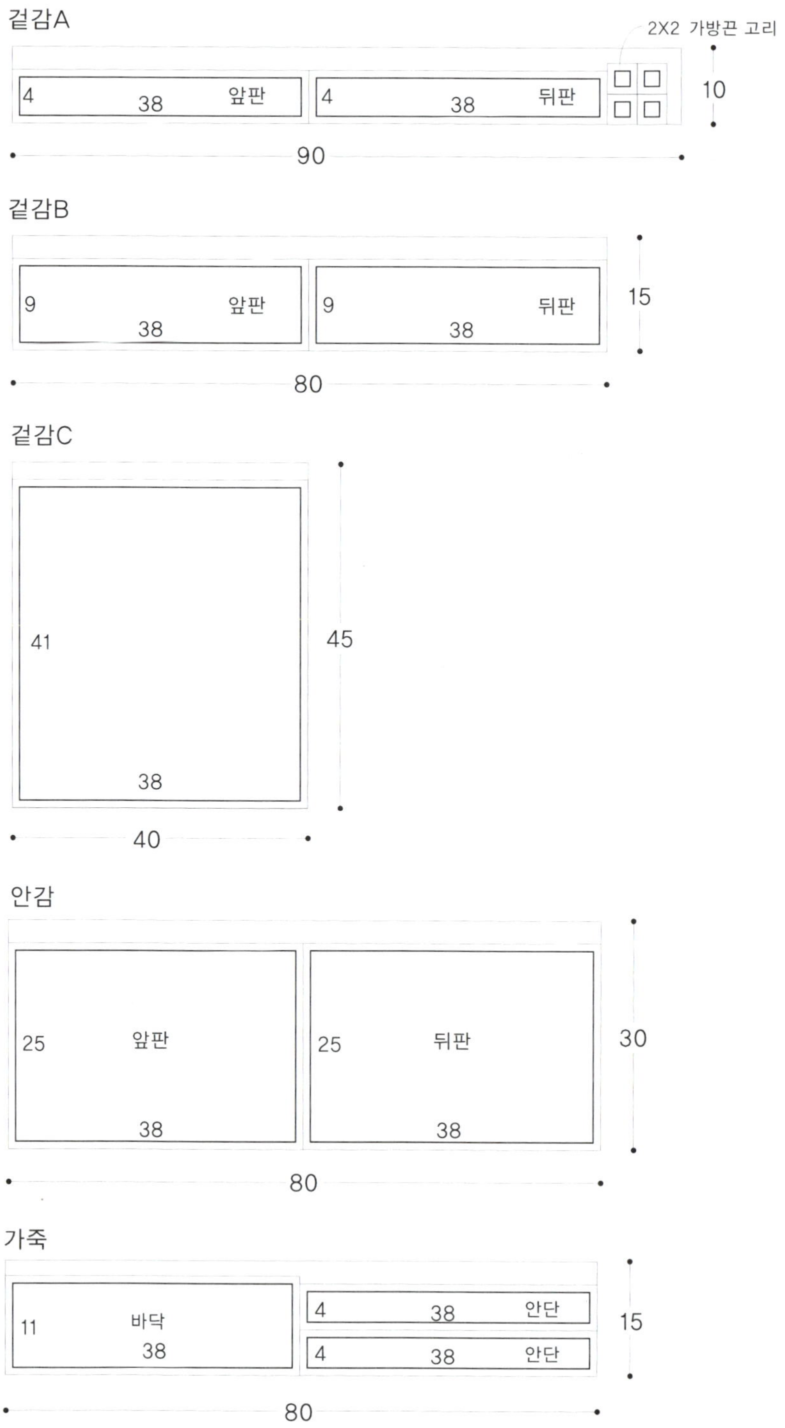

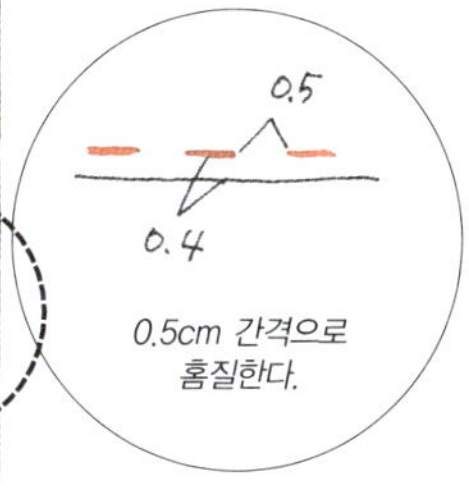

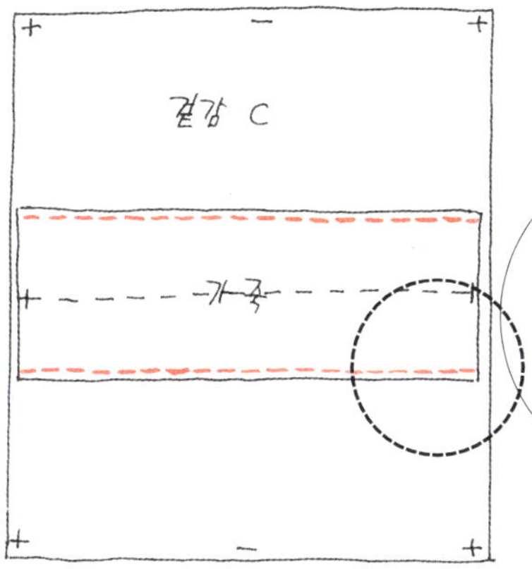

1 겉감 C의 안쪽에 접착심을 붙인 다음 겉면 가운데에 바닥용으로 재단한 가죽을 덧붙인다.

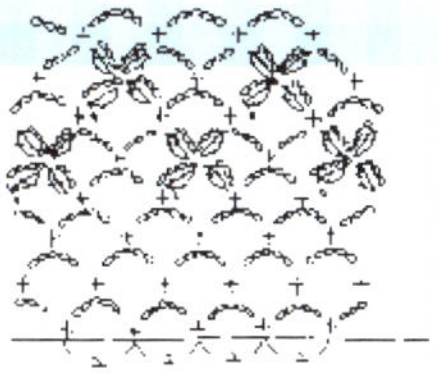

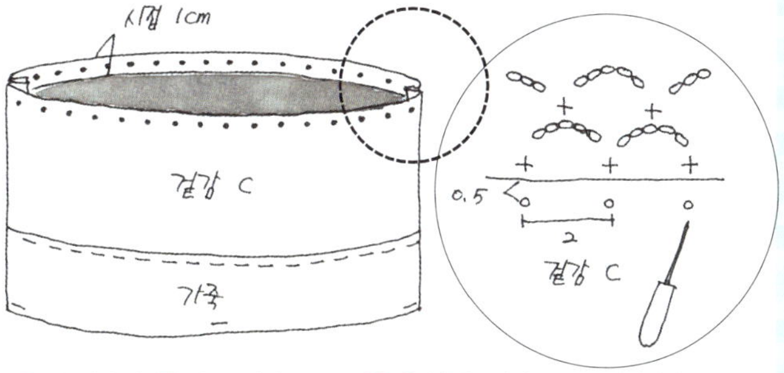

2 1을 반 접어 옆선을 박고, 시접 1cm를 접은 후 위 테두리의 0.5cm 아래에서 2cm 간격으로 송곳을 이용해 구멍을 뚫어 패턴대로 코바늘뜨기를 한다.

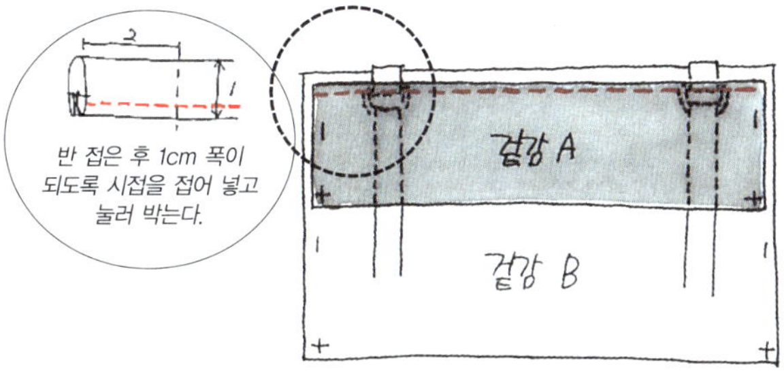

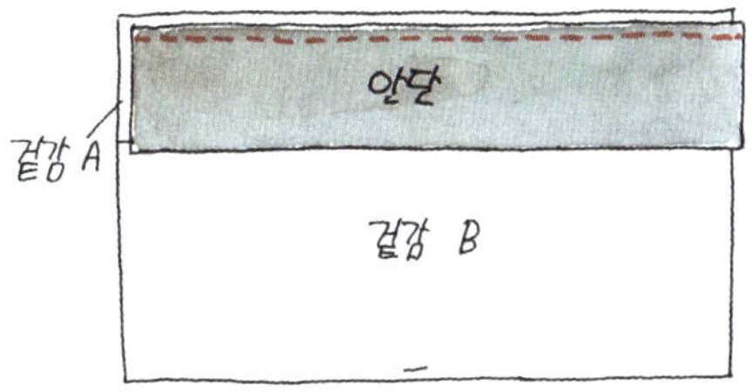

3 겉감 A, B 안쪽에 접착심을 붙인 다음 겉끼리 맞대고 그 사이에 끈 고리를 반 접어 넣는다. 끈 고리 사이에 가죽 손잡이를 끼워 박은 다음 끈 고리와 겉감 A, B를 겉끼리 맞대 함께 박는다.

4 3을 펼친 뒤 겉감 A 위에 가죽 안단을 겉끼리 맞붙여 윗선을 박음질한다. 같은 방법으로 하나 더 만들어 겉끼리 맞대고 양 옆선을 박아 앞뒤판을 붙인다.

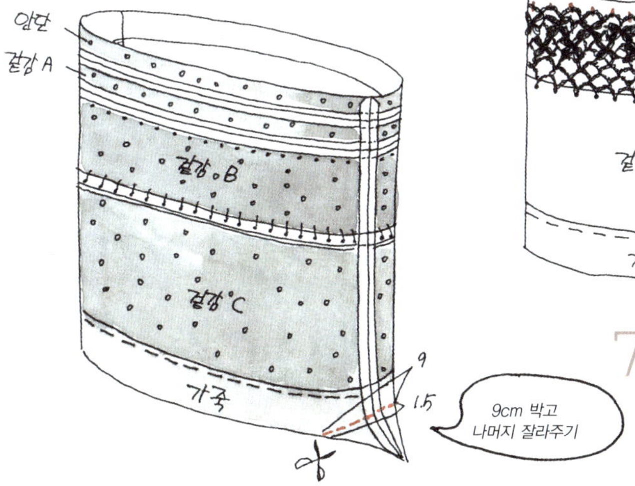

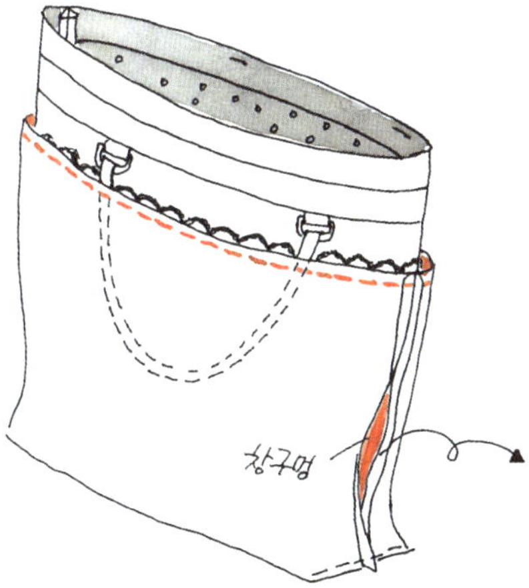

5 겉감 C와 겉감 B가 연결되도록 겉끼리 맞대어 박는다.

6 양 옆선의 바닥을 직각으로 접어 9cm 되는 부분을 박은 다음 나머지 부분을 잘라낸다.

7 검은색 실로 레이스뜨개를 살짝 떠서 겉감 B에 고정시킨다. 결국, 겉감 B와 레이스뜨기한 부분이 겹쳐진다.

8 안감은 창구멍을 남기고 양 옆선과 바닥을 박는다. 양 옆선의 바닥을 직각으로 접어 9cm 되는 부분을 박고 나머지 부분을 잘라낸다.

9 겉감에 안감을 씌우듯 겉끼리 겹친 후 가방 입구 둘레를 박아 연결한다. 안단을 접어 다리미로 누르고 창구멍으로 뒤집는다. 공그르기로 창구멍을 꿰매 막는다.

사랑스러운 머스터드 컬러의
믹스 & 매치 토트백

완성 사이즈 24×17×10cm(끈 길이 38cm)

원단

겉감 A (머스터드 컬러 비스코스 혼방)
75×20cm
겉감 B (갈색 빈티지 패턴 30수 면)
75×20cm
안감 (20수 광목) 80×35cm
카키색 가죽 (가방끈용) 40×5cm

부자재

접착심 75×35cm
카키색 리본 테이프 (1cm 폭) 80cm
고무줄 (0.5cm 폭) 17cm

겉감A

13.5 앞판 34	13.5 뒤판 34	20
75		

겉감B

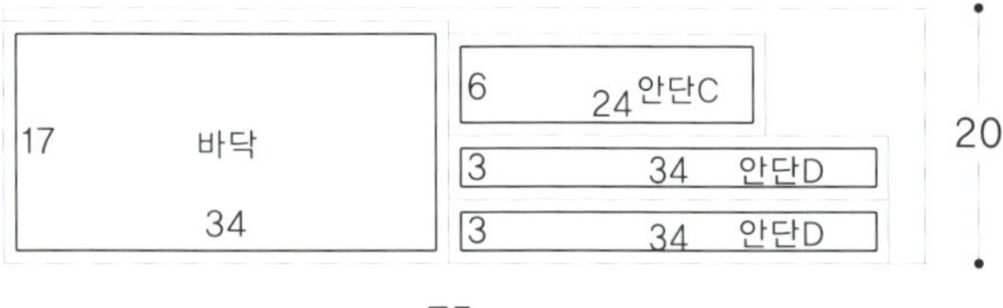

17 바닥 34	6 24 안단C
	3 34 안단D
	3 34 안단D

20

75

안감

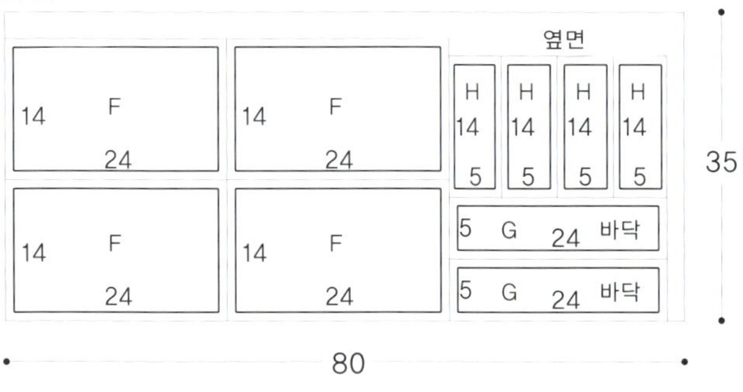

옆면

14 F 24	14 F 24	H 14 5	H 14 5	H 14 5	H 14 5
14 F 24	14 F 24	5 G 24 바닥			
		5 G 24 바닥			

35

80

가죽

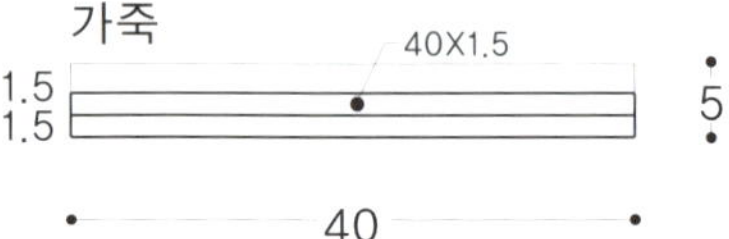

40X1.5

1.5
1.5

5

40

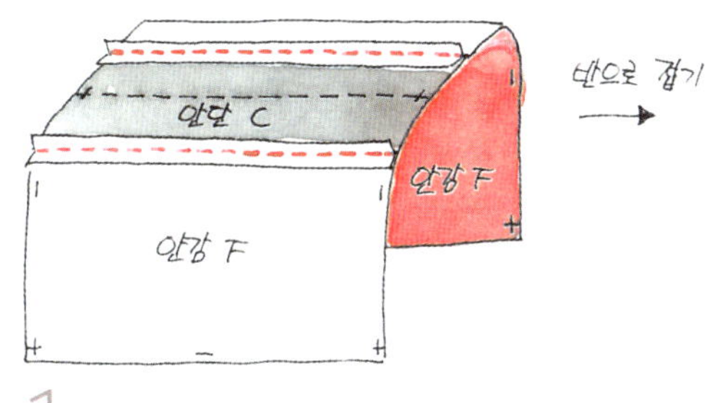

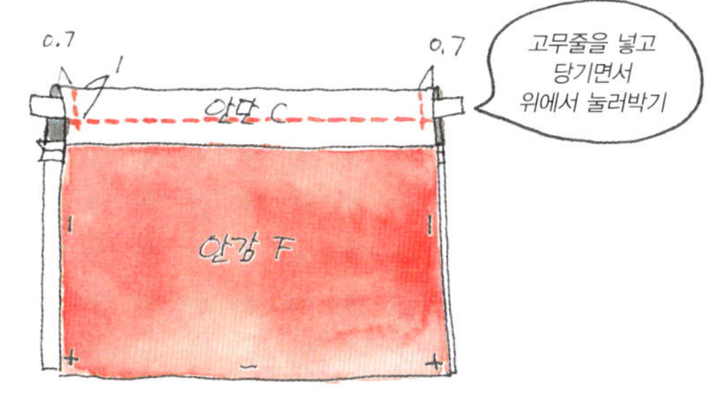

1 가방 안쪽 칸막이 만들기

1 안단 C를 중심으로 양쪽에 안감 F를 붙여 박음질한다.

2 안단 C를 반으로 접은 후 0.7cm 내려온 지점에 한 줄로 박음질을 한다.
3 박음선 안쪽에 고무줄을 넣고 팽팽하게 당겨 양 옆을 눌러 박는다.

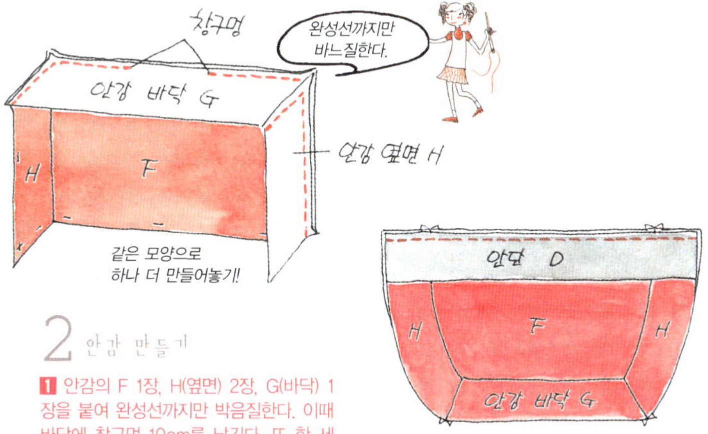

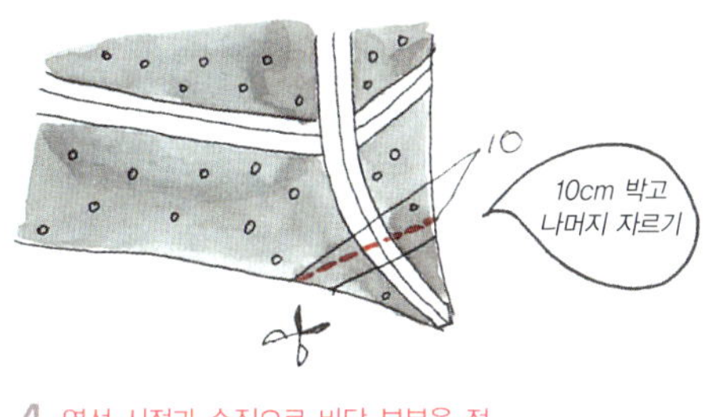

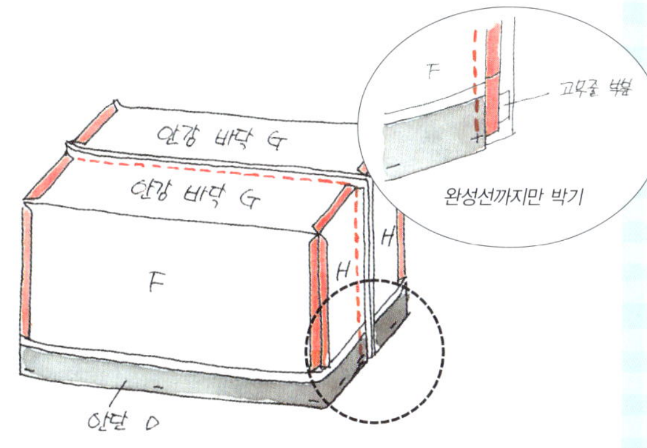

2 안감 만들기

1 안감의 F 1장, H(옆면) 2장, G(바닥) 1장을 붙여 완성선까지만 박음질한다. 이때 바닥에 창구멍 10cm를 남긴다. 또 한 세트를 만들어놓는다.

2 양쪽 옆면을 펼쳐 안단 D를 겹쳐 박는다. 두 세트 모두 같은 방법으로 안단 D를 붙인다.

3 **2**의 두 세트 사이에 **1**의 칸막이를 넣고 바닥과 양쪽 옆선을 완성선까지만 박는다.

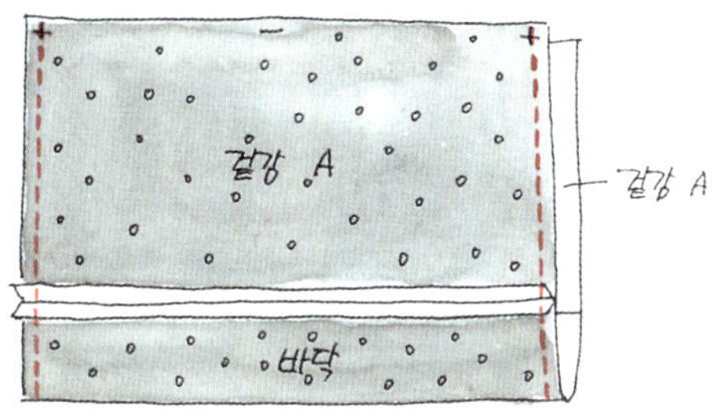

3 겉감 A 앞뒤판과 겉감 B 바닥의 안쪽에 접착심을 붙이고 겉감 A 두 장과 바닥 양쪽을 박음질한 다음 반으로 접어 양 옆선을 박는다.

4 옆선 시접과 수직으로 바닥 부분을 접어 10cm 되는 부분을 눌러 박고 시접을 제외한 부분은 잘라낸다.

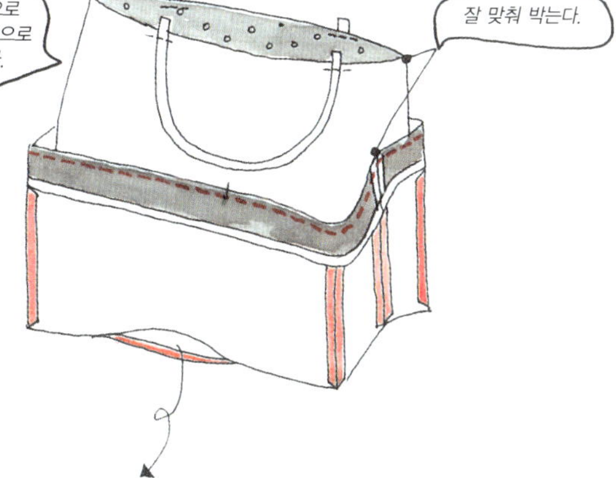

가방 안쪽에 칸막이로 공간을 분할하되, 입구의 형태를 고정하기 위해 고무줄을 넣어 처리한다.

5 안감의 창구멍이 있는 쪽으로 겉감을 겉끼리 맞닿도록 넣어서 안감 칸막이를 연결한 옆선과 겉감의 옆선을 잘 맞춰 가방 입구를 박음질한다. 이때 안감과 겉감 사이에 가방끈을 넣어 함께 박는다. 뒤집은 뒤 공그르기로 창구멍을 꿰매 마무리한다.

11

캐주얼 멀티백

원단

겉감 (흑백 체크무늬 면 자카드) 70×50㎝
안감 (20수 광목) 70×55㎝
검은색 가죽 (바닥·끈·끈 고리) 120×15㎝

부자재

접착심 70×50㎝
검은색 리본 테이프 (4㎝ 폭) 180㎝, (2㎝ 폭) 10㎝
앤티크 똑딱 프레임 1세트
보라색 털실 적당량
시판용 검은색 가죽 끈 (딿아진 것) 100㎝

완성 사이즈 31×44㎝(접었을 때 31×29㎝, 끈 길이 116㎝)

겉감

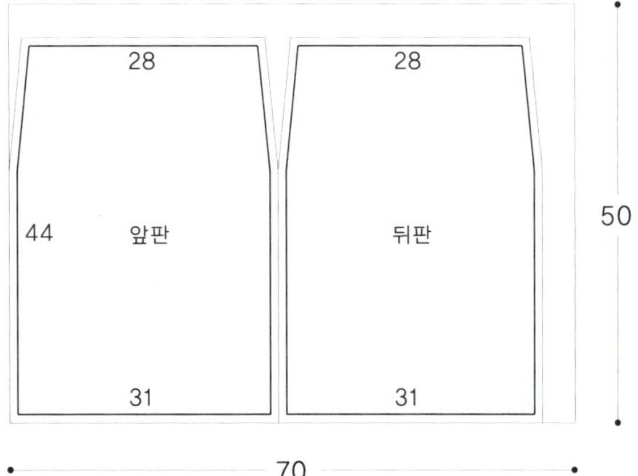

안감

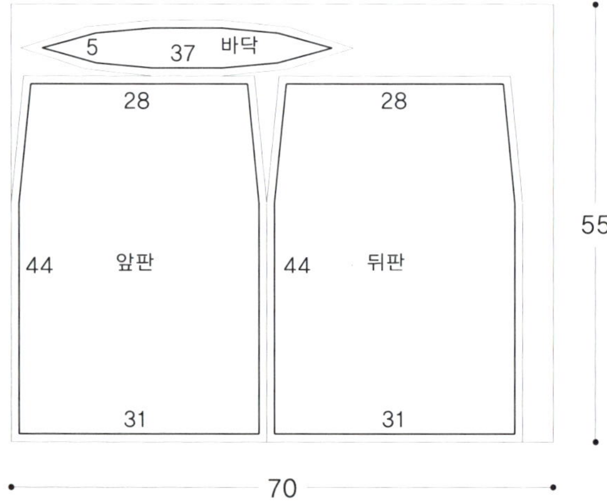

가죽

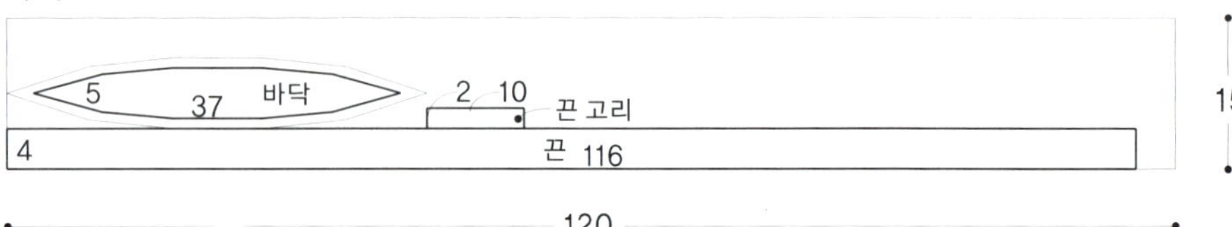

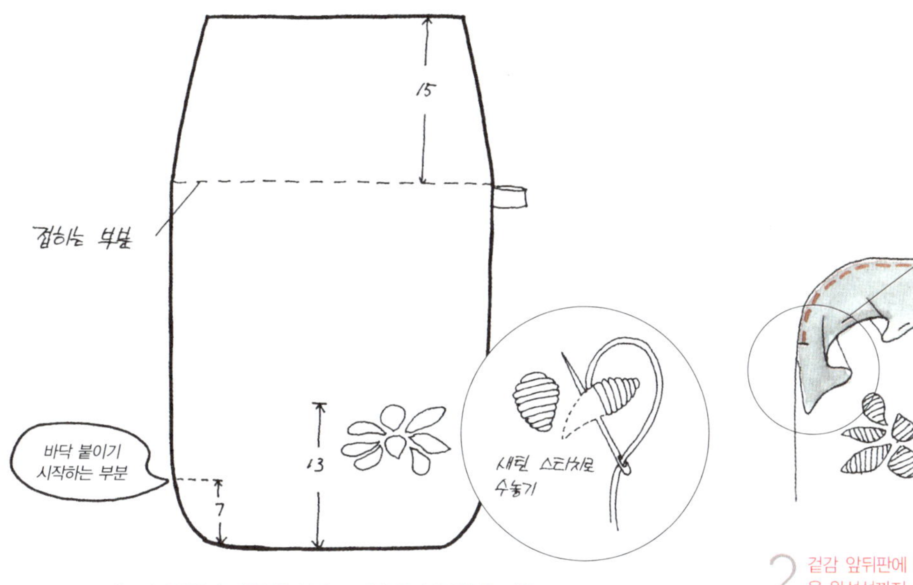

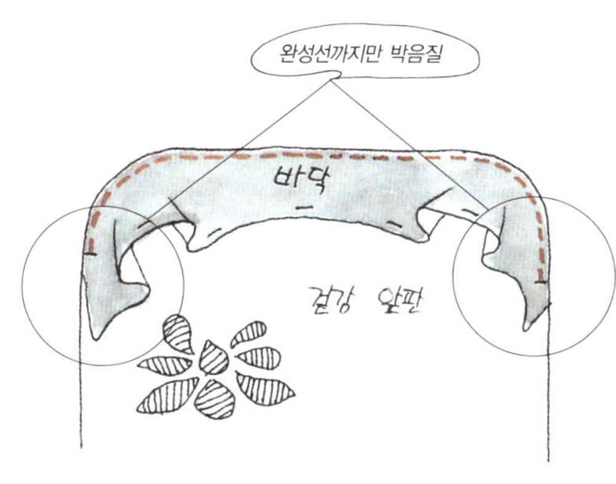

1 겉감 안쪽에 접착심을 붙이고, 겉감 앞판에 털실을 이용해 새틴스티치로 꽃 모양의 수를 놓는다.

2 겉감 앞뒤판에 가죽으로 재단한 바닥을 맞춰 바닥 부분을 완성선까지 박음질한다.

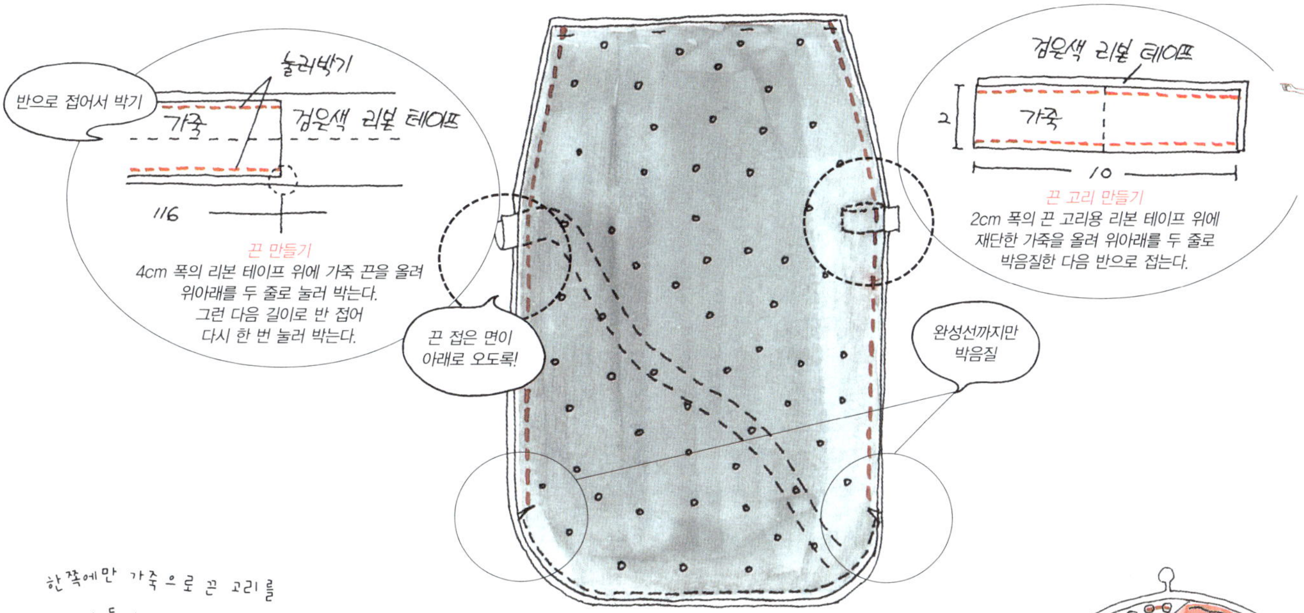

한 쪽에만 가죽으로 끈 고리를
만들어 긴 끈의 길이를
마음대로 조절해서 묶을 수 있다.

3 겉감을 겉끼리 맞대고 그 사이에 끈과 끈 고리를 넣어 함께 양 옆선을 완성선까지만 박는다.

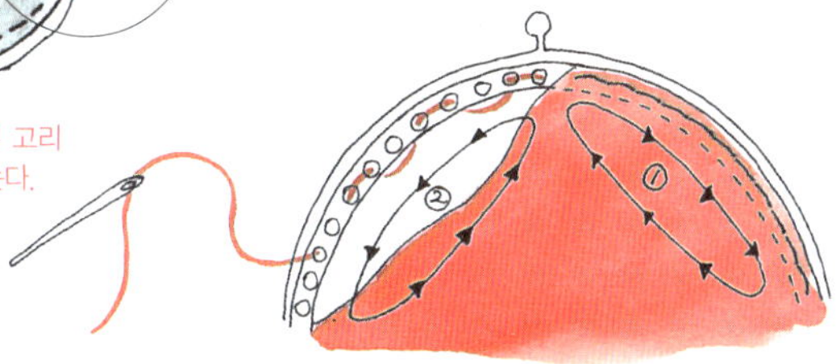

4 안감의 앞뒤판을 겉끼리 맞대어 사이에 바닥 부분을 완성선까지 박음질한다. 옆선 한쪽에 10cm 정도 창구멍을 남기고 양 옆선을 완성선까지 박는다.

5 5를 뒤집어 겉감에 안감을 씌우듯 겉끼리 닿도록 겹쳐 가방 입구 쪽을 함께 박음질한다. 뒤집은 다음 공그르기로 창구멍을 꿰맨다.

6 똑딱 프레임에 7의 가방 몸체를 맞추고 중심에서 한쪽으로 홈질해 끝까지 연결한 후 다시 홈질로 되돌아온다. 반대쪽도 중심에서 홈질해 끝까지 바느질한 후 다시 홈질로 되돌아와 중심에서 마무리한다.

7 땋아진 가죽 끈을 똑딱 프레임 양 끝 고리에 끼워 매듭짓고 한쪽 가방 끈을 다른 쪽 끈 고리에 꿰어 묶는다.

12.

뜨개 장식 핸드백

완성 사이즈 37×24㎝(끈 길이 45㎝)

원단

겉감 (갈색의 인조 스웨이드) 90×30㎝

안감 (갈색 체크무늬 40수 면) 90×45㎝

부자재

접착심 90×45㎝

4가지 색상 털실 적당량

시판용 갈색 가죽 끈 (0.7㎝ 폭) 45㎝

자석 단추 (지름 1.3㎝) 1세트

겉감

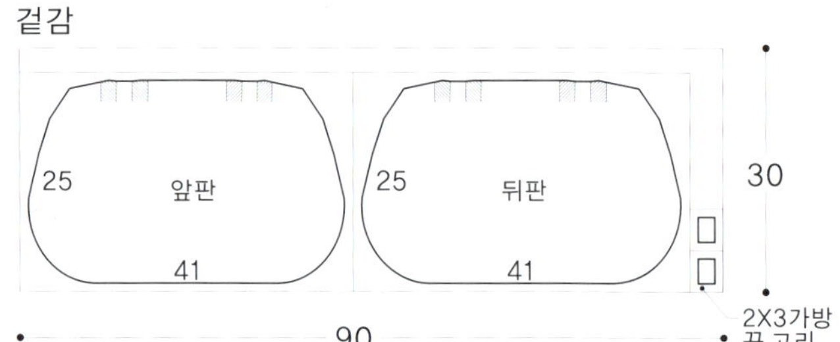

안감

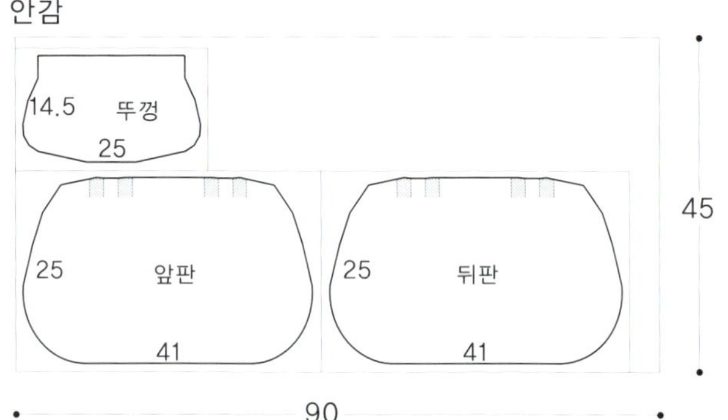

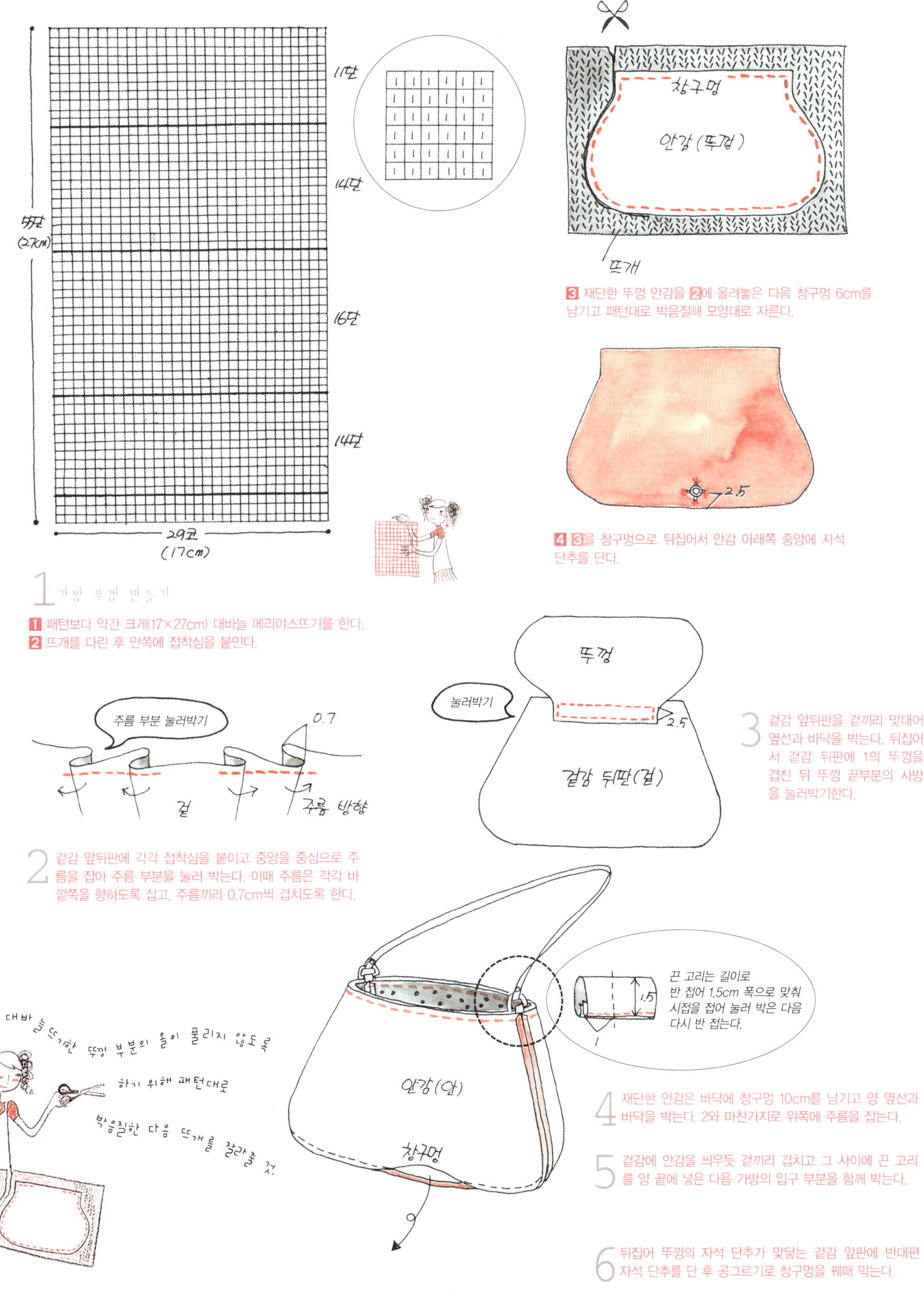

3 재단한 뚜껑 안감을 **2**에 올려놓은 다음 창구멍 6cm를 남기고 패턴대로 박음질해 모양대로 자른다.

4 **3**을 창구멍으로 뒤집어서 안감 아래쪽 중앙에 자석 단추를 단다.

1 가방 뚜껑 만들기

1 패턴보다 약간 크게(17×27cm) 대바늘 메리야스뜨기를 한다.
2 뜨개를 다린 후 안쪽에 접착심을 붙인다.

2 겉감 앞뒤판에 각각 접착심을 붙이고 중앙을 중심으로 주름을 잡아 주름 부분을 눌러 박는다. 이때 주름은 각각 바깥쪽을 향하도록 잡고, 주름끼리 0.7cm씩 겹치도록 한다.

3 겉감 앞뒤판을 겉끼리 맞대어 옆선과 바닥을 박는다. 뒤집어서 겉감 뒤판에 1의 뚜껑을 겹친 뒤 뚜껑 끝부분의 사방을 눌러박기한다.

4 재단한 안감은 바닥에 창구멍 10cm를 남기고 양 옆선과 바닥을 박는다. 2와 마찬가지로 위쪽에 주름을 잡는다.

5 겉감에 안감을 씌우듯 겉끼리 겹치고 그 사이에 끈 고리를 양 끝에 넣은 다음 가방의 입구 부분을 함께 박는다.

6 뒤집어 뚜껑의 자석 단추가 맞닿는 겉감 앞판에 반대편 자석 단추를 단 후 공그르기로 창구멍을 꿰매 막는다.

13 손뜨개 미니 토트백

완성 사이즈 22×18cm(끈 길이 44cm)

원단
안감 (베이지색 체크무늬 40수 면) 25×40cm

부자재
털실 5가지 색상 적당량
단추 (토글) 1개
붉은색 로프 90cm
갈색 가죽 테이프 (단추 고리용) 20cm

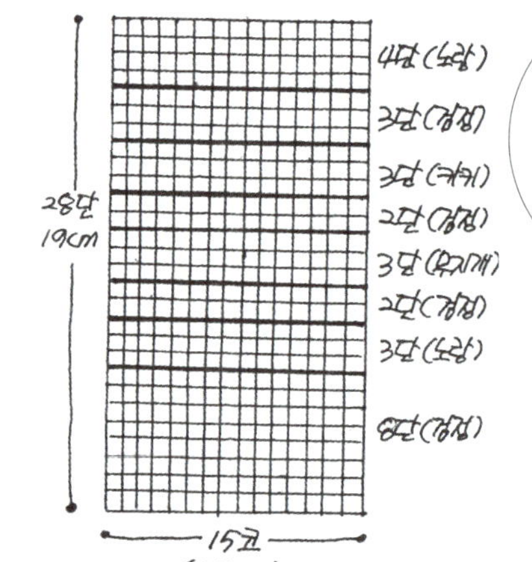

1 대바늘로 5가지 색상의 털실을 이용해 메리야스뜨기를 한다. 앞뒤판 2장을 떠서 양 옆선과 바닥을 이어 붙인다.

안감

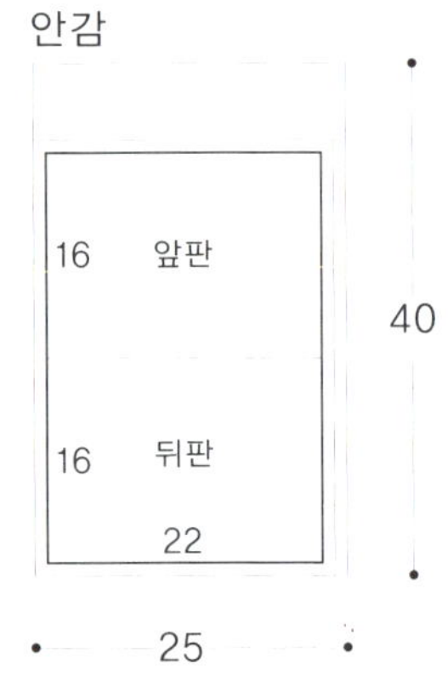

2 1의 대바늘뜨기할 때 코 잡은 부분에 손잡이용 로프를 넣은 다음 대바늘을 뺀다. 코에 넣은 끈은 끝부분을 몇 번 눌러 박아 연결한 후 박음선이 보이지 않도록 로프를 돌려 코 사이로 이음새 부분이 들어가도록 한다.

3 뜨개 앞판에 토글(일명 떡볶이 단추)을 달아 털실 사이로 단추 연결 끈을 뺀다. 단추 고리도 고리 끝부분을 뜨개 안쪽으로 빼서 눌러 박아 고정시킨다.

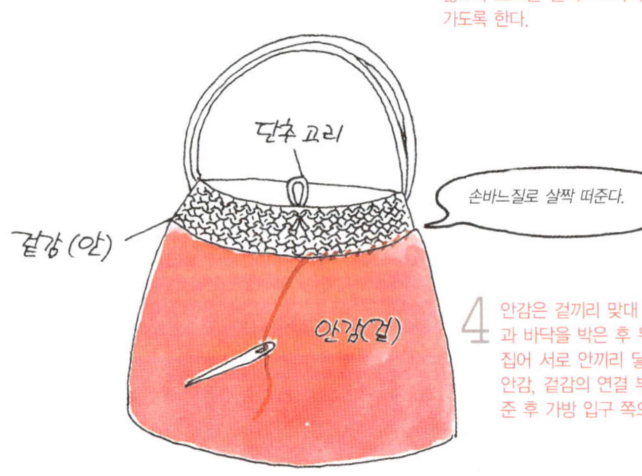

4 안감은 겉끼리 맞대 길이로 반 접어 양 옆선과 바닥을 박은 후 뒤집는다. 3의 겉감을 뒤집어 서로 안끼리 닿도록 안감 속에 넣는다. 안감, 겉감의 연결 부분을 감침질로 살짝 떠준 후 가방 입구 쪽으로 뒤집는다.

14 코듀로이 크로스 백

겉감 · 안감

22 앞판	22 뒤판
15	15

25
35

원단

겉감 (와인색 코듀로이) 35×25㎝
안감 (체크무늬 40수 면) 35×25㎝

부자재

접착심 35×25㎝
붉은색 로프 66㎝
하트 무늬 장식 1개
비즈 (와인색, 진주색, 짧은 막대 모양 등) 적당량
스냅 단추 1세트

완성 사이즈 15×22㎝(끈 길이 64㎝)

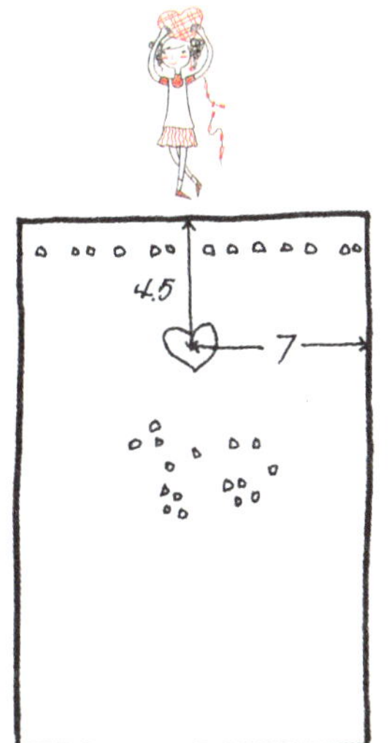

1 겉감 안쪽에 접착심을 붙인 다음 겉감 앞면에 낚싯줄을 이용해 비즈, 하트 액세서리 등을 달아 장식한다.

2 겉감의 앞뒤판을 겉끼리 맞대고 옆선과 바닥을 박음질한다.

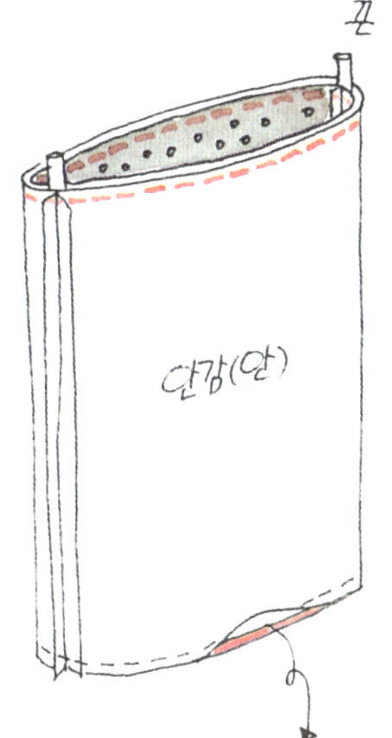

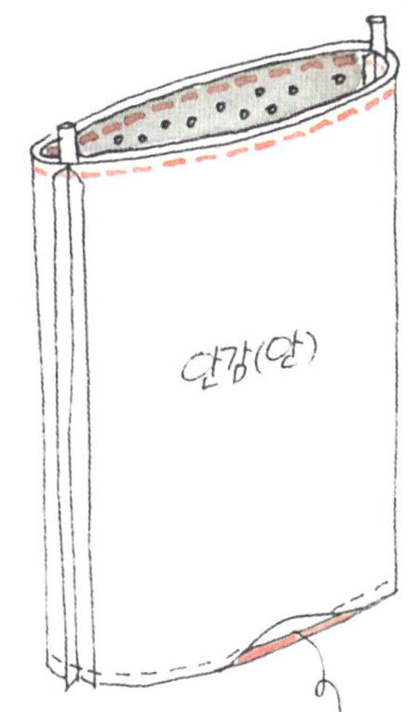

3 안감은 바닥에 창구멍 6㎝를 남기고 양 옆선과 바닥을 박는다.

4 겉감에 안감을 씌우듯 겉끼리 겹친 다음 옆선 박음선에 맞춰 안감과 겉감 사이에 가방끈을 넣고 가방 입구 부분을 함께 박음질한다.

5 뒤집어 안감의 앞판과 뒤판에 스냅 단추를 달고, 창구멍은 공그르기로 꿰매 마무리한다.

어깨끈이 넓어 편안한

금속 장식 다용도 가방 15

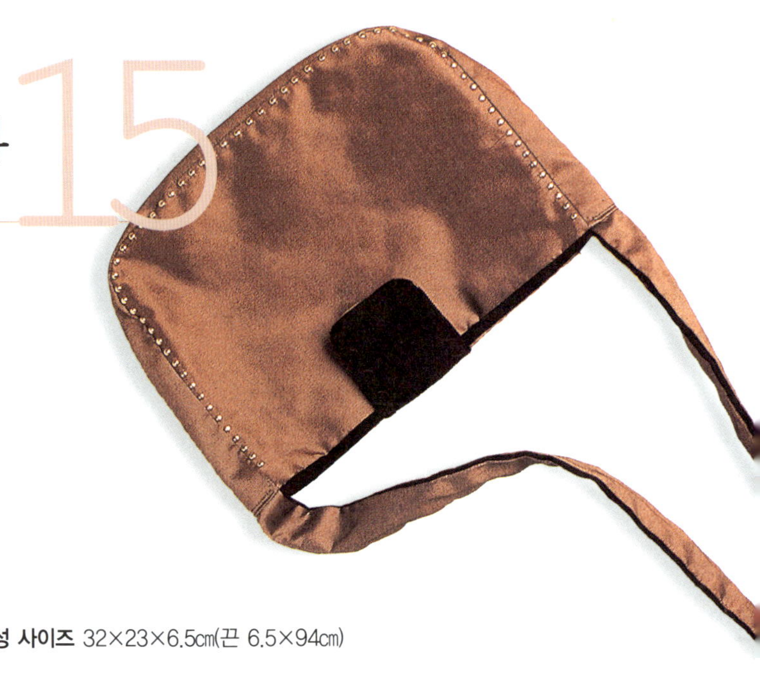

원단

겉감 (보라색 펄 스판 데님) 60×100cm

안감 (검은색 코듀로이) 100×50cm

부자재

접착심 60×100cm

금속 징 (지름 0.5cm) 106개

스냅 단추 (지름 2cm) 1세트

완성 사이즈 32×23×6.5cm(끈 6.5×94cm)

겉감

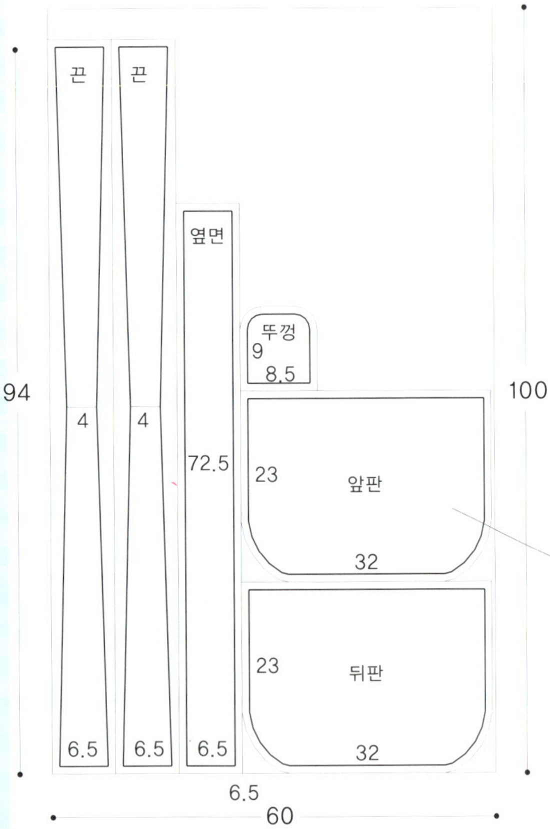
끈
끈
옆면
뚜껑
9
8.5
94
4
4
72.5
23
앞판
32
100
23
뒤판
32
6.5
6.5
6.5
6.5
60

안감

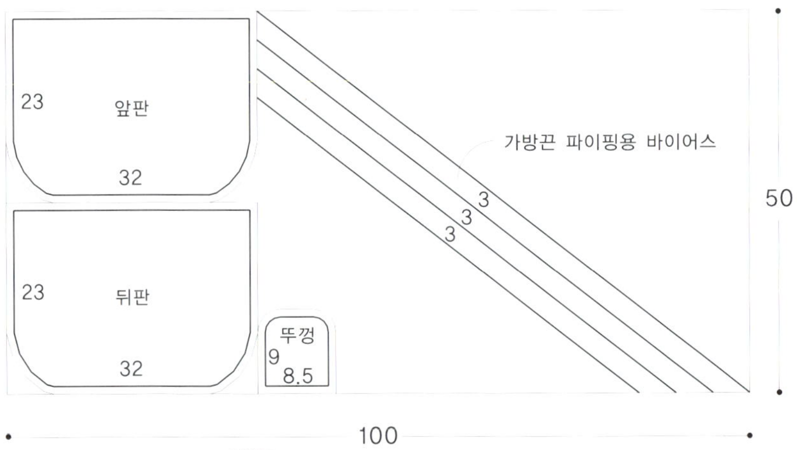
23
앞판
32
가방끈 파이핑용 바이어스
3
3
3
50
23
뒤판
32
뚜껑
9
8.5
100

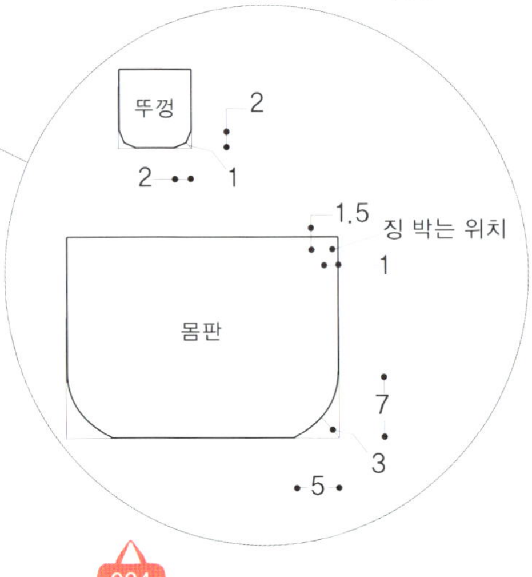
뚜껑
2
2
1
1.5
징 박는 위치
1
몸판
7
3
5

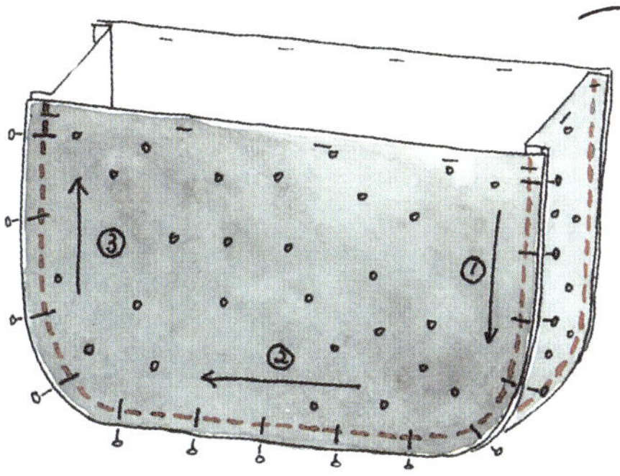

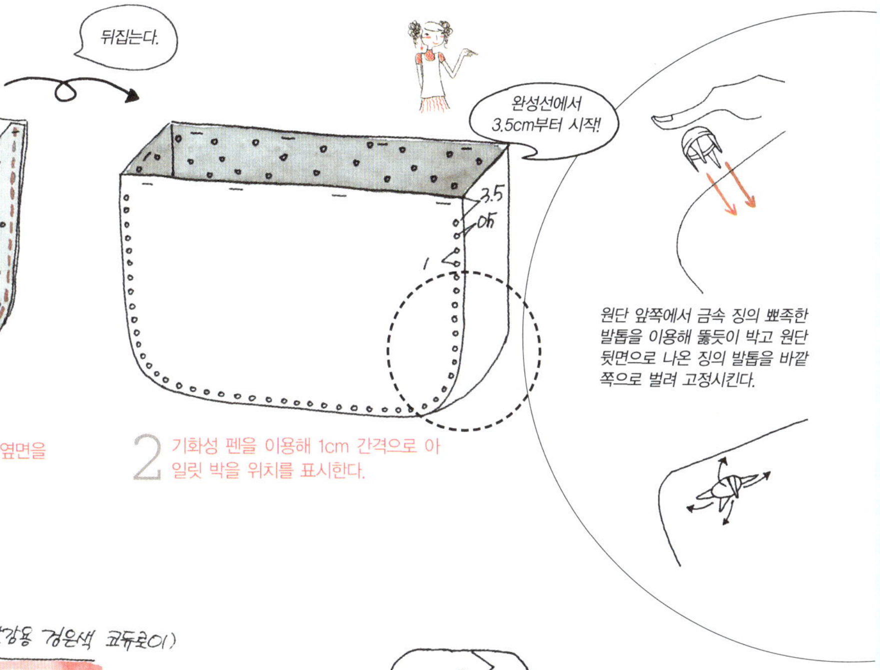

1 겉감 안쪽에 모두 접착심을 붙이고 앞판과 뒤판, 옆면을 시침핀으로 고정시킨 다음 번호 순서대로 박는다.

2 기화성 펜을 이용해 1cm 간격으로 아일릿 박을 위치를 표시한다.

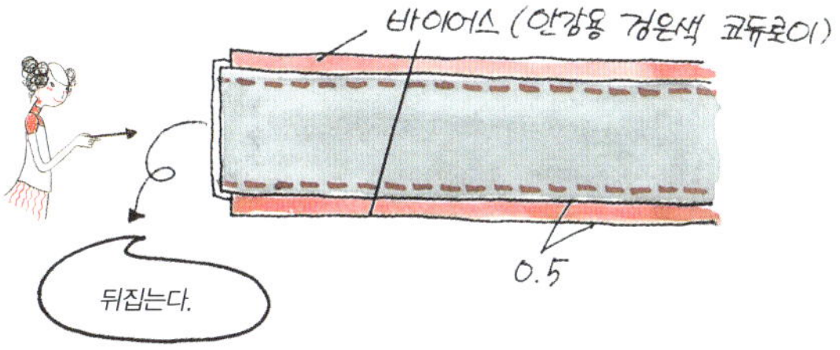

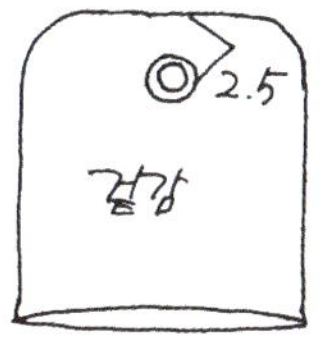

3 안감 파이핑용 바이어스를 길이로 반 접어 끈 사이에 놓고 박는다. 이때 바이어스가 양 끝으로 0.5cm씩 나오도록 한 다음 뒤집는다.

4 여밈 뚜껑을 만든다. 한 면은 겉감, 다른 한 면은 안감으로 재단하여 양 옆선과 라운딩된 부분을 박아 밑으로 뒤집은 다음 겉감 쪽에 스냅 단추를 단다.

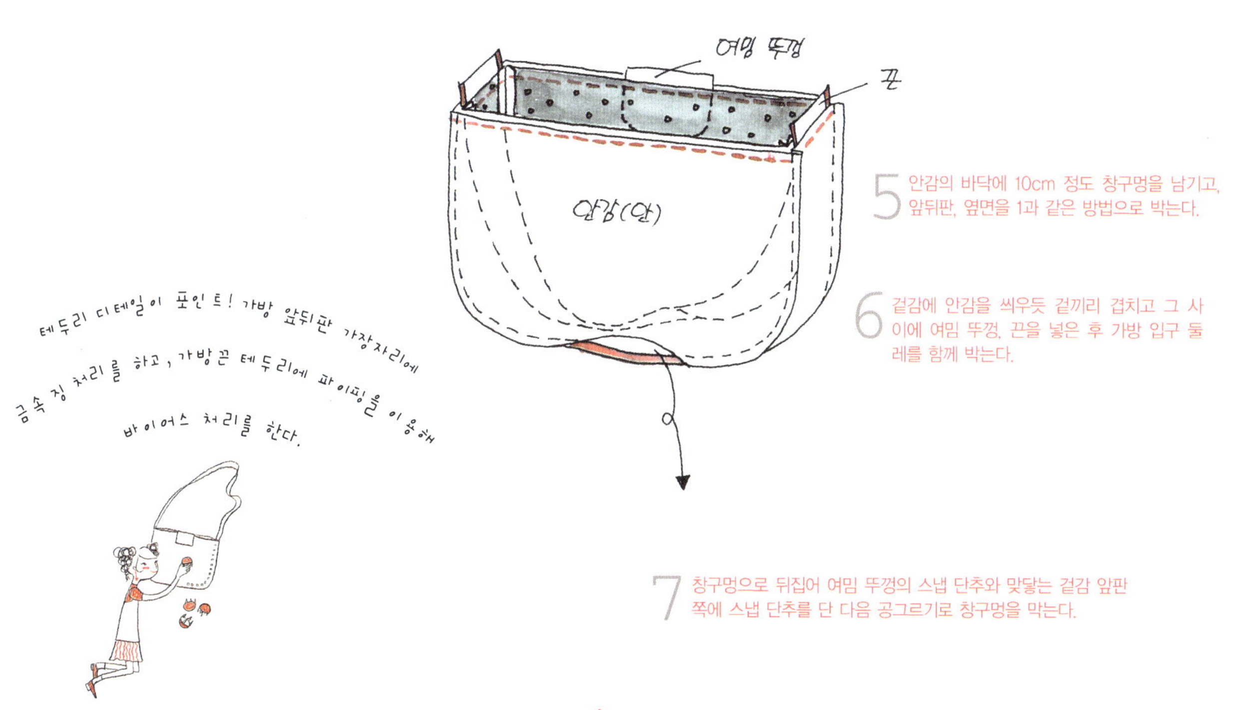

5 안감의 바닥에 10cm 정도 창구멍을 남기고, 앞뒤판, 옆면을 1과 같은 방법으로 박는다.

6 겉감에 안감을 씌우듯 겉끼리 겹치고 그 사이에 여밈 뚜껑, 끈을 넣은 후 가방 입구 둘레를 함께 박는다.

테두리 디테일이 포인트! 가방 앞뒤판 가장자리에 금속 징 처리를 하고, 가방끈 테두리에 파이핑을 이용해 바이어스 처리를 한다.

7 창구멍으로 뒤집어 여밈 뚜껑의 스냅 단추와 맞닿는 겉감 앞판 쪽에 스냅 단추를 단 다음 공그르기로 창구멍을 막는다.

복고풍 미니 백

16

원단

겉감 (꽃무늬 면 자카드)
60×30㎝
안감 (20수 광목) 60×30㎝

부자재

접착심 60×30㎝
카키색 울 소재 웨빙 끈
(가방끈용, 3.5㎝ 폭) 90㎝
십자수실 DMC 315 적당량
똑딱 프레임 1세트

완성 사이즈 25.5×22cm(끈 3.5×90cm)

가방끈을
한쪽만
바느질해 고정시키고
다른 한쪽으로 길이를
조절할 수 있도록
디자인한 아이디어.
의상 스타일에 맞게
가방을 활용할 수 있다.

PATTERN

겉감

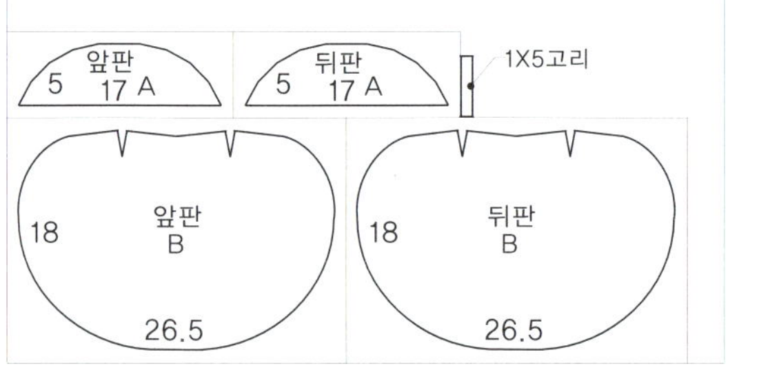

안감

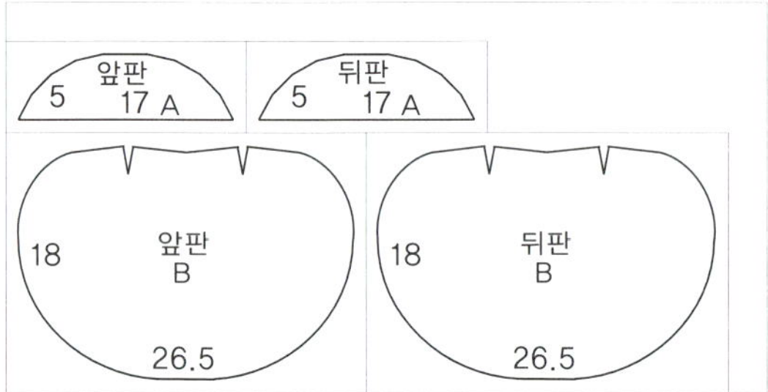

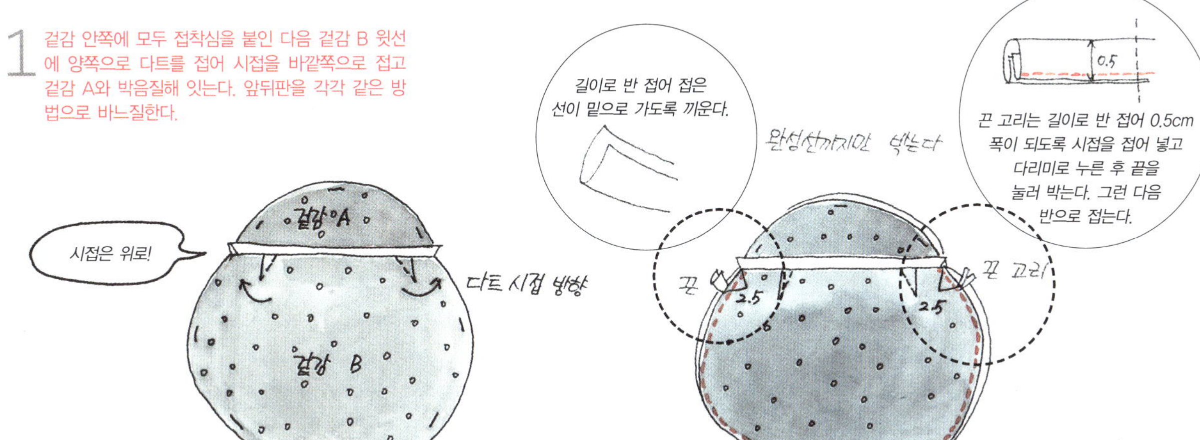

1 겉감 안쪽에 모두 접착심을 붙인 다음 겉감 B 윗선에 양쪽으로 다트를 접어 시접을 바깥쪽으로 접고 겉감 A와 박음질해 잇는다. 앞뒤판을 각각 같은 방법으로 바느질한다.

2 1의 겉감 앞뒤판 사이에 한쪽에는 끈 고리, 한쪽에는 길이로 반 접은 웨빙 끈을 넣고 함께 박음질한다. 이때 겉감 B의 완성선까지만 바느질한다.

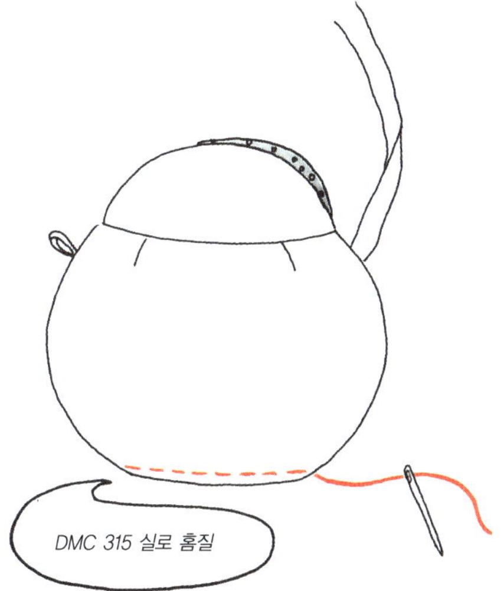

3 2를 뒤집어 겉쪽에서 DMC 315 실로 바닥을 홈질한다.

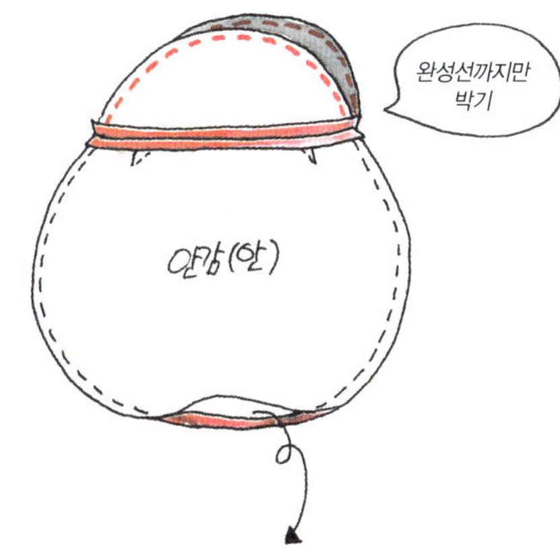

4 안감 B의 양쪽에 다트를 접어 박은 다음 시접을 바깥쪽으로 향하도록 접고 안감 A와 붙인다. 그런 다음 바닥에 창구멍을 남기고 안감 B를 겉끼리 맞대어 박는다.

5 겉감에 안감을 씌우듯 겉끼리 겹친 후 입구 부분의 안감, 겉감을 앞판끼리, 뒤판끼리 각각 박는다. 이때 A와 B 연결 부분의 완성선까지만 박고 창구멍으로 뒤집는다.

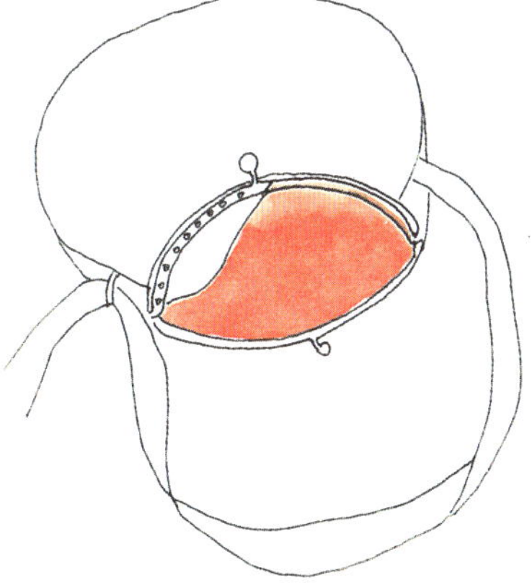

6 여밈 프레임에 5의 가방 몸체를 맞추고 중심에서 한쪽으로 홈질하여 끝까지 연결한 후 다시 홈질로 되돌아온다. 반대쪽도 중심에서 홈질로 끝까지 바느질한 후 다시 홈질로 되돌아와 중심에서 마무리한다.

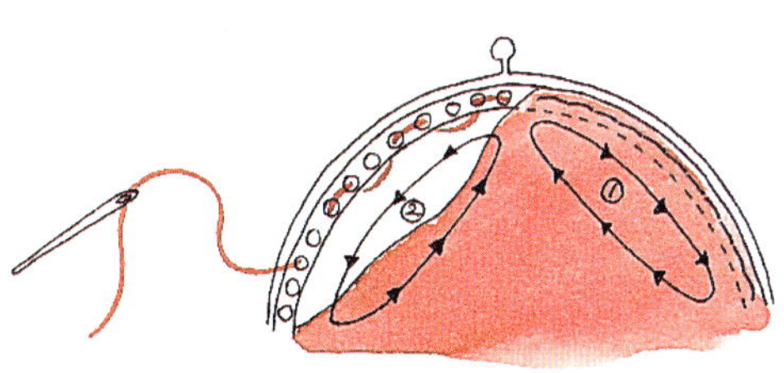

7 공그르기로 창구멍을 꿰매 마무리한다.

17 아일릿 장식
심플 사각 가방

완성 사이즈 28×36cm(끈 길이 72cm)

I 재료

원단

겉감 (초록색 폴리 비닐)
35×90cm
안감 (파란색 폴리에스테르)
30×65cm

부자재

접착심 35×90cm
빨간색 웨빙 끈 (3cm 폭) 74cm
아일릿 (지름 2cm) 6개
(지름 0.9cm) 9개

II 재료

원단

겉감 (베이지색 리넨)
35×90cm
안감 (검은색 리넨)
30×65cm

부자재

접착심 35×90cm
검은색 웨빙 끈(3cm 폭) 74cm
아일릿 (지름 2cm) 6개
(지름 0.9cm) 9개

모포 가장자리나 단춧구멍,
아플리케 등에 유용하게 쓰이는
블랭킷 스티치로 끝 처리를 했다.
버튼 홀 스티치라고도 하며,
실을 바늘 아래로 하여
당기면서 일정한 폭과 너비로
놓는 수법이다.

겉감

5	28 안단
5	28 안단
36 앞판	28
36 뒤판	28

90 / 35

안감

28
31 앞판
31 뒤판
28

65 / 35

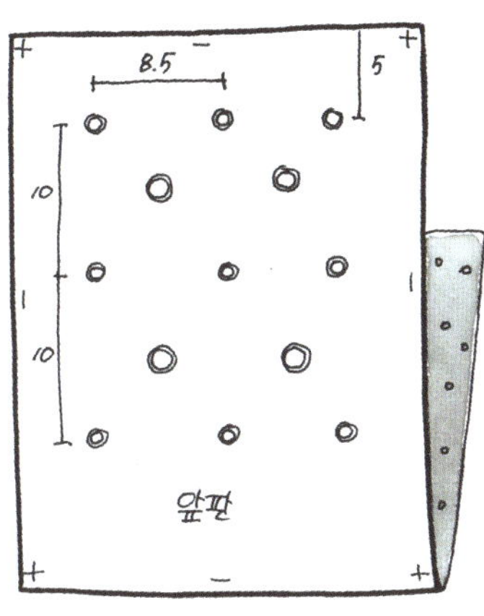

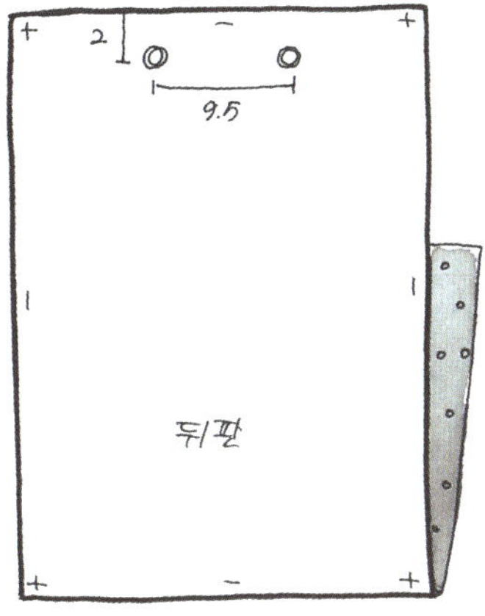

1 겉감 안쪽에 접착심을 붙인 다음 반 접어 앞판과 뒤판에 각각 간격을 맞춰
아일릿을 박는다.

2 겉감 앞뒤판을 겉끼리 맞닿도록 반 접어
양 옆선을 박는다.

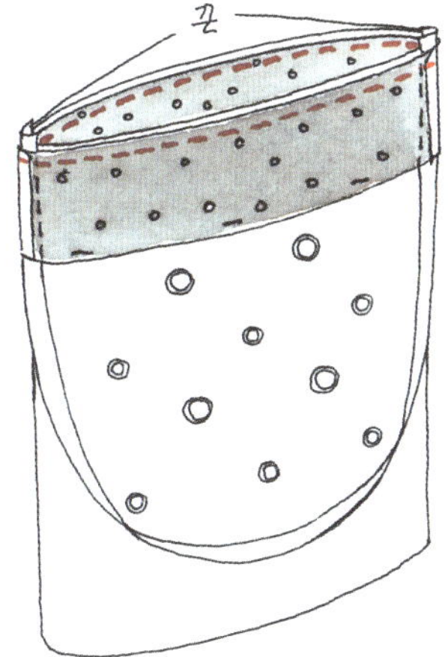

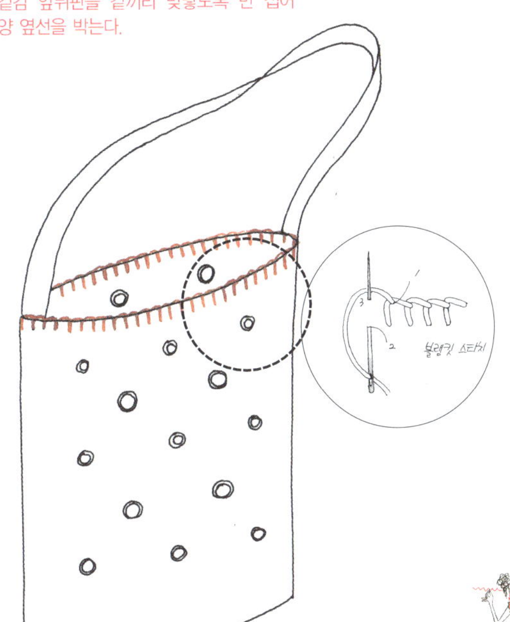

3 안단 두 장을 겉끼리 맞대고 양 옆선을 박은 다음
2의 겉감 앞뒤판 윗선에 맞춰 겉끼리 맞댄다. 안단
양 옆선 박음선에 맞춰 겉감 앞뒤판과 안단 사이에
웨빙 끈을 끼워 입구 둘레를 한꺼번에 박는다.

4 안감은 겉끼리 맞닿도록 반 접어 양 옆선을 박는다.
이때 한쪽 옆선에 창구멍 10cm를 남긴다. 안감을
겉감에 겉끼리 씌우듯 겹쳐 안단과 안감이 만나는
부분을 박아 고정시킨다. 창구멍으로 뒤집은 다음
공그르기해 마무리한다.

5 안단과 앞뒤판의 연결 부분인 가방의 입구
부분을 블랭킷 스티치로 마무리한다.

18 상큼한 컬러 매치

미니 토트백

완성 사이즈 25×25cm(끈 길이 48cm)

Ⅰ·Ⅱ 재료

원단

겉감 A (하늘색 면) 60×30cm

겉감 B (연두색 면) 55×15cm

안감 (20수 광목) 60×30cm

부자재

접착심 60×45cm

회색 비닐 리본 테이프

(가방끈용, 1cm 폭) 50cm

비즈 적당량

레이스 27cm 길이×2개

스냅 단추 (지름 1.2cm) 1세트

Ⅲ 재료

원단

겉감 A (아이보리색 면·마 혼방)

60×25cm

겉감 B (스트라이프 면·마 혼방)

55×20cm

안감 (20수 광목) 60×30cm

부자재

접착심 60×45cm

회색 비닐 리본 테이프

(가방끈용, 1cm 폭) 50cm

스냅 단추 (지름 1.2cm) 1세트

〈Ⅰ·Ⅱ〉

겉감A

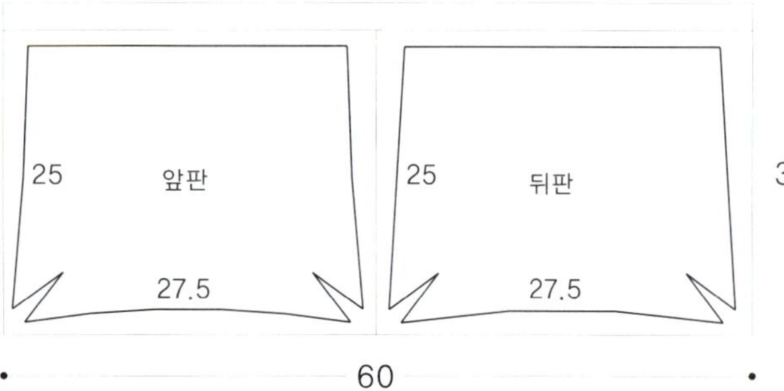

겉감B

안감

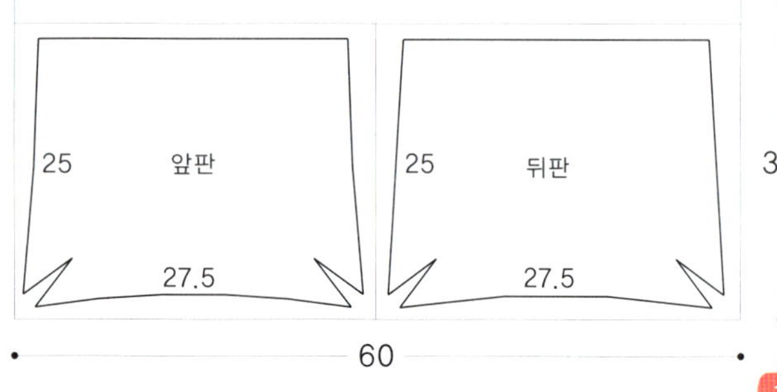

〈Ⅲ〉

겉감A

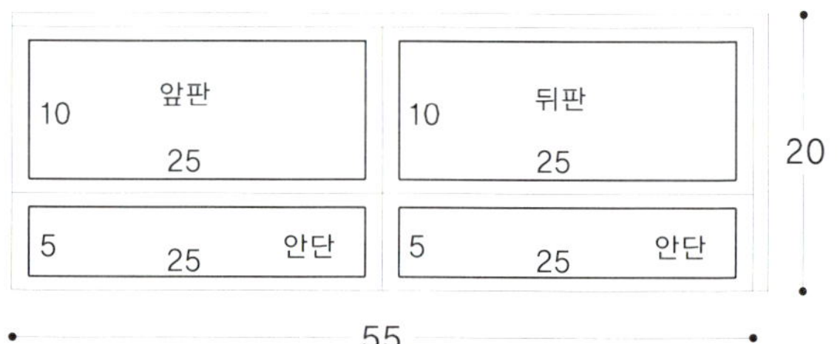

겉감B

안감

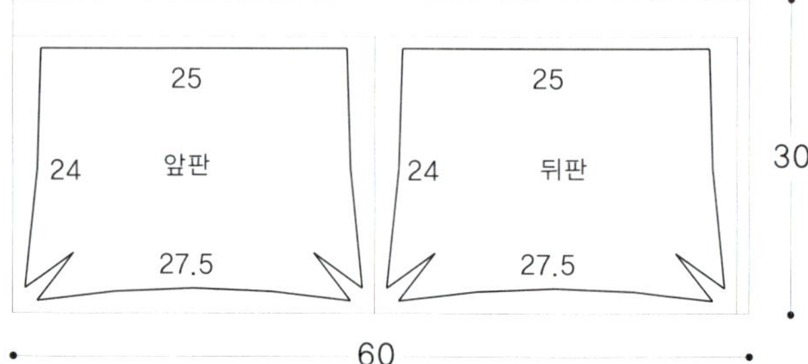

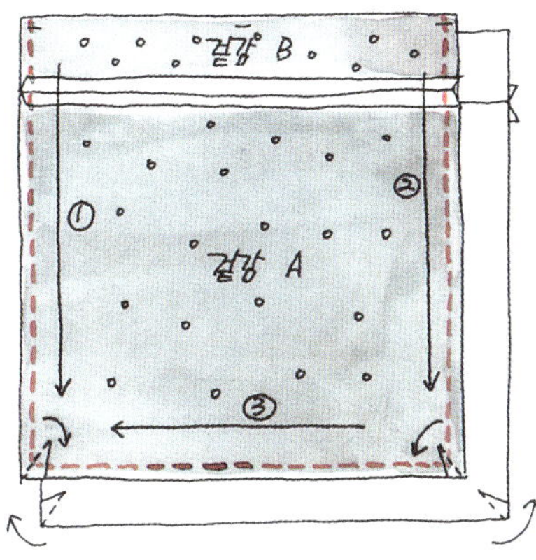

가방 I은 겉감 A, B를
연결할 때 그 사이에
레이스를 끼워 같이
박는다.

1 겉감 A에 접착심을 붙인 다음 양쪽 바닥 모서리를 접어 다트를 바느질한다.
다트 시접을 서로 반대쪽으로 꺾는다.

2 겉감 B의 안쪽에 접착심을 붙인 다음 겉감 A와 겉끼리 맞대고 바느질하여
펼친다. 겉감의 앞뒤판을 겉끼리 맞대고 옆선과 바닥을 순서대로 박는다.

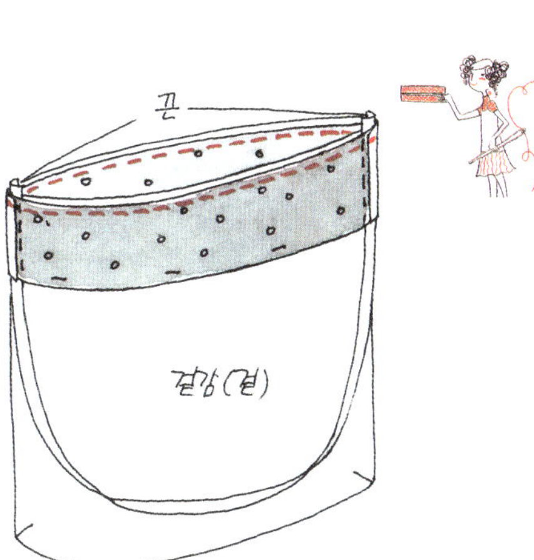

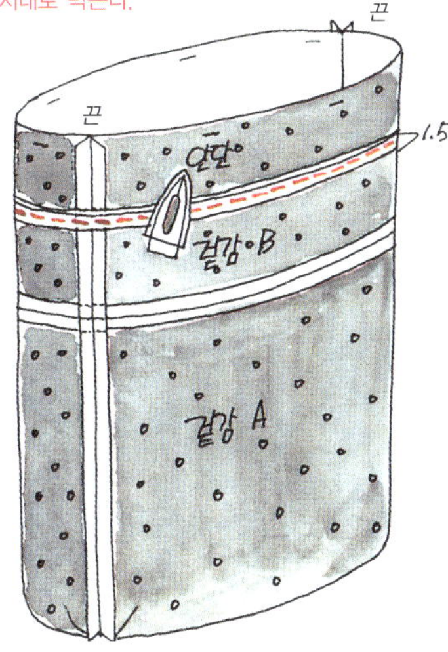

3 안단의 양 옆선을 바느질한 후 겉감 앞뒤
판과 겉끼리 맞대고 그 사이에 가방끈을
넣어 가방 입구 둘레를 함께 박아 잇는다.

4 전체를 뒤집어 안단을 펼친다. 시접을 안단 쪽으로
꺾어 다리미로 눌러준 다음 안단 쪽을 다시 한 번
눌러 박는다.

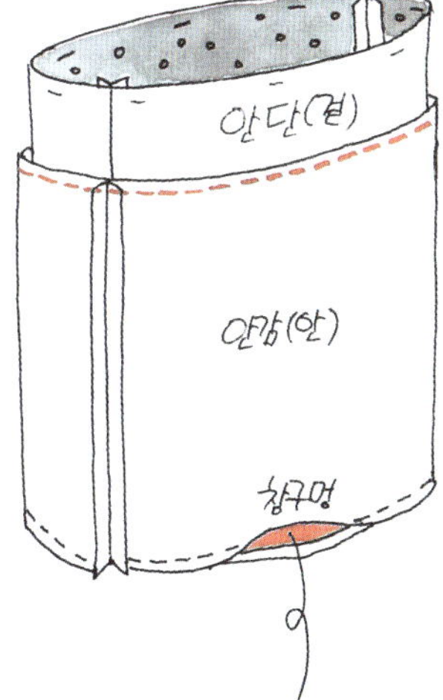

5 안감의 양쪽 바닥 모서리를 접어 다트를 바느
질한다. 겉끼리 맞대어 바닥에 창구멍 10cm
를 남겨두고 옆선과 바닥을 바느질한다.

6 겉감에 안감을 씌우듯 겉끼리 겹쳐 박은 다
음 안감과 안단을 연결해 박고 창구멍으로
뒤집는다.

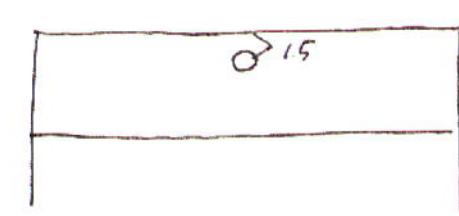

7 앞뒤판 안단에 스냅 단추를 단다.

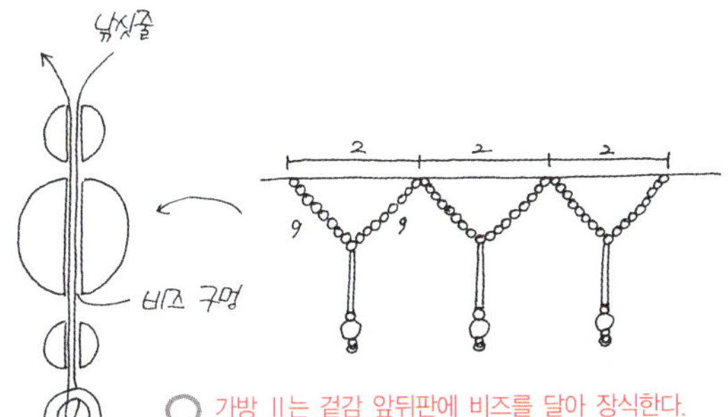

8 가방 II는 겉감 앞뒤판에 비즈를 달아 장식한다.
공그르기로 창구멍을 꿰매 막는다.

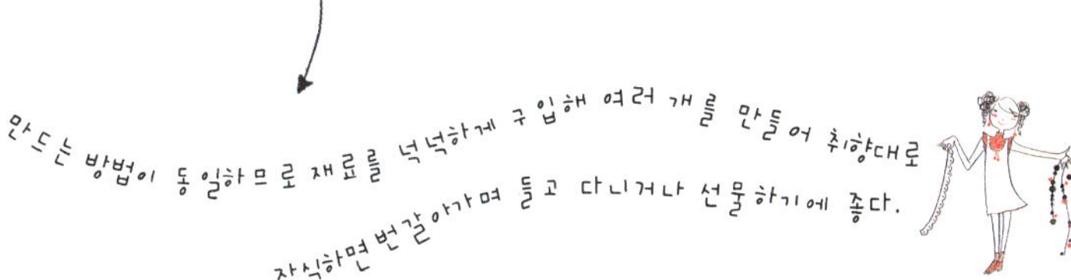

비치 토트백 시리즈 I

19

원단

겉감 (프러시안 블루 패턴 10수 옥스퍼드)
40×60cm

안감 (20수 광목) 30×50cm

부자재

접착심 30×60cm

카키색 가죽 끈 (2cm 폭) 55cm

핑크색 리본 테이프 (1.6cm 폭) 52cm

스냅 단추 (지름 1.5cm) 1세트

완성 사이즈 25×25cm(끈 길이 50cm)

PATTERN

겉감

식서에 맞춰서 마름질

25.5	앞판	27.5
	26.5	

안단 25 / 5

25.5	뒤판	27.5
	26.5	

안단 25 / 5

60

40

안감

21.5	앞판 25.5	
	27.5	

21.5	뒤판 25.5	
	27.5	

50

30

날씨에 따라 기분에 따라
변신할 줄 아는 나는
진짜 멋쟁이!

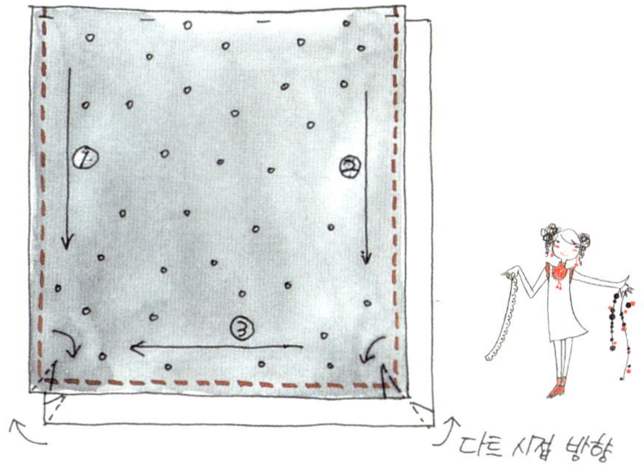

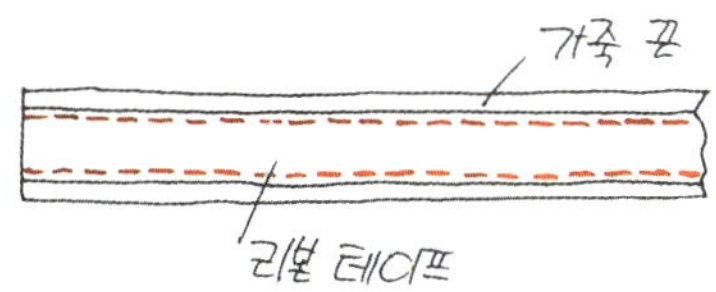

3 가죽 끈 위에 리본 테이프를 올려 두 줄로 눌러
  박아 가방끈을 만든다.

1 겉감의 안쪽에 접착심을 모두 붙인 다음 바닥 쪽
  양 끝 모서리에 다트를 접어 박는다. 이때 다트의
  시접 방향은 서로 반대쪽으로 접는다.

2 겉감 앞뒤판을 겉끼리 맞대고 옆선과 바닥을 순서
  대로 박아 뒤집어놓는다.

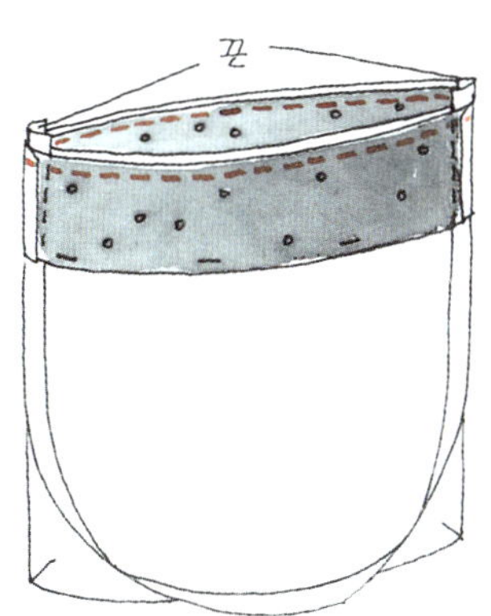

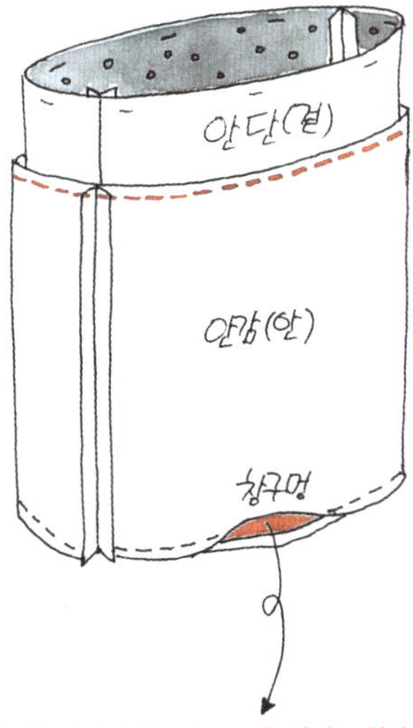

4 안단은 양 옆선을 박은 후 겉감 앞뒤판 위에 겉끼리 겹친다. 안
  단과 겉감 사이에 3의 가방끈을 넣고 가방 입구 둘레를 함께 박
  는다.

5 안감은 바닥에 창구멍 6cm를 남기고 옆선과 바닥
  을 박는다.

6 겉감에 안감을 겉끼리 씌우듯 겹쳐 안단과 안감을
  연결해 박고 창구멍으로 뒤집는다.

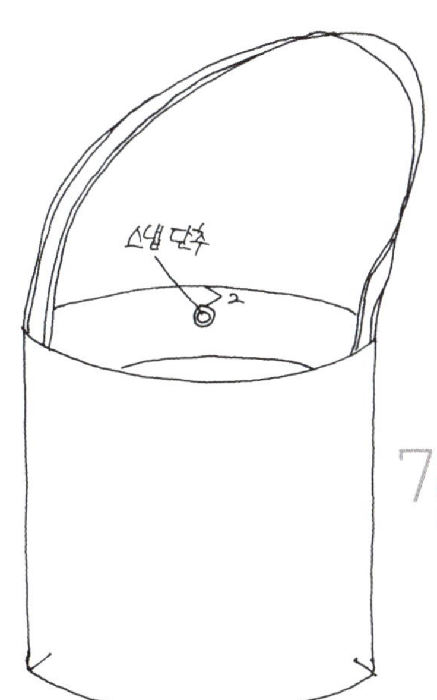

7 가방 안쪽 안단에 스냅 단추
  를 달고, 공그르기로 창구멍
  을 꿰매 마무리한다.

패턴이 크거나 화려한 원단을 사용할 경우, 그 자체가 가방의 디테일이 된다.
메인이 될 패턴과 장식적인 역할을 할 패턴을 구분하여
마름질하는 것이 관건.

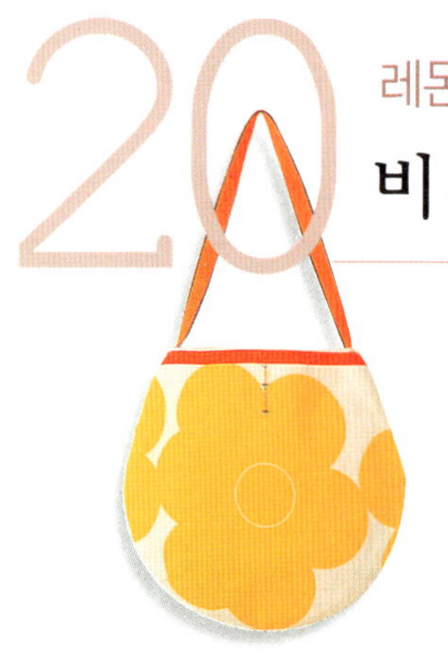

20

레몬처럼 톡 쏘는 맛

비치 토트백 시리즈 2

완성 사이즈 30.5×29cm(끈 2×50cm)

〈원단〉

겉감 (노란색 무늬 10수 옥스퍼드) 40×70cm

안감 (20수 광목) 70×30cm

〈부자재〉

접착심 40×70cm

카키색 가죽 끈 (2cm 폭) 55cm

주황색 리본 테이프 (1.5cm 폭) 101cm

비즈 적당량

스냅 단추 (지름 2cm) 1세트

PATTERN

동그랗게 라운딩 되어 모서리가 없는 디자인의 가방이므로 볼록하게 입체감을 주는 다트를 접어 박을 때 좌우대칭으로 잘 맞춰야 형태가 제대로 만들어진다.

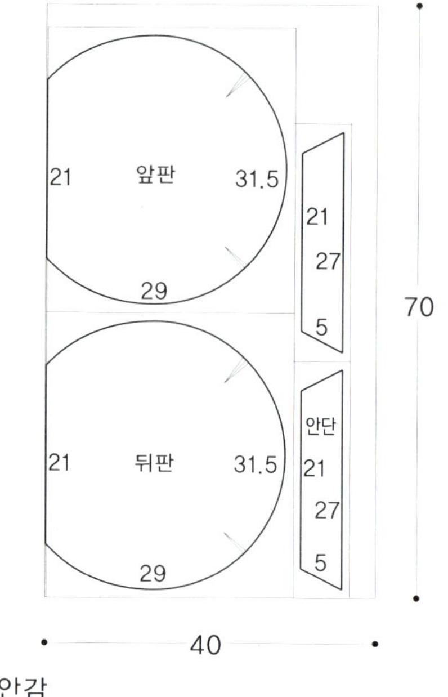

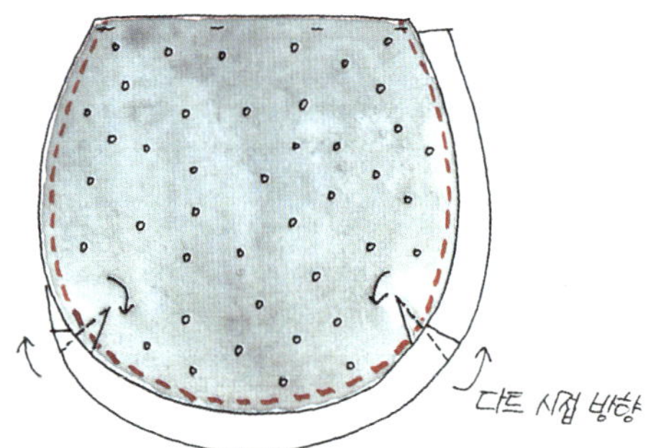

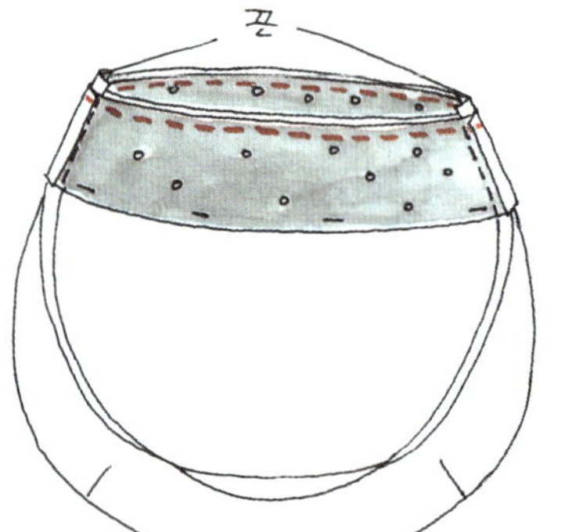

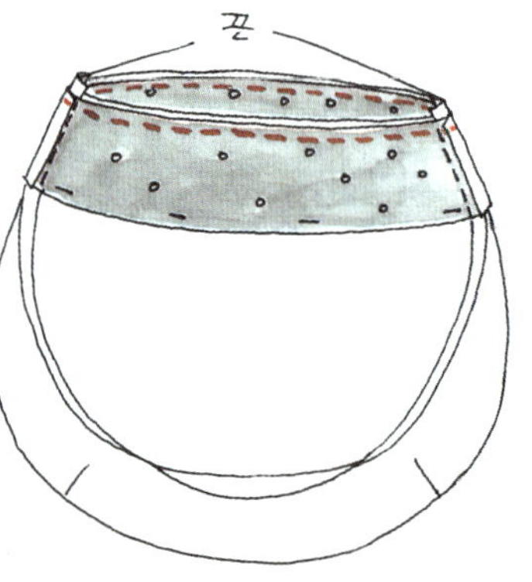

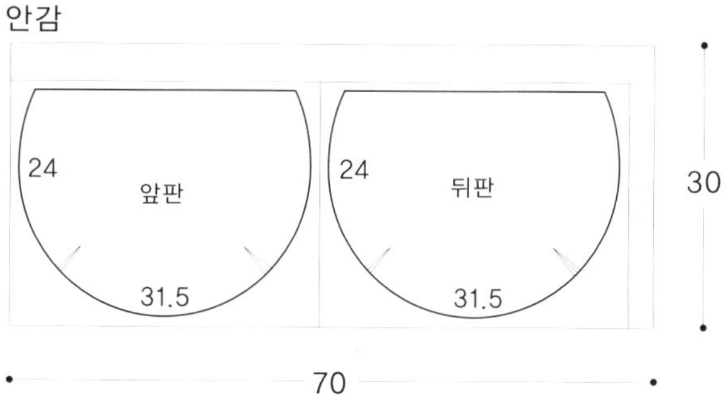

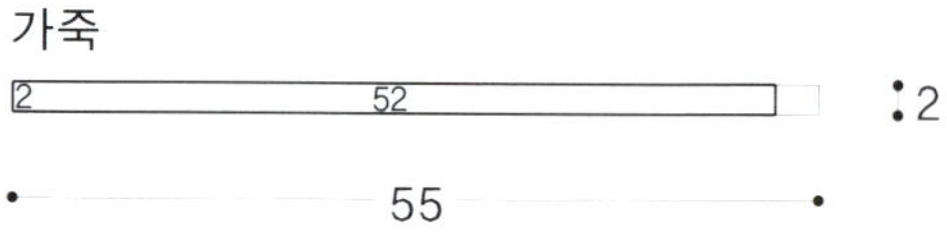

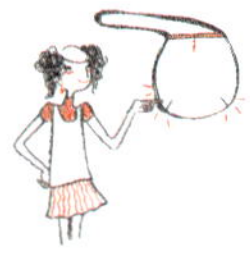

1 겉감 안쪽에 접착심을 붙인 다음 아래쪽 양 끝에 다트를 접어 박는다. 다트의 시접은 서로 반대 방향으로 꺾는다.

2 겉감 앞뒤판의 상단 완성선에서 0.4cm 내려온 지점에 리본 테이프를 눌러 박는다. 겉감 앞뒤판을 겉끼리 맞대어 박는다.

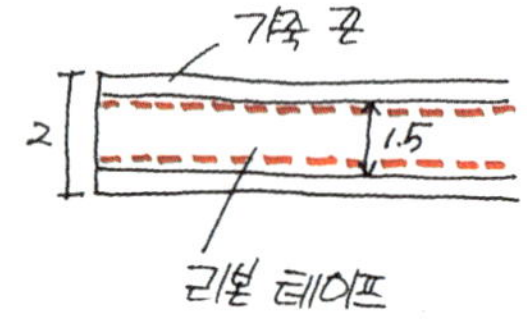

3 가죽 끈 위에 리본 테이프를 올려 두 줄로 눌러 박아 끈을 만든다.

4 안단의 옆선을 박은 후 겉감 앞뒤판과 겉끼리 맞대어 포개놓고 그 사이에 끈을 넣어 가방 입구 둘레를 함께 박음질한다.

5 안감도 앞뒤판 아래쪽 양끝에 다트를 접어 박는다. 옆선에 창구멍 10cm를 남기고 겉끼리 맞대 앞뒤판을 박는다.

6 겉감에 안감을 겉끼리 겹쳐 안단과 안감을 박음질해 붙이고 창구멍으로 뒤집는다.

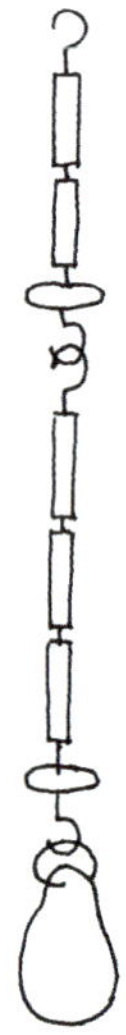

7 안단의 중앙에 스냅 단추를 단다. 고리에 비즈를 연결하여 가방 앞판에 장식한 다음 공그르기로 창구멍을 꿰매 마무리한다.

비치 토트백 시리즈 3

21

단일 컬러로 이루어진 과감한 패턴의 가방 원단과
그에 대비되는 컬러의 리본 테이프를 이용해
경쾌한 악센트를 더한다.

원단

겉감 (하늘색 무늬 10수 옥스퍼드) 70×35cm
안감 (20수 광목) 70×25cm

부자재

접착심 70×35cm
카키색 가죽 끈 (2cm 폭) 55cm
노란색 리본 테이프 (1.5cm 폭) 55cm
스냅 단추 (지름 2cm) 1세트

완성 사이즈
30×25cm(끈 2×50cm)

겉감

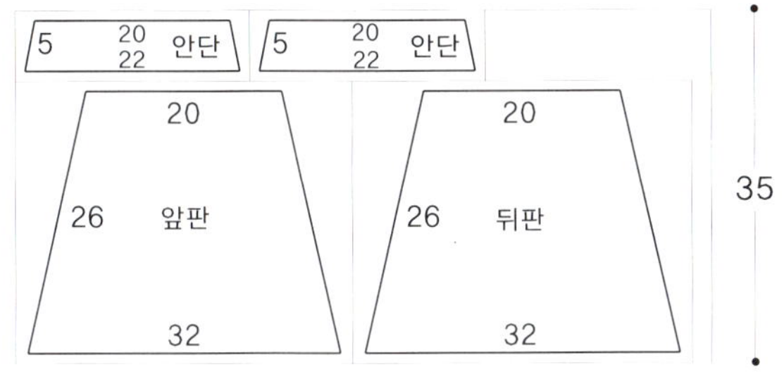

안감

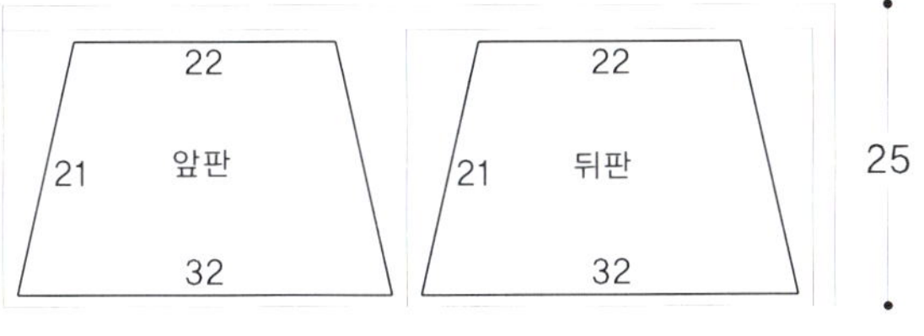

가죽

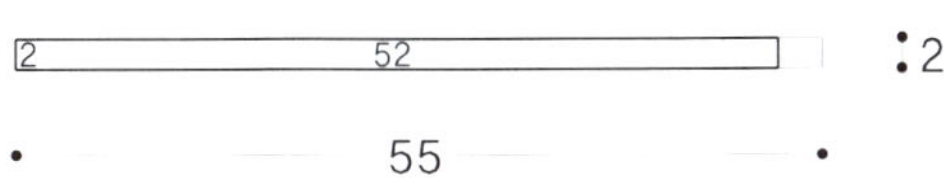

PATTERN

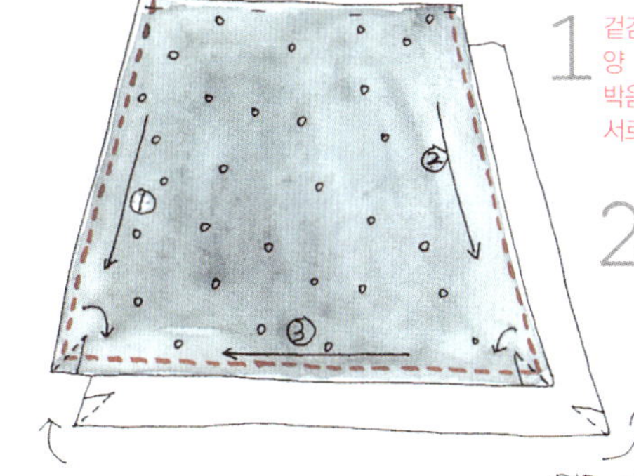

1 겉감 안쪽에 접착심을 붙인 후 양 끝 모서리를 접어 다트를 박음질한다. 이때 다트 시접은 서로 반대 방향으로 접는다.

2 겉감의 앞뒤판을 겉끼리 맞대고 양 옆선과 바닥을 순서대로 박는다.

다트 시접 방향 반대로 !

3 가죽 끈 위에 리본 테이프를 올려 두 줄로 눌러 박아 끈을 만든다.

4 안단의 옆선을 박은 후 겉감 앞뒤판과 겉끼리 맞대고 그 사이에 끈을 넣어 가방 입구 둘레를 함께 박음질한다.

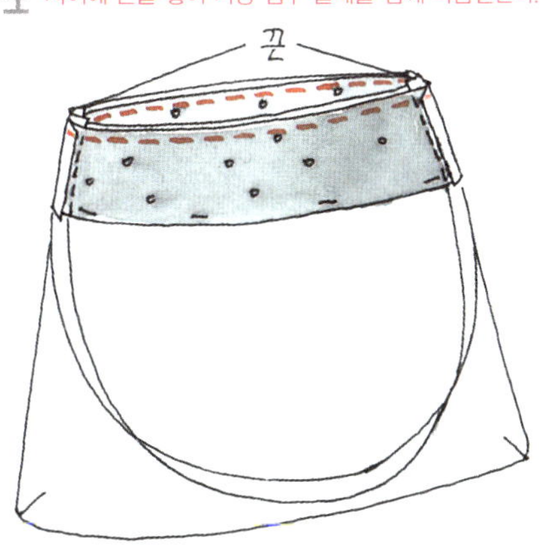

5 재단한 안감은 양 끝 모서리를 접어 다트를 박음질한 다음 겉끼리 맞대 바닥에 창구멍 10cm를 남기고 앞뒤판을 박는다.

6 겉감에 안감을 씌우듯 겉끼리 겹쳐 안단과 안감을 박음질해 붙이고 창구멍으로 뒤집어 공그르기로 꿰매 막는다.

7 안단의 중앙에 스냅 단추를 단다.

뉴요커 스타일의 기본 백 22

〈원단〉

겉감 (보라색 면 · 마 혼방) 60×60cm

안감 (20수 광목) 60×65cm

검은색 가죽 50×15cm

〈부자재〉

접착심 60×60cm

검은색 지퍼 55cm 길이

시판용 검은색 가방끈 35cm 길이

십자수 실 적당량

완성 사이즈 33×27×7cm(끈 길이 35cm)

겉감

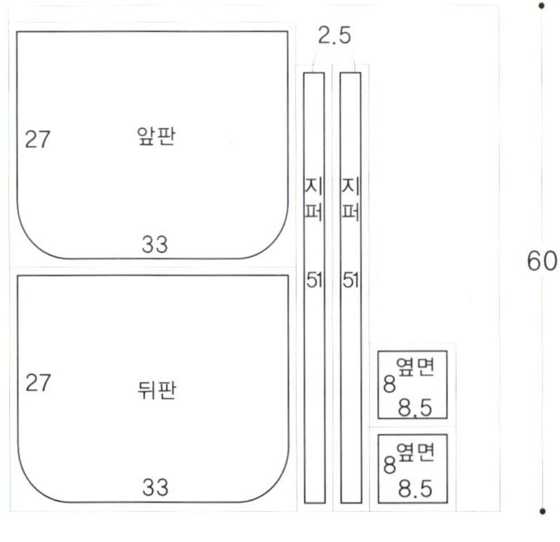

안감

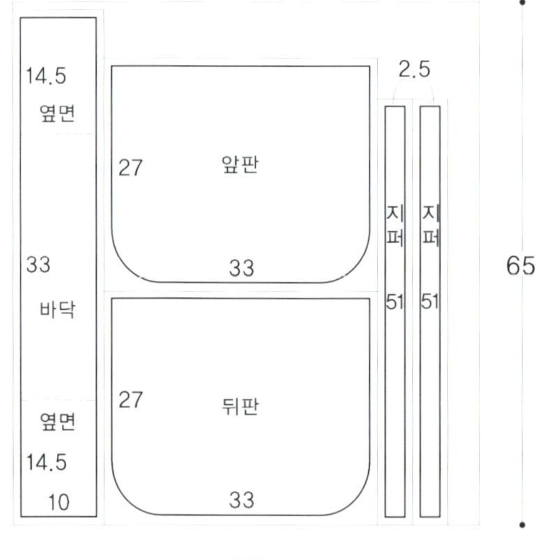

가죽

옆면	바닥	옆면
10		
6.5	33	6.5

15

50

수납력 뛰어나 일상용으로 자주 들고 다니는 가방은 바닥 부분을 가죽으로 처리하여 모서리가 닳거나 헤지지 않도록 견고하게 구성한다.

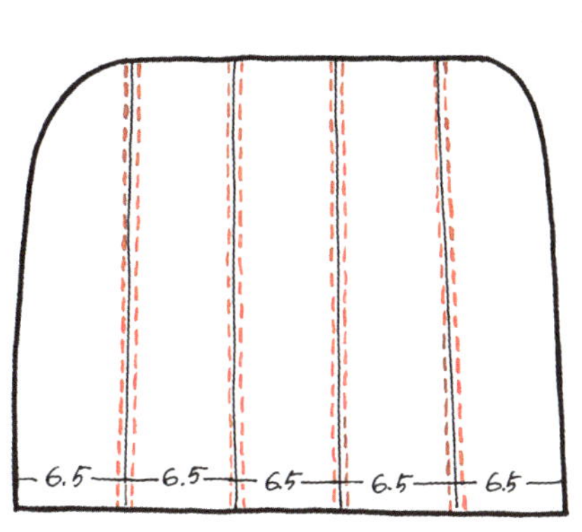

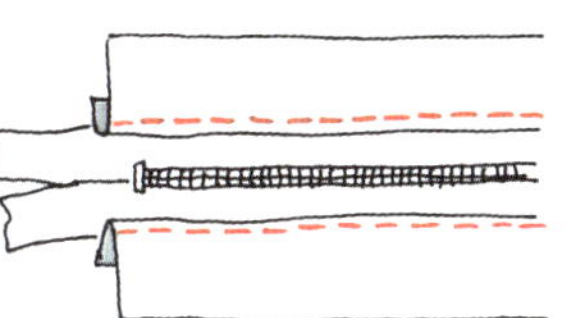

2 가방 입구 쪽이 될 지퍼 겉감 두 장 사이에 지퍼를 놓고 박음질한다.

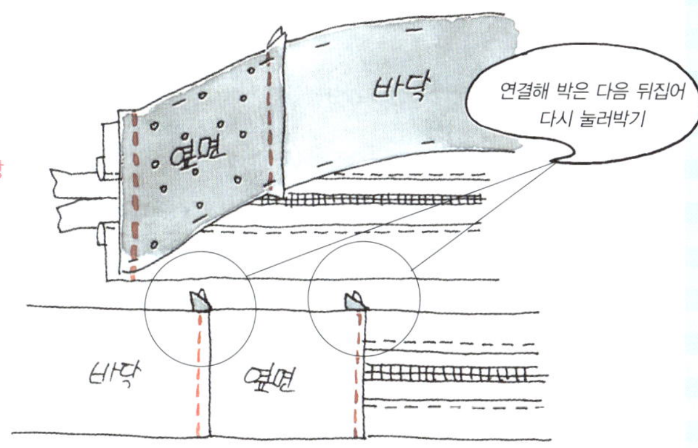

1 겉감의 안쪽에 모두 접착심을 붙인다. 겉감 앞뒤판에 각각 6.5cm 간격으로 선을 그은 후 선 양 옆을 십자수실로 박음질한다.

3 2의 지퍼와 옆면, 가죽 바닥을 박아 연결한 다음 뒤집어서 겉 쪽에서 다시 한 번 눌러 박는다.

4 안감의 앞뒤판, 지퍼, 옆면, 바닥을 연결해 박는다. 이때 지퍼 부분은 시접을 1cm씩 접고 박음질하지 않는다.

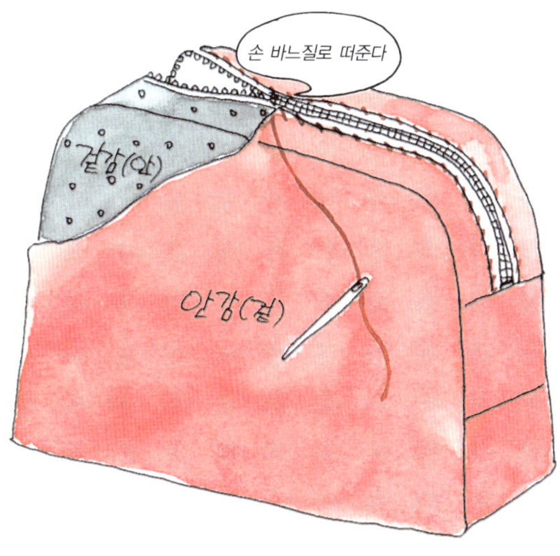

6 지퍼를 약간 열어놓고 겉감·안감이 안끼리 겹치도록 안감을 씌운다. 지퍼 시접 부분을 감침질로 떠준 후 열어둔 지퍼로 뒤집는다.

5 1의 겉감 앞뒤판과 3의 옆면·바닥 연결한 것을 겉면이 안쪽으로 가도록 모두 이어서 박음질한다.

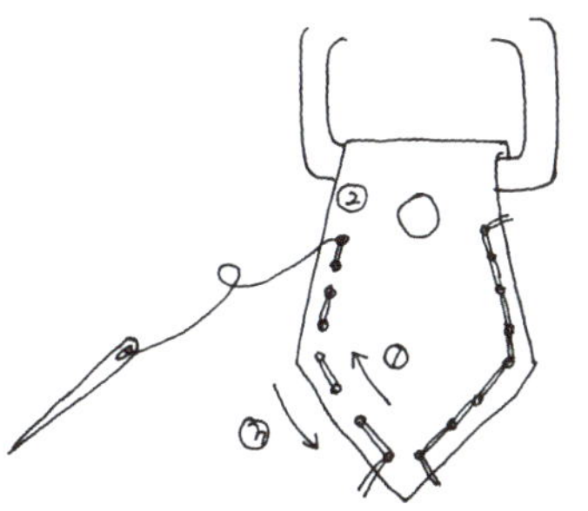

7 가방의 겉감 앞뒤판에 각각 손잡이를 단다. 이때 연결 부분은 한 번 홈질로 꿰맨 다음 다시 되돌아오며 홈실해준다.

블랙 심플 숄더백

완성 사이즈 32×19×7cm(끈 3×65cm)

원단

겉감 A (검은색 면·마 혼방)
90×30cm

겉감 B (바랜 검은색 면·마 혼방)
70×20cm

안감 (20수 광목) 90×30cm

검은색 가죽 (옆면용) 20×10cm

부자재

접착심 90×45cm

시판용 검은색 가방끈 (3cm 폭)
65cm

검은색 뜨개실 적당량

자석 단추 (지름 1.5cm) 1세트

겉감A

| 7 | 32 | 바닥 |
| 14 | 32 | 뒤판 |

3	안단
19	앞판
32	

| 안단 5 | 안단 5 |
| 19 옆면 7 | 19 옆면 7 |

32

30

뚜껑

15

3 · 26 · 3

겉감B

3	3
3	3
15	뚜껑 앞판
26	

3	3
3	3
15	뚜껑 뒤판
26	

15

20

70

가죽

| 옆면 7 8 | 옆면 7 8 | 10 |

20

안감

| 7 | 32 | 바닥 |

| 16 | 앞판 |
| 32 | |

| 16 | 뒤판 |
| 32 | |

| 5 | 5 |
| 16 옆면 7 | 16 옆면 7 |

30

90

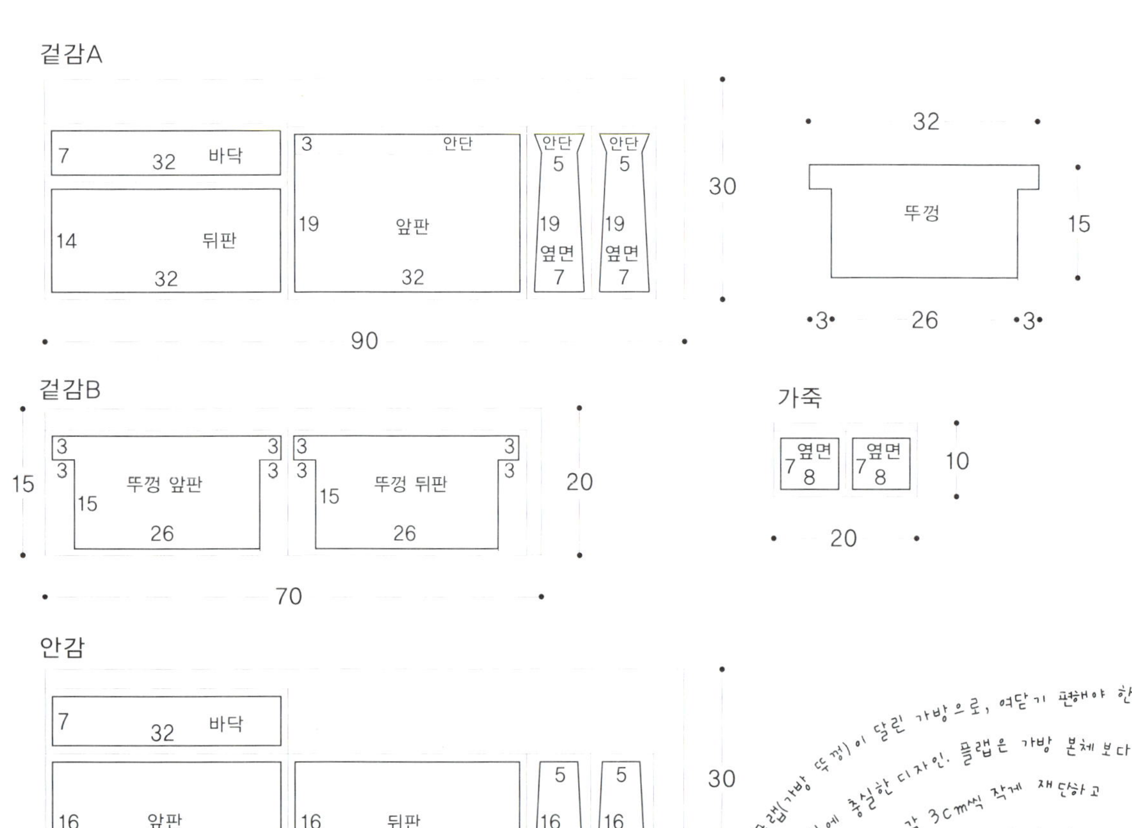

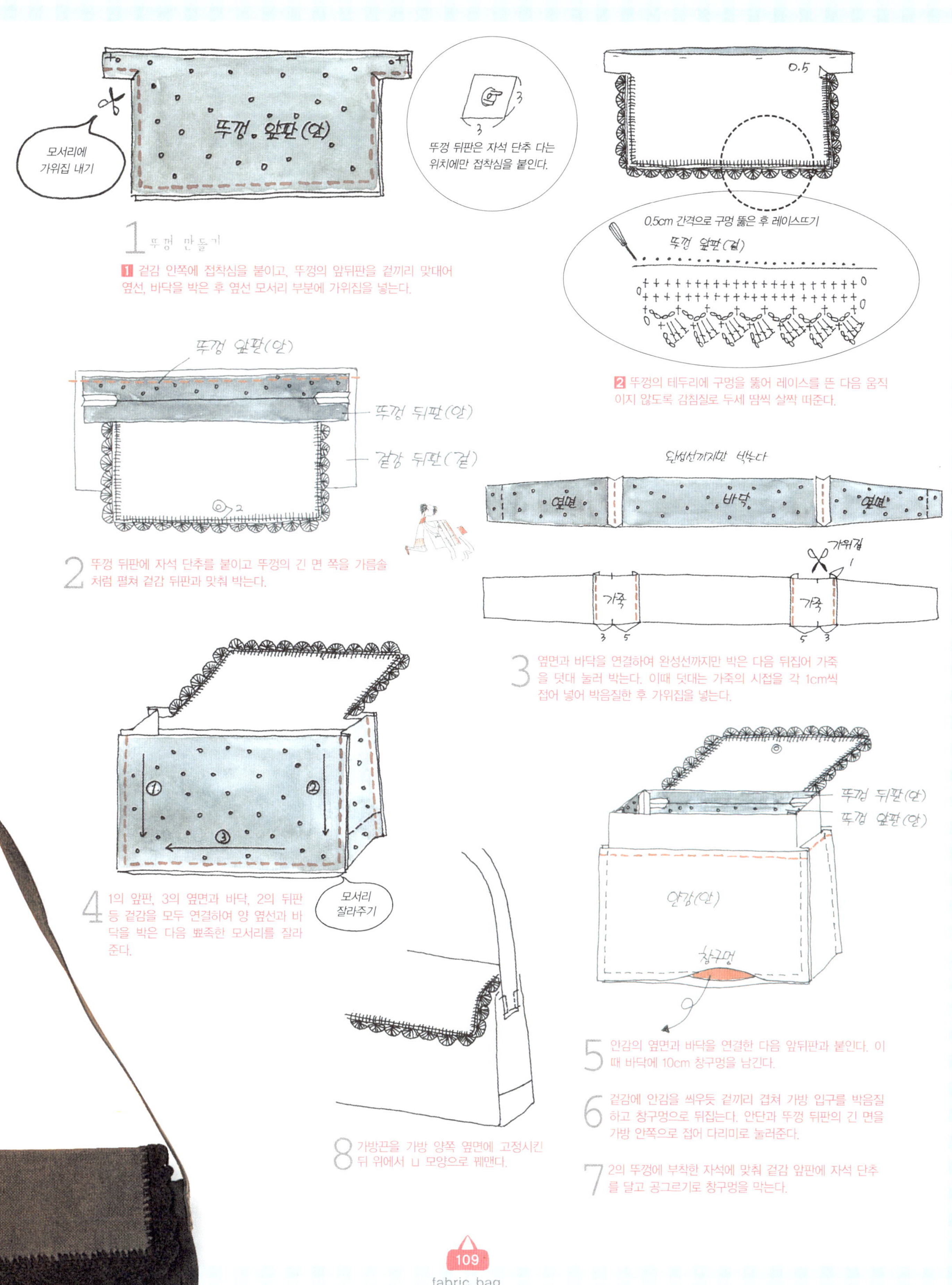

1 뚜껑 만들기

1 겉감 안쪽에 접착심을 붙이고, 뚜껑의 앞뒤판을 겉끼리 맞대어 옆선, 바닥을 박은 후 옆선 모서리 부분에 가위집을 넣는다.

2 뚜껑의 테두리에 구멍을 뚫어 레이스를 뜬 다음 움직이지 않도록 감침질로 두세 땀씩 살짝 떠준다.

2 뚜껑 뒤판에 자석 단추를 붙이고 뚜껑의 긴 면 쪽을 가름솔처럼 펼쳐 겉감 뒤판과 맞춰 박는다.

3 옆면과 바닥을 연결하여 완성선까지만 박은 다음 뒤집어 가죽을 덧대 눌러 박는다. 이때 덧대는 가죽의 시접을 각 1cm씩 접어 넣어 박음질한 후 가위집을 넣는다.

4 1의 앞판, 3의 옆면과 바닥, 2의 뒤판 등 겉감을 모두 연결하여 양 옆선과 바닥을 박은 다음 뾰족한 모서리를 잘라준다.

5 안감의 옆면과 바닥을 연결한 다음 앞뒤판과 붙인다. 이때 바닥에 10cm 창구멍을 남긴다.

6 겉감에 안감을 씌우듯 겉끼리 겹쳐 가방 입구를 박음질하고 창구멍으로 뒤집는다. 안단과 뚜껑 뒤판의 긴 면을 가방 안쪽으로 접어 다리미로 눌러준다.

7 2의 뚜껑에 부착한 자석에 맞춰 겉감 앞판에 자석 단추를 달고 공그르기로 창구멍을 막는다.

8 가방끈을 가방 양쪽 옆면에 고정시킨 뒤 위에서 ㄴ 모양으로 꿰맨다.

24 패치워크 패턴 미니 토트백

완성 사이즈 19×22.5cm(끈 1.2×39cm)

원단

겉감 (무늬 있는 빈티지 옥스퍼드)

45×30cm

안감 (20수 광목) 45×30cm

부자재

접착솜 45×30cm

검은색 가죽 끈 (1.2cm 폭) 45cm

리본 테이프 (1cm 폭) 45cm

십자수 실 (DMC 349) 적당량

자석 단추 (지름 1.4cm) 1세트

가방끈 고정용 금속 버클

(지름 0.9cm) 2세트

가방 앞판과 뒤판 쪽으로 수수한
광목 소재의 뚜껑을 두어 분위기를 깔끔하게
마무리하고 수납이 용이하도록 했다.
꺾임 모서리에 가위집을 넣어
자연스럽게 꺾이도록 할것.

겉감 · 안감

가죽

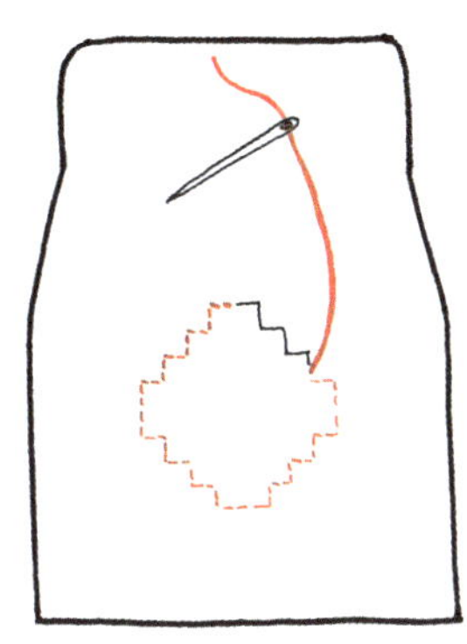

1 겉감 안쪽에 접착솜을 붙이고 겉감 원단의 패치워크 패턴 가장자리를 홈질로 바느질하여 포인트를 준다.

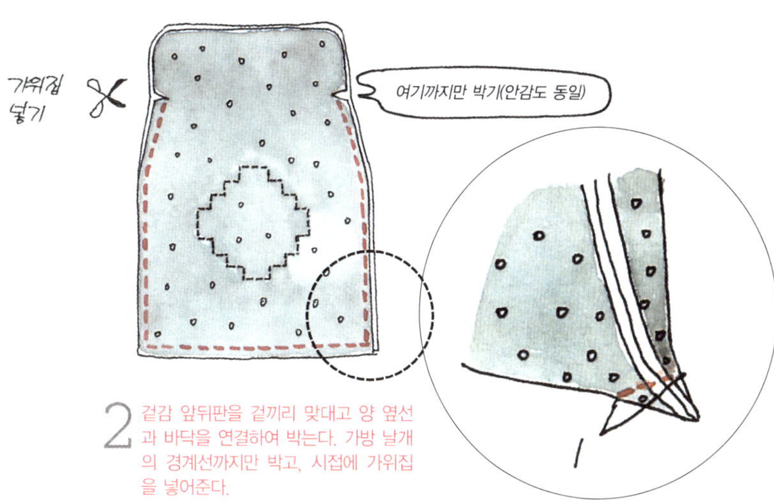

2 겉감 앞뒤판을 겉끼리 맞대고 양 옆선과 바닥을 연결하여 박는다. 가방 날개의 경계선까지만 박고, 시접에 가위집을 넣어준다.

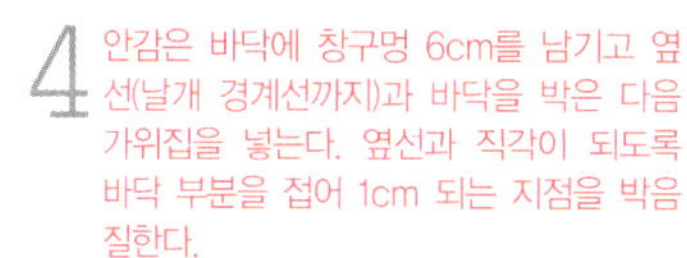

3 옆선과 직각이 되도록 바닥 부분을 접어 1cm 되는 부분을 박아준다.

4 안감은 바닥에 창구멍 6cm를 남기고 옆선(날개 경계선까지)과 바닥을 박은 다음 가위집을 넣는다. 옆선과 직각이 되도록 바닥 부분을 접어 1cm 되는 지점을 박음질한다.

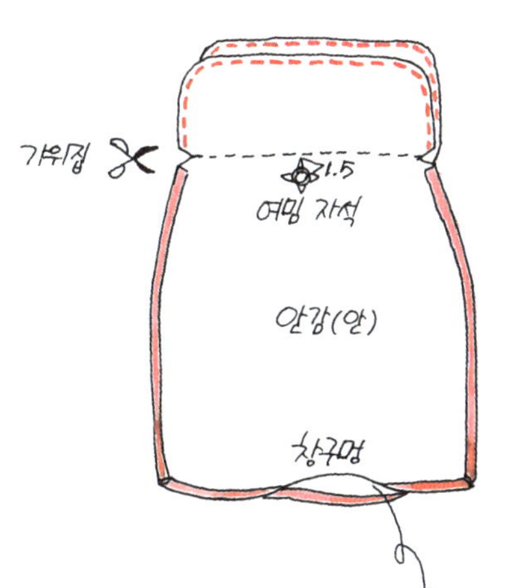

5 겉감에 안감을 겉끼리 씌우듯 겹친 뒤 겉감과 안감의 날개 부분을 앞판끼리 뒤판끼리 각각 박는다. 안감 겉 앞뒤판에 여밈 자석을 단다.

6 창구멍으로 뒤집은 다음 날개 부분을 접어서 다리미로 눌러준다.

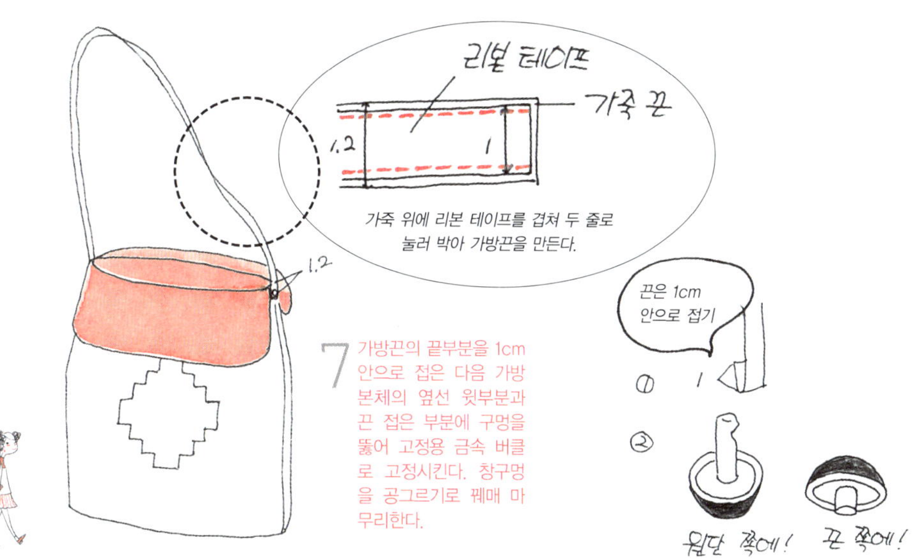

7 가방끈의 끝부분을 1cm 안으로 접은 다음 가방 본체의 옆선 윗부분과 끈 접은 부분에 구멍을 뚫어 고정용 금속 버클로 고정시킨다. 창구멍을 공그르기로 꿰매 마무리한다.

우아한 파티의 주인공으로 변신

럭셔리 미니 백

완성 사이즈 18×18㎝(끈 1×29㎝)

원단
겉감 (브라운 면 벨벳) 60×35㎝
안감 (민트색 스트라이프 40수 면) 45×20㎝

부자재
빨간색 파이핑 테이프 70㎝
십자수 실 (DMC 522) 적당량
똑딱 프레임 1세트

겉감

안감

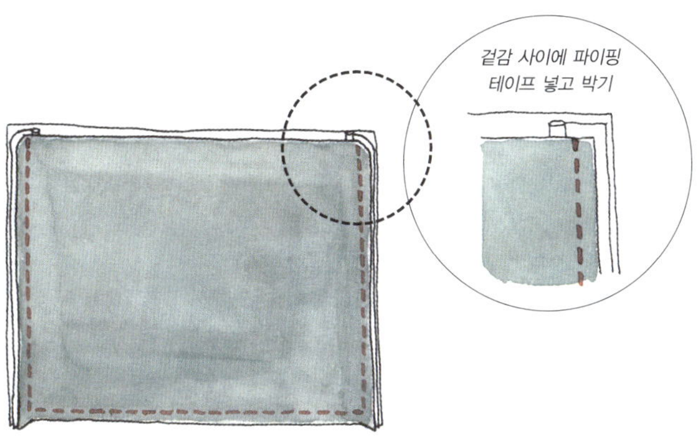

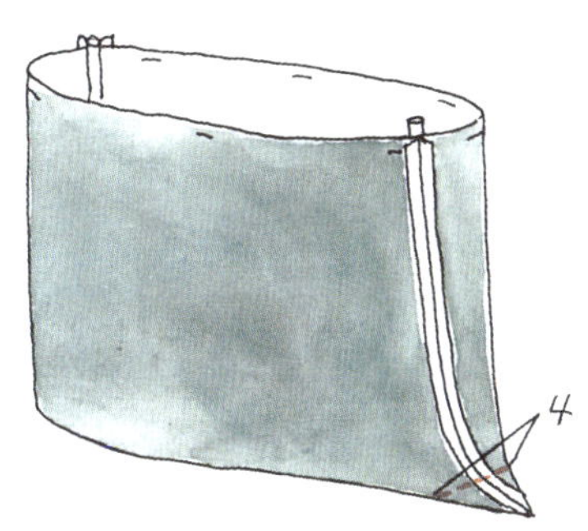

1 겉감 앞판에 패턴을 따라 박음질로 수를 놓은 뒤 겉감 앞뒤판을 겉끼리 맞대고 양 옆선과 바닥 쪽에 파이핑 테이프를 넣어 함께 박는다.

2 옆선과 직각이 되도록 바닥 부분을 접어 4cm 되는 부분을 박은 다음 시접을 제외한 여분의 천은 잘라낸다.

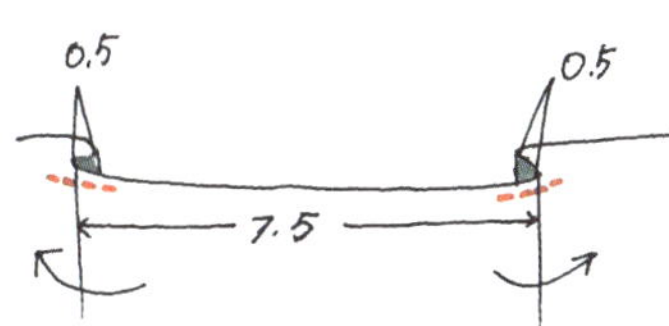

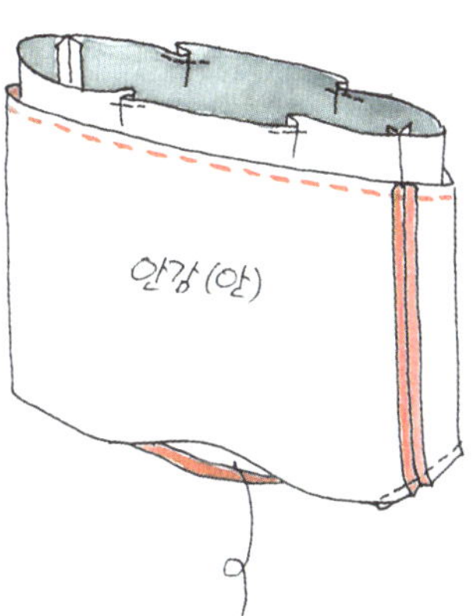

3 2를 뒤집어 겉감의 겉면 쪽에서 가방 입구 부분에 주름 두 개를 7.5cm 간격으로 잡아 박는다.

4 재단한 안감은 바닥에 창구멍 6cm를 남기고 양 옆선과 바닥을 박은 후 옆선과 직각으로 바닥을 접어 4cm 되는 부분을 눌러 박고 시접을 제외한 여분을 잘라낸다.

5 겉감에 안감을 씌우듯 겉끼리 겹쳐 가방 입구 둘레를 박고 창구멍으로 뒤집는다.

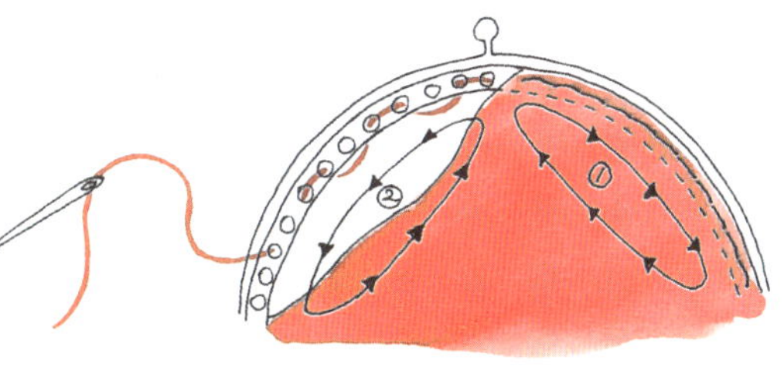

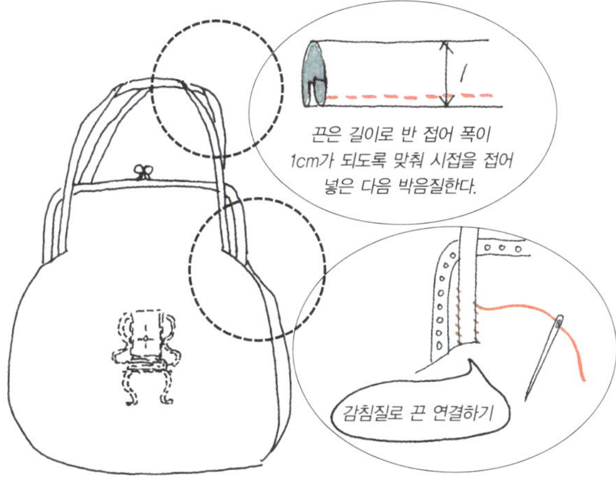

6 똑딱 프레임에 5의 가방 몸체를 맞추고 중심에서 한쪽으로 홈질로 끝까지 연결한 후 다시 홈질로 되돌아온다. 반대쪽도 중심에서 홈질로 끝까지 바느질한 후 다시 홈질로 되돌아와 중심에서 마무리한다.

7 가방끈을 프레임 양 끝선 부분에 맞춰 감침질로 바느질해 달고 안감의 창구멍을 공그르기로 꿰매 막는다.

털실 디테일 미니 백 27

원단

겉감 (민트색 인조 스웨이드)
60×30㎝

안감 (민트색 스트라이프 40수 면) 60×30㎝

끈 (브라운 인조 스웨이드) 30×20㎝

부자재

접착심 60×30㎝

털실 (5가지 색상) 적당량

똑딱 프레임 1세트

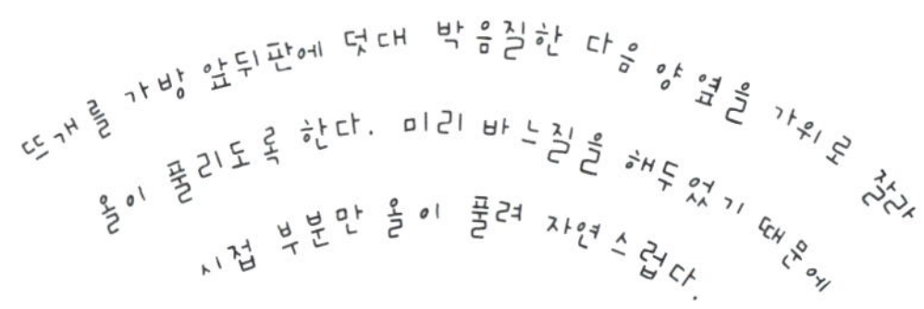

완성 사이즈 26×27㎝(끈 길이 28㎝)

겉감 · 안감

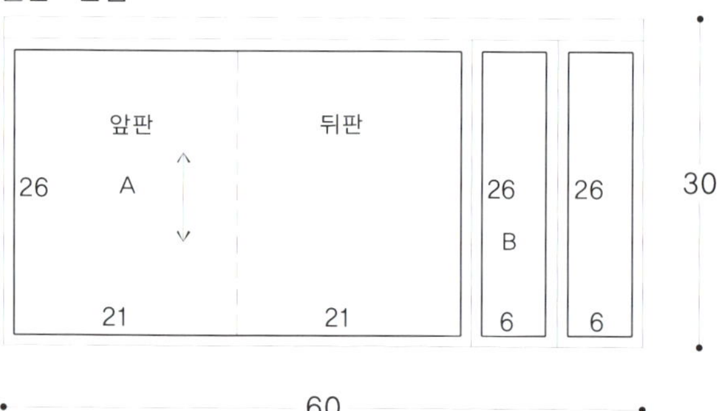

끈

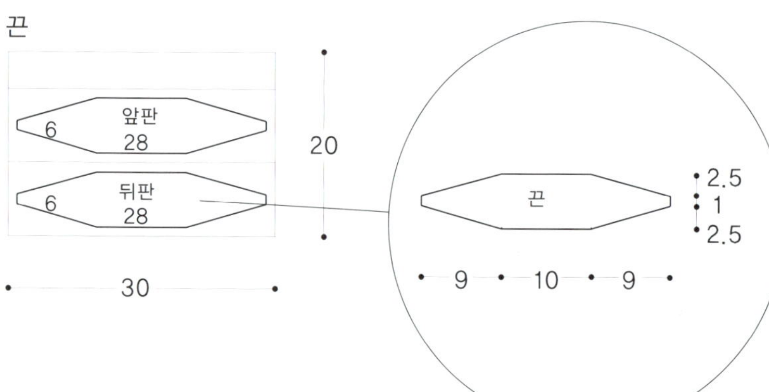

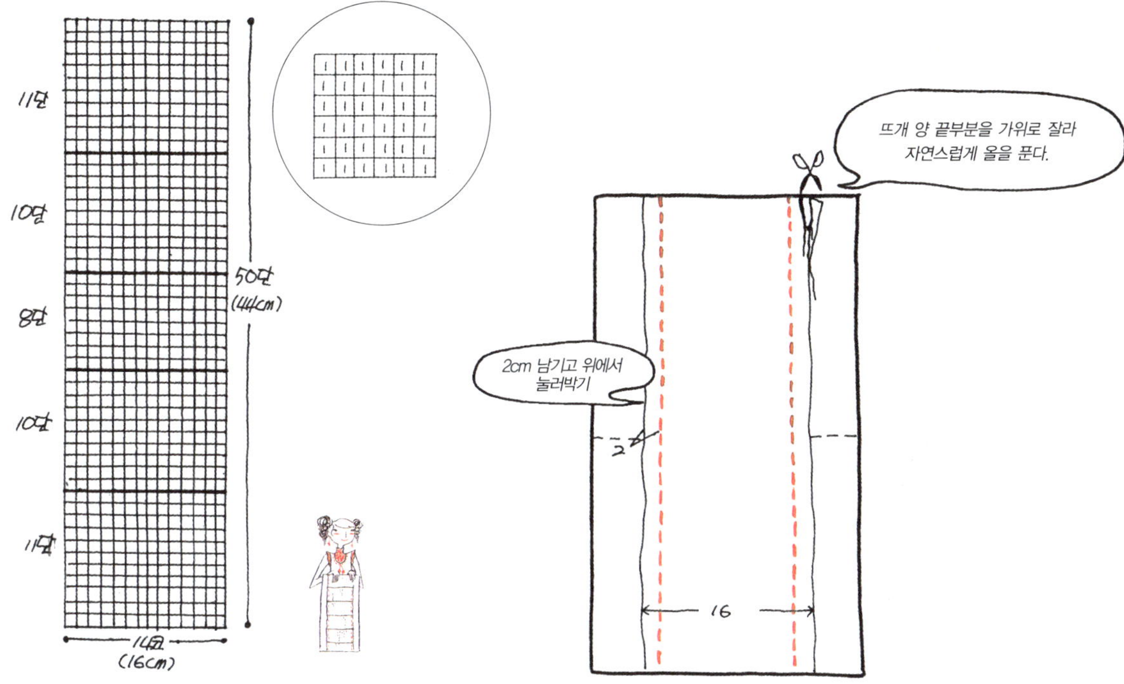

1 5가지 색상의 털실을 섞어 패턴대로 대바늘 메리
야스뜨기를 하여 16×44cm 사이즈로 완성한다.

2 겉감 A, B 안쪽에 접착심을 붙이고, 겉감 A의 중앙에 1
의 뜨개를 올려 고정한 후 뜨개의 양 옆 2cm 안쪽 부분
을 길게 눌러 박는다. 그런 다음 뜨개 양 끝부분을 가위
로 잘라 자연스럽게 올을 풀어준다.

3 2의 위·아래에 겉감 B를 겉끼리 맞대어 박아 연결한다.

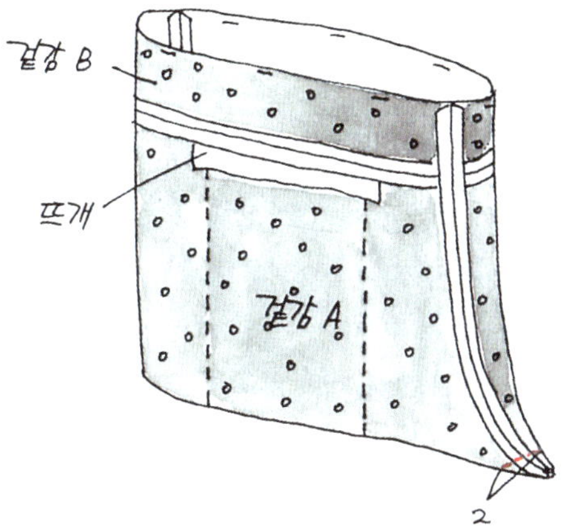

4 3을 길이로 반 접어 양 옆선을 박고 옆선과 직각으로 바닥
을 접어 2cm 되는 부분을 각각 눌러 박는다.

5 안감 A, B를 같은 방법으로 연결하여 박는다. 이때 한쪽 옆
선에 창구멍 6cm를 남긴다. 겉감에 안감을 씌우듯 겉끼리
겹쳐 가방 입구 부분을 박는다. 창구멍으로 뒤집은 다음 공
그르기로 창구멍을 꿰매 막는다.

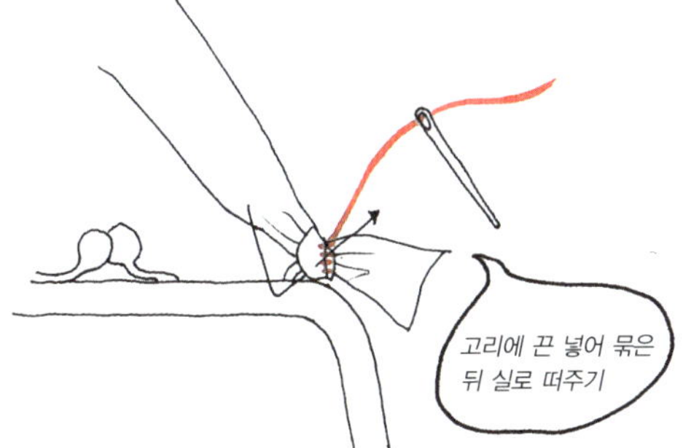

7 끈 원단은 창구멍을 남기고 앞뒤판을 박은 후 뒤집어 공그르
기로 창구멍을 막는다. 똑딱 프레임 양 끝의 고리에 가방끈을
집어넣어 묶어준 다음 실로 떠서 풀리지 않도록 고정시킨다.

6 똑딱 프레임에 5의 가방 몸체를 맞추고 중심에서 한쪽으로
홈질해 끝까지 연결한 후 다시 홈질로 되돌아온다. 반대쪽
도 중심에서 홈질로 끝까지 바느질한 후 다시 홈질로 되돌
아와 중심에서 마무리한다.

패치워크 파티 백

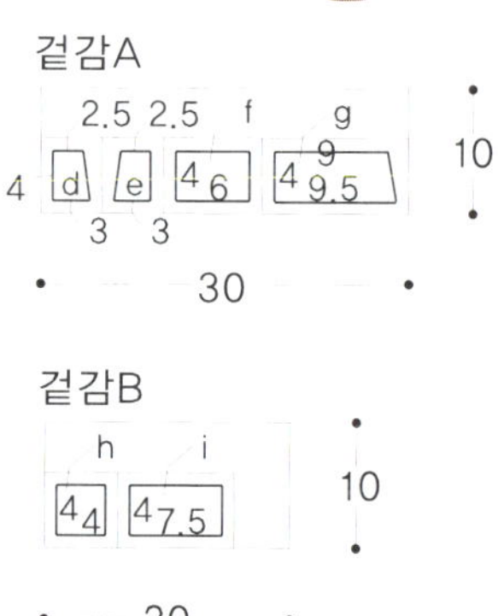

원단

겉감 A (먹블루 실크)
30×10cm
겉감 B (남보라색 실크)
20×10cm
겉감 C (벽돌색 실크) 35×15cm
겉감 D (파란색 실크) 60×35cm
안감 (20수 광목) 60×30cm

부자재

접착심 60×35cm
검은색 가죽 끈 (2cm 폭) 70cm
리본 테이프 (1cm 폭) 66cm
노란색 앤티크 비즈 3개

완성 사이즈 23.5×29cm(끈 1.2×64cm)

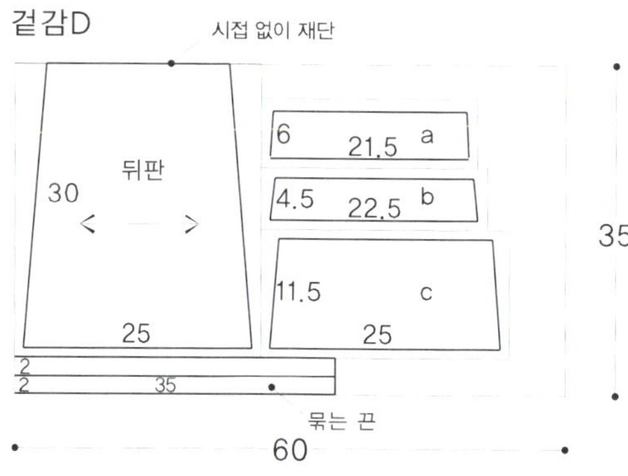

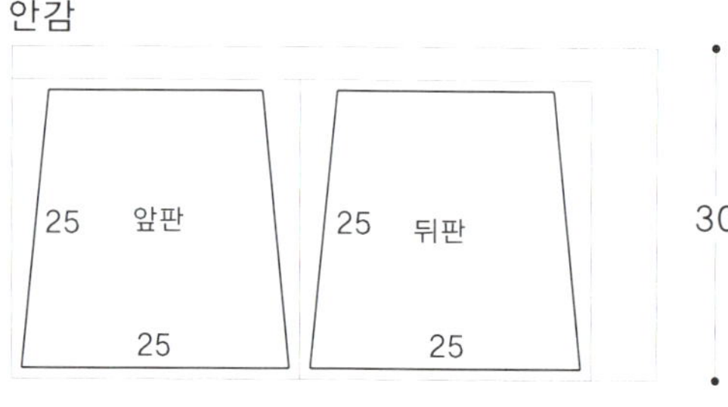

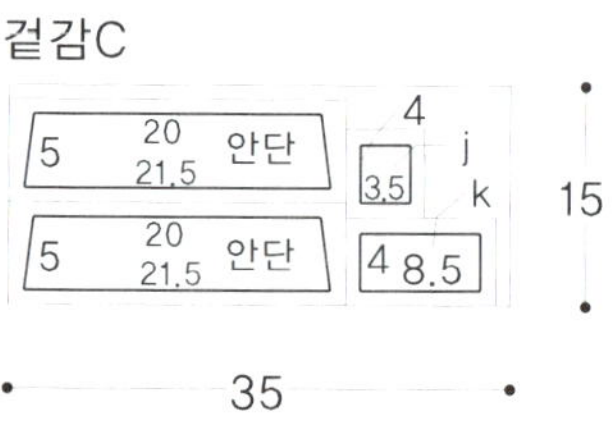

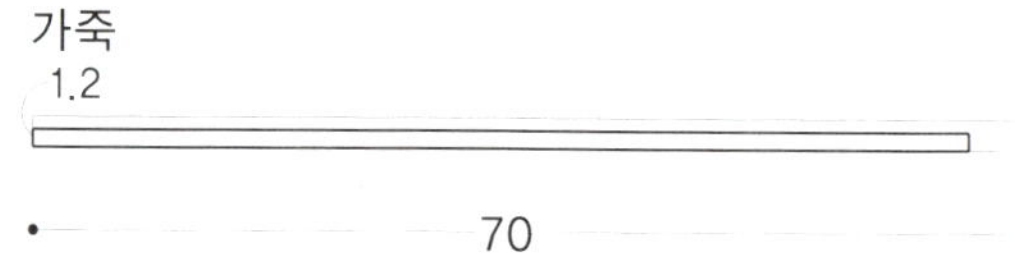

겉감 D의 상단은 시접 없이 한복감의 끝처리(노란색 라인)를 포인트 컬러로 그대로 살린다.

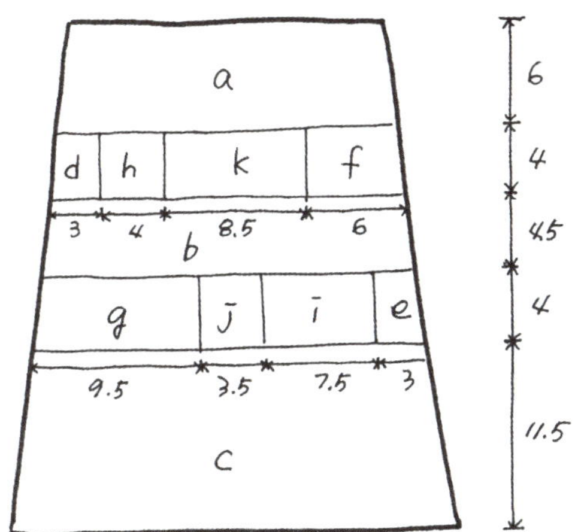

1 재단한 겉감의 앞판은 a~j를 패턴대로 맞춰 박음질
한 다음 시접은 가름솔로 한다.

2 1의 겉감 앞뒤판의 안쪽 상단에서 0.5cm 아래쪽부터 접
착심을 붙인다.

3 겉감 앞뒤판을 겉끼리 맞대고 옆선과 바닥을 박은 다음
바닥 연결 부분을 접어 1.5cm 눌러 박는다.

4 묶는 끈을 길이로 반 접은 다
음 0.5cm 폭이 되도록 시접을
접어 넣고 눌러 박는다. 끈의
한쪽 끝 부분의 시접 1cm를 안
으로 접어 넣는다.

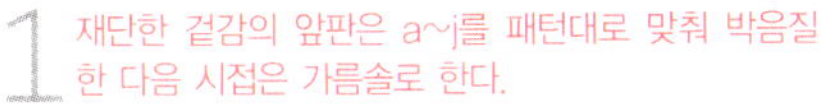

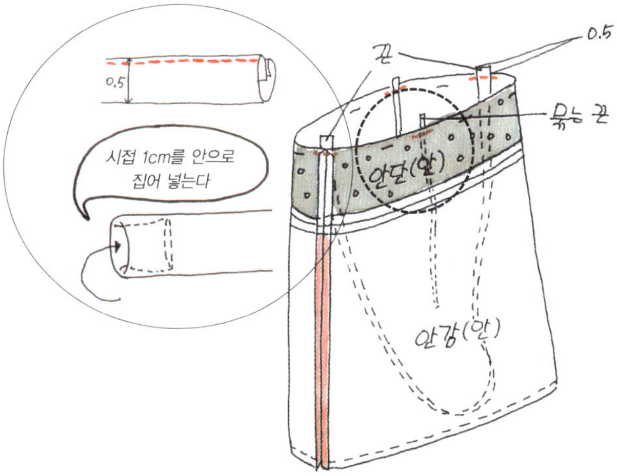

가죽 끈 위에 리본 테이프를 놓고 두 줄로
눌러 박아 가방끈을 만든다.

5 안감 앞뒤판을 겉끼리 겹쳐 양 옆선과 바닥을 박는다. 겉감
안단은 양 옆선을 박은 다음 안감의 윗부분과 박음질해 연결
한다.

6 5의 안단 양 옆선에 맞춰 가방끈을 겹쳐 박고, 안단 앞뒤판
중앙에 묶는 끈을 박음질해 고정시킨다.

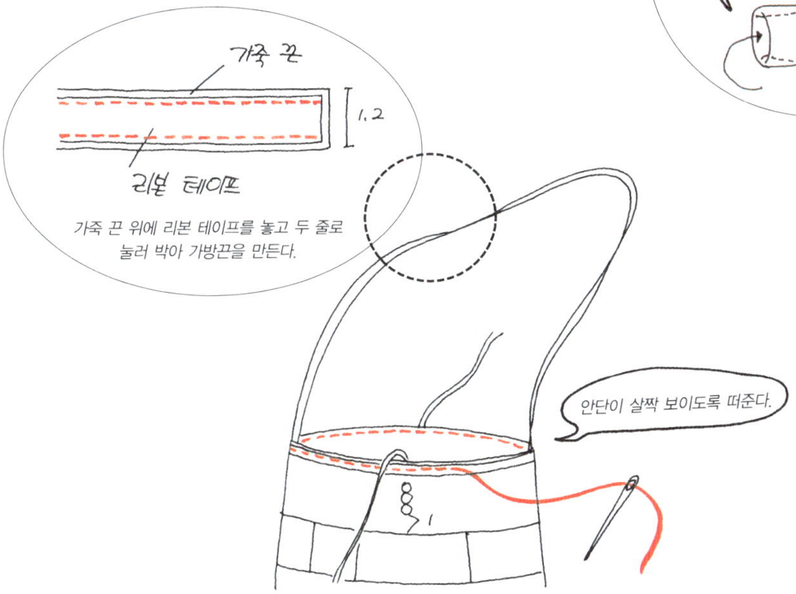

7 가방 겉감의 앞판에 비즈를 연결하여 고정시킨다. 겉
감 안쪽에 안감을 집어넣고 안단 시접을 겉감 쪽에서
꺾어 접어 다리미로 눌러준다. 그리고 겉감 위로 안단
이 살짝 보이도록 낚싯줄을 이용해 감침질로 떠준다.

라운딩 숄더백

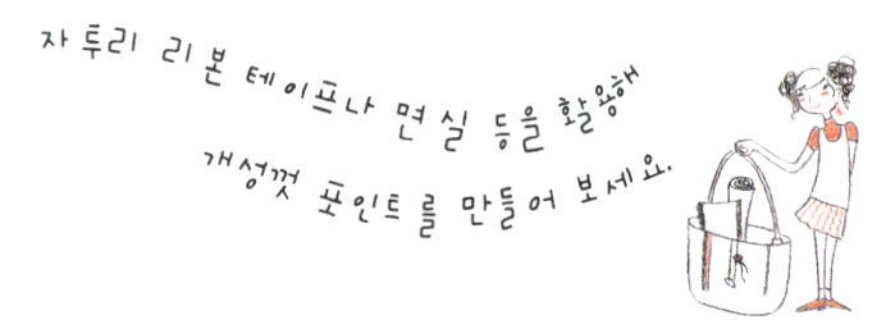

원단

겉감 (브라운 울 펠트) 85×30cm

안감 (꽃무늬 면 실크) 85×40cm

카키색 가죽 (바닥용) 48×7cm

부자재

접착심 85×30cm

시판용 갈색 가죽 끈 52cm

벨트심 (3cm 폭) 76cm

리본 테이프 (베이지색, 2cm 폭) 18cm

(초록색, 3cm 폭) 25cm

(갈색, 1.5cm 폭) 24cm

스팽글 (갈색) 25cm, (은색) 24cm

베이지색 · 갈색 면 실 적당량

자석 단추 1세트

완성 사이즈 36×27.5×5cm(끈 길이 52cm)

PATTERN

겉감

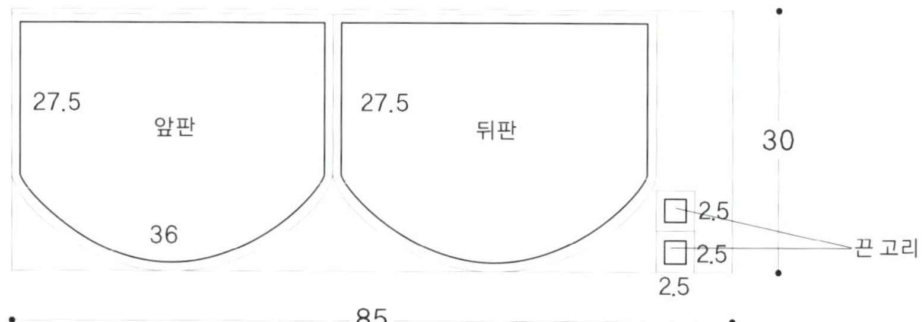

안감

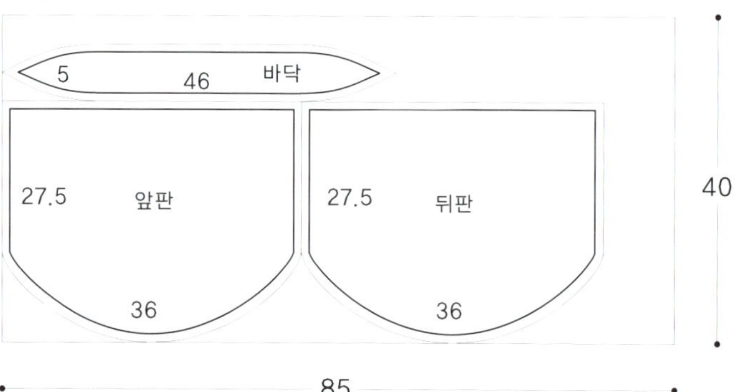

가죽

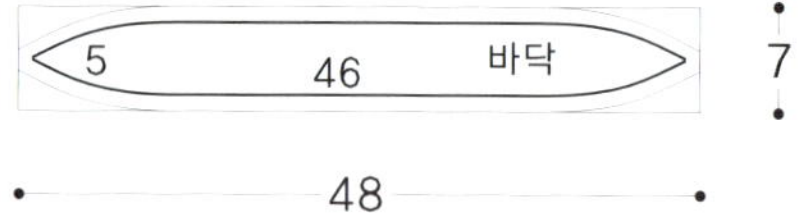

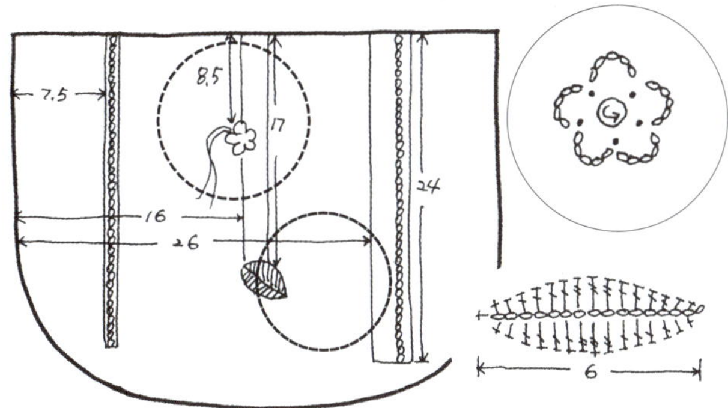

1 겉감의 안쪽에 접착심을 붙이고, 겉감 앞면에 테이프를 고정한 다음 스팽글, 코바늘뜨기 등을 이용해 장식한다.

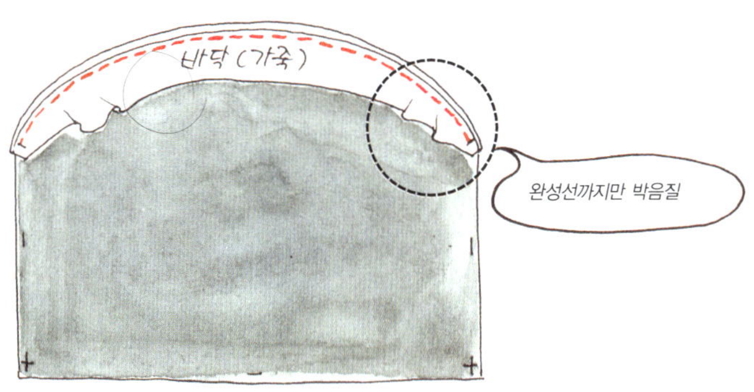

2 겉감 앞뒤판을 겉끼리 마주 보게 놓고 가죽으로 재단한 바닥을 완성선까지만 박은 다음 양 옆선을 박는다.

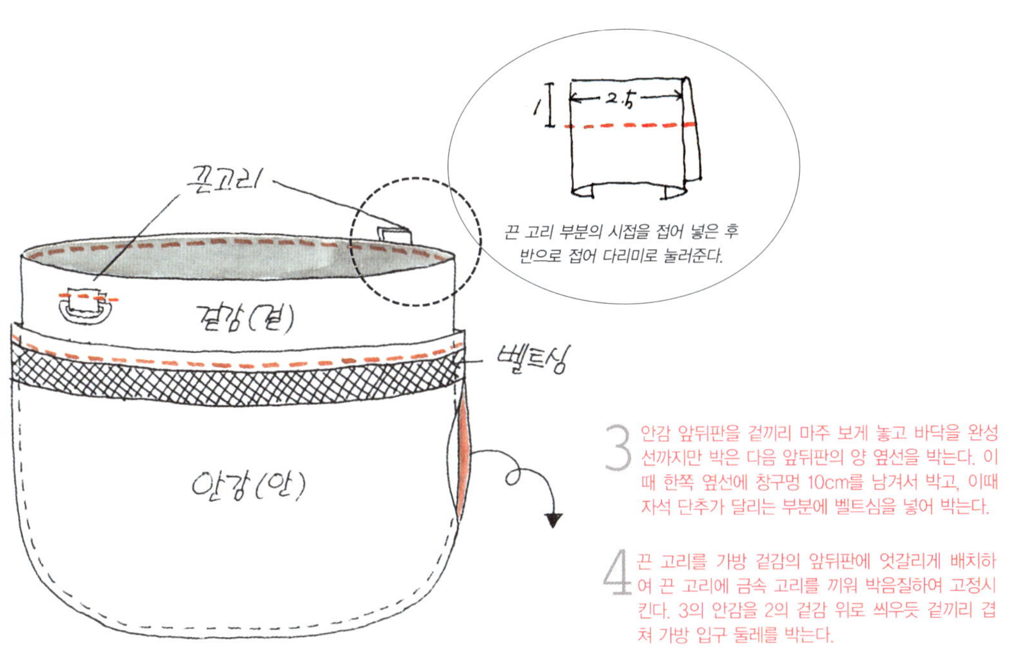

3 안감 앞뒤판을 겉끼리 마주 보게 놓고 바닥을 완성선까지만 박은 다음 앞뒤판의 양 옆선을 박는다. 이때 한쪽 옆선에 창구멍 10cm를 남겨서 박고, 이때 자석 단추가 달리는 부분에 벨트심을 넣어 박는다.

4 끈 고리를 가방 겉감의 앞뒤판에 엇갈리게 배치하여 끈 고리에 금속 고리를 끼워 박음질하여 고정시킨다. 3의 안감을 2의 겉감 위로 씌우듯 겉끼리 겹쳐 가방 입구 둘레를 박는다.

5 안감 옆선의 창구멍으로 뒤집고 안감 겉쪽에 자석 단추를 단다. 끈 고리에 가죽 끈을 고정시키고 공그르기로 창구멍을 막는다.

그물 장식 토트백

원단

겉감 A (스트라이프 데님) 60×50cm

겉감 B (베이지색 리넨) 45×40cm

안감 (카키색 리넨) 45×70cm

부자재

접착심 65×85cm

검은색 가죽 (끈 · 바닥용) 20×50cm

꽃무늬 리본 테이프 (0.5cm 폭) 80cm

리넨 소재 그물망 80×16cm

자석 단추 1세트

완성 사이즈 32×34×9cm(끈 2.5×46cm)

겉감A

겉감B

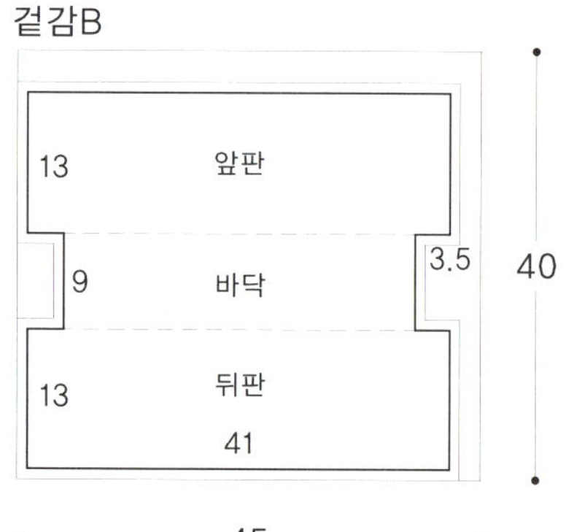

안감

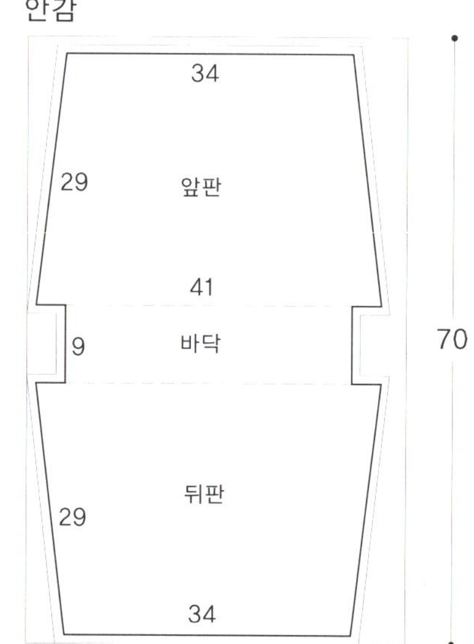

가죽

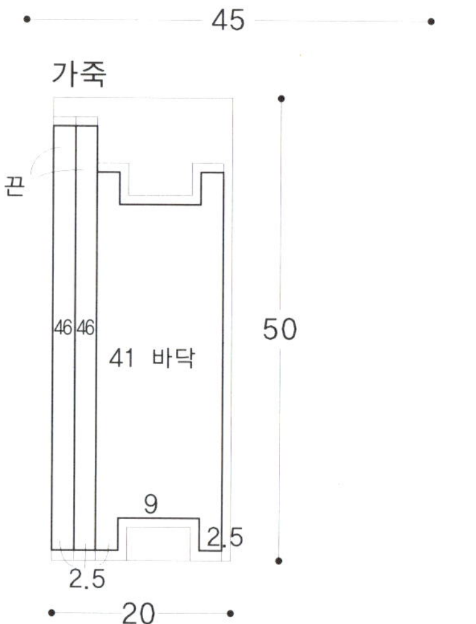

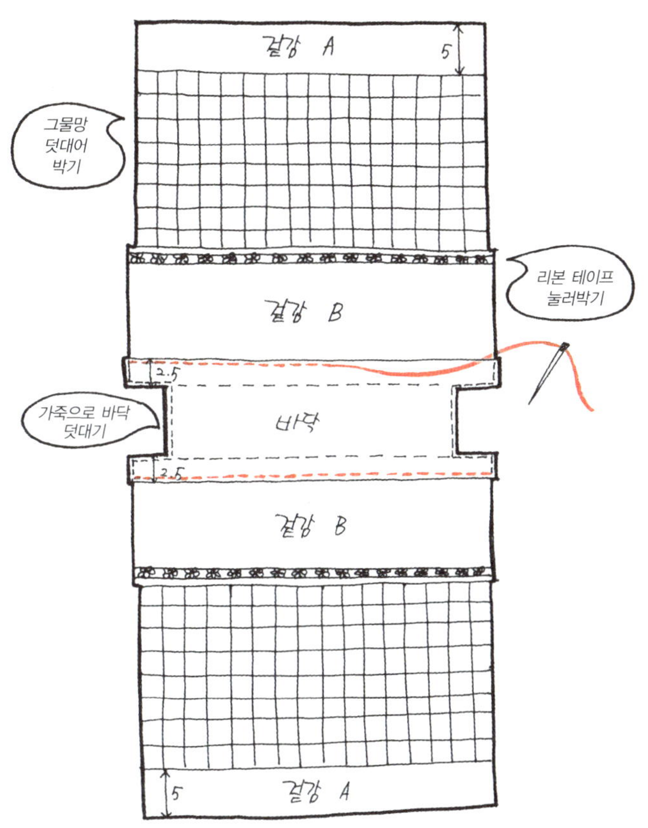

1 겉감 A의 앞뒤판과 B의 안쪽에 접착심을 붙인 후 겉감 A(앞판)–겉감 B–겉감 A(뒤판)의 순으로 배열하여 연결한다.

2 겉감 A의 양 끝부분에서 5cm 아래부터 겉감 A, B의 연결 부분까지 그물망을 덧대 눌러 박는다.

3 겉감 A와 B의 연결 부분에 리본 테이프를 눌러 박아 그물망을 다시 한 번 고정시킨다.

4 바닥 부분에 가죽을 덧대 손바느질로 홈질하여 붙인다.

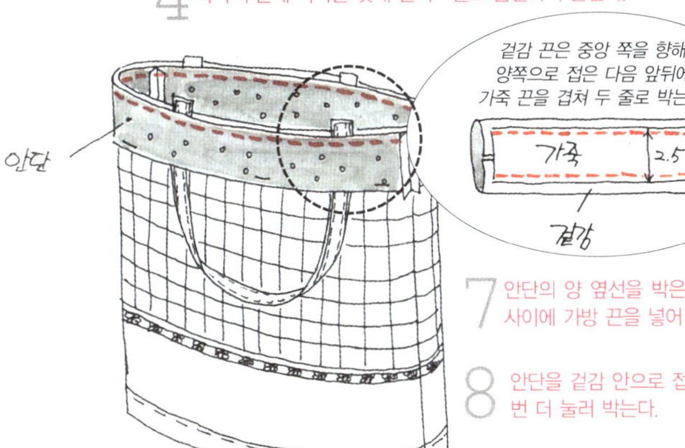

7 안단의 양 옆선을 박은 다음 겉감 앞뒤판과 겉끼리 맞대고 그 사이에 가방 끈을 넣어 가방 입구 둘레를 함께 박는다.

8 안단을 겉감 안으로 접어 넣고 다리미로 누른 다음 겉에서 한 번 더 눌러 박는다.

5 4의 바닥 부분을 기준으로 반 접은 다음 패턴대로 옆선을 박는다. 시접 1cm를 남기고 잘라낸다.

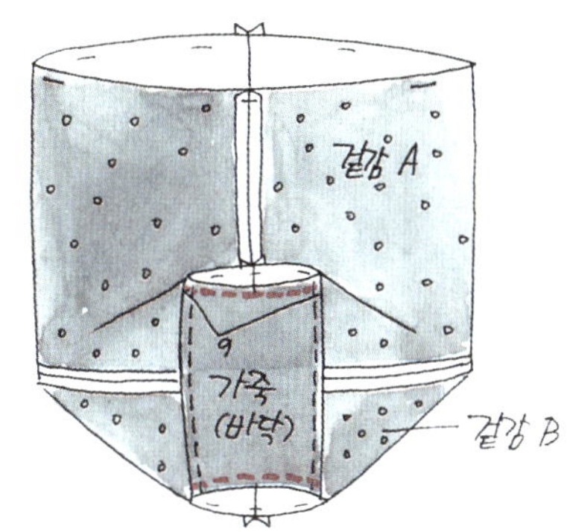

6 옆선이 가운데로 오도록 가방 몸통을 돌린 후 바닥을 수직으로 접어 사방을 박는다.

9 안감을 바닥을 기준으로 반 접어 5와 같이 옆선을 박는다. 이때 한쪽 옆선에 창구멍 10cm를 남겨두고 바닥 부분도 6과 같이 박는다. 안감을 겉감에 씌우듯 겉끼리 겹쳐 안단과 안감이 만나는 부분을 박아 고정시킨다.

10 안단의 가운데에 자석 단추를 달고, 뒤집은 다음 창구멍은 공그르기로 꿰매 막는다.

캐주얼한 데님과 내추럴한 메시 소재를 겹쳐 독특한 매력을 끌어냈다. 이처럼 망사나 그물은 안에 매치하는 패브릭의 소재나 패턴에 따라 색다른 분위기가 연출된다.

내 마음 같은 친구처럼 편안한
여행가방

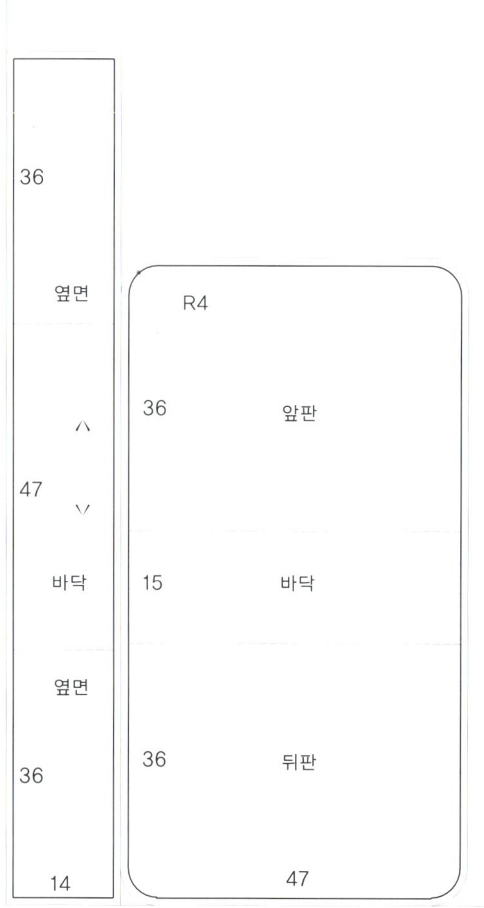

원단
겉감 (갈색 10수 옥스퍼드) 70×120cm
안감 (연베이지색 워싱 면) 70×120cm

부자재
접착심 70×120cm
시판용 갈색 끈 72cm×2개
갈색 지퍼 120cm
십자수 실 (갈색, 초록색) 적당량
십자수용 웨이스트 캔버스

겉감

36

옆면

∧

47

∨

바닥

옆면

36

14

R4

36　　앞판

15　　바닥

36　　뒤판

47

70

120

완성 사이즈 47×36×15cm(끈 길이 72cm)

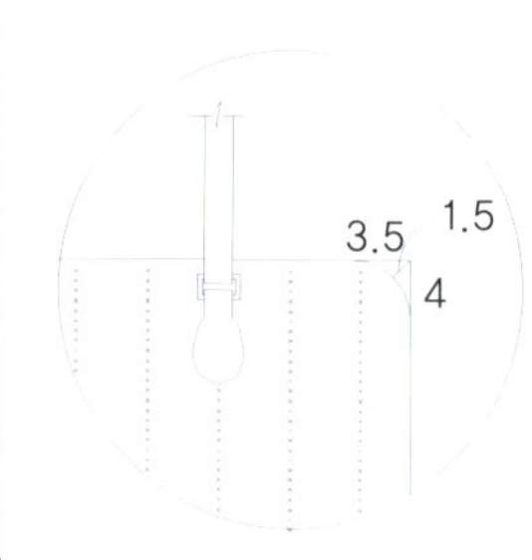

3.5　1.5
4

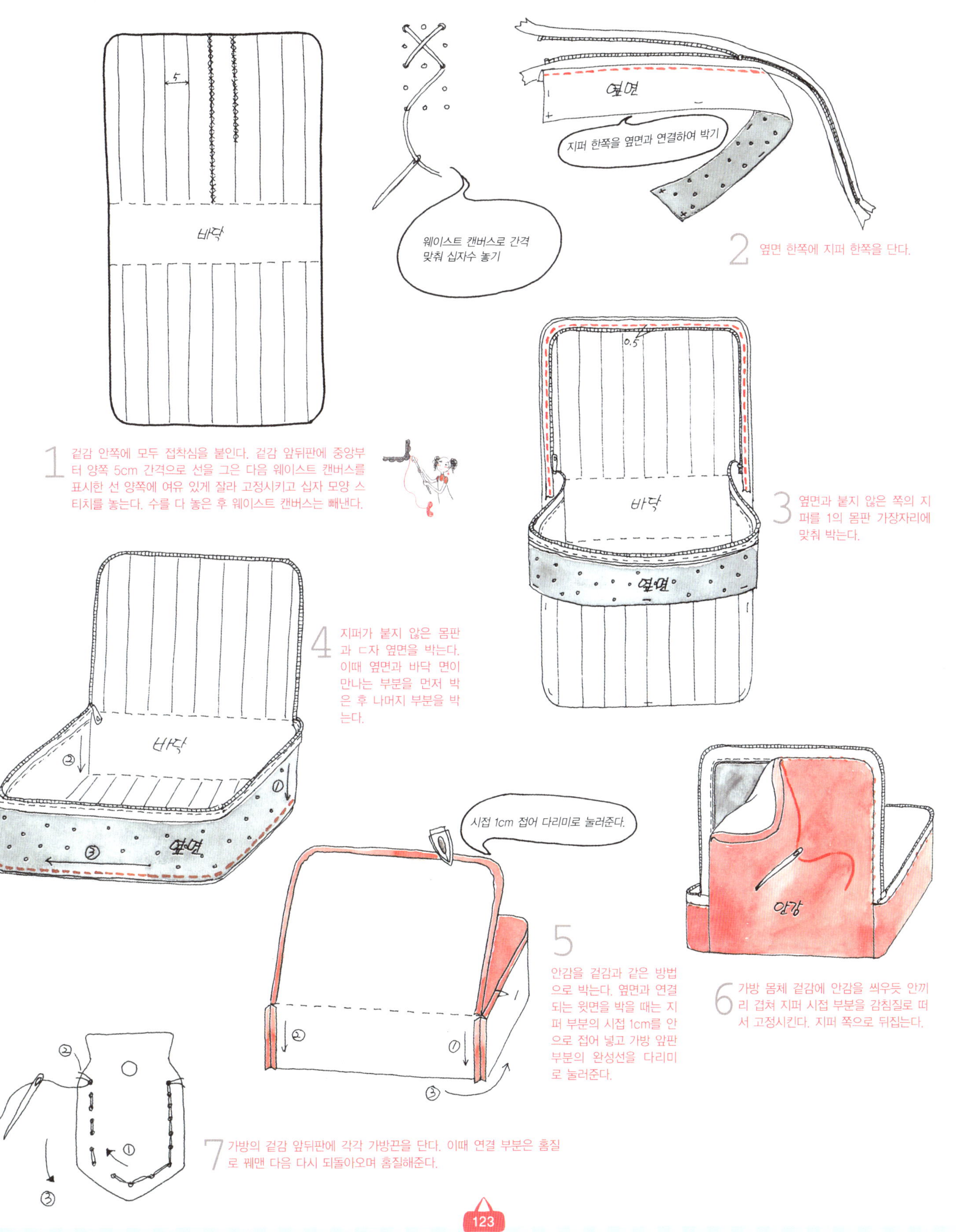

1 겉감 안쪽에 모두 접착심을 붙인다. 겉감 앞뒤판에 중앙부터 양쪽 5cm 간격으로 선을 그은 다음 웨이스트 캔버스를 표시한 선 양쪽에 여유 있게 잘라 고정시키고 십자 모양 스티치를 놓는다. 수를 다 놓은 후 웨이스트 캔버스는 빼낸다.

2 옆면 한쪽에 지퍼 한쪽을 단다.

3 옆면과 붙지 않은 쪽의 지퍼를 1의 몸판 가장자리에 맞춰 박는다.

4 지퍼가 붙지 않은 몸판과 ㄷ자 옆면을 박는다. 이때 옆면과 바닥 면이 만나는 부분을 먼저 박은 후 나머지 부분을 박는다.

5 안감을 겉감과 같은 방법으로 박는다. 옆면과 연결되는 윗면을 박을 때는 지퍼 부분의 시접 1cm를 안으로 접어 넣고 가방 앞판 부분의 완성선을 다리미로 눌러준다.

6 가방 몸체 겉감에 안감을 씌우듯 안끼리 겹쳐 지퍼 시접 부분을 감침질로 떠서 고정시킨다. 지퍼 쪽으로 뒤집는다.

7 가방의 겉감 앞뒤판에 각각 가방끈을 단다. 이때 연결 부분은 홈질로 꿰맨 다음 다시 되돌아오며 홈질해준다.

32 코듀로이 크로스 백

완성 사이즈 28×35㎝(끈 길이 125cm)

원단

겉감 A (올리브색 코듀로이) 30×40㎝
겉감 B (갈색 우레탄, 뒷면은 면으로 처리) 30×40㎝
안감 (빨간색 체크무늬 40수 면) 60×40㎝

부자재

접착심 60×40㎝
시판용 검은색 가죽 끈 125㎝
십자수 실 적당량

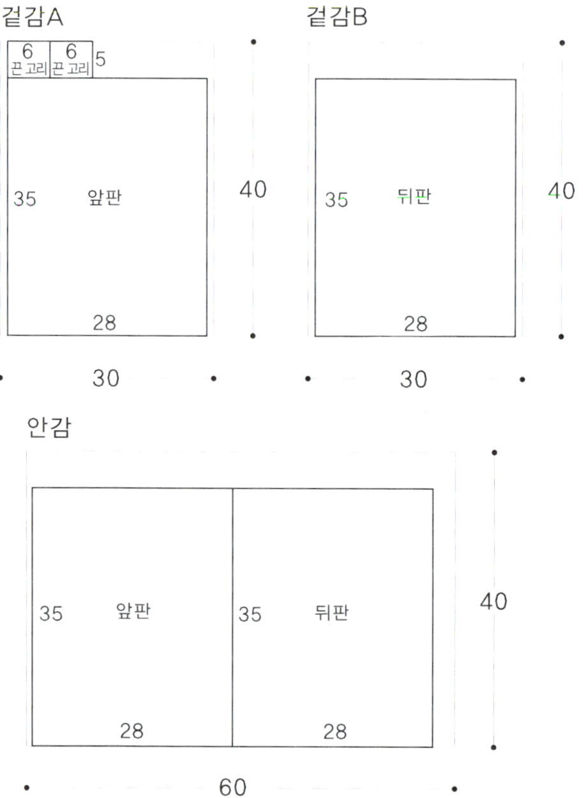

1 겉감 앞뒤판 안쪽에 접착심을 붙인 후 앞면에 도안대로 수를 놓는다.

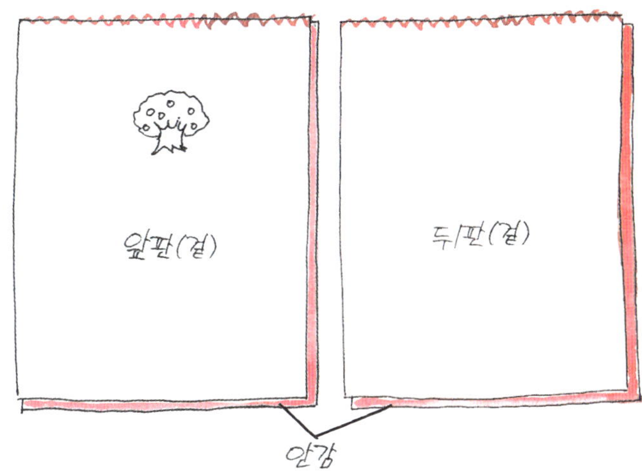

2 겉감의 앞판과 뒤판에 각각 안감을 안끼리 겹치고 윗부분을 오버로크한다.
이때 재봉틀의 밑실과 윗실은 두 가지 색으로 감아준다.

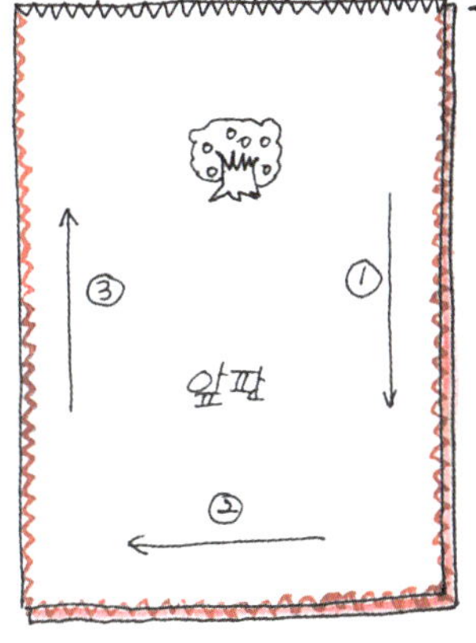

3 앞뒤판을 안끼리 맞댄 상태에서
양 옆선과 바닥도 오버로크한다.

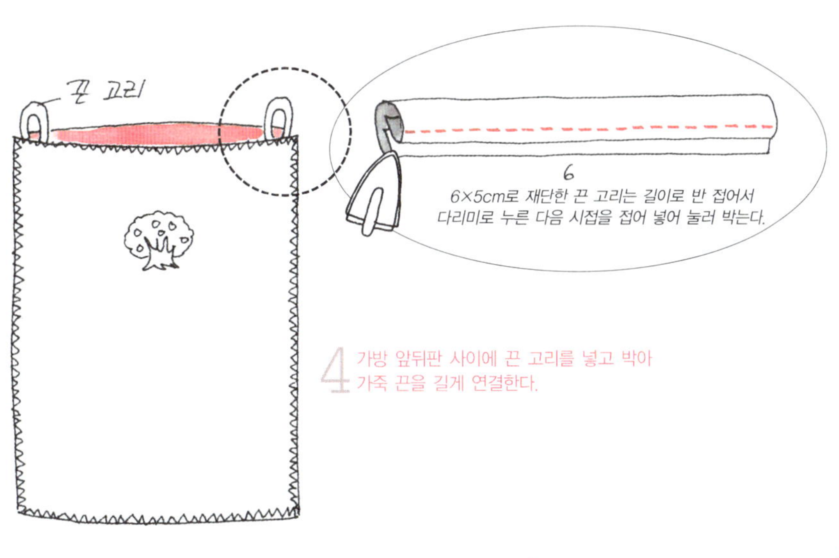

4 가방 앞뒤판 사이에 끈 고리를 넣고 박아
가죽 끈을 길게 연결한다.

33

리본 디테일 토트백

완성 사이즈 33×37×9cm(끈 4×35cm)

원단

겉감 (회색 울) 95×40cm
안감 (연블루 천연 염색 광목) 95×50cm

부자재

접착심 95×40cm
검은색 가죽 (끈·안단·바닥용) 65×40cm
고무줄 테이프 (0.8cm 폭) 90cm
리본 테이프 (1.3cm 폭) 70cm
(2.4cm 폭) 70cm, (1cm 폭) 70cm
스냅 단추 (지름 1.5cm) 2개

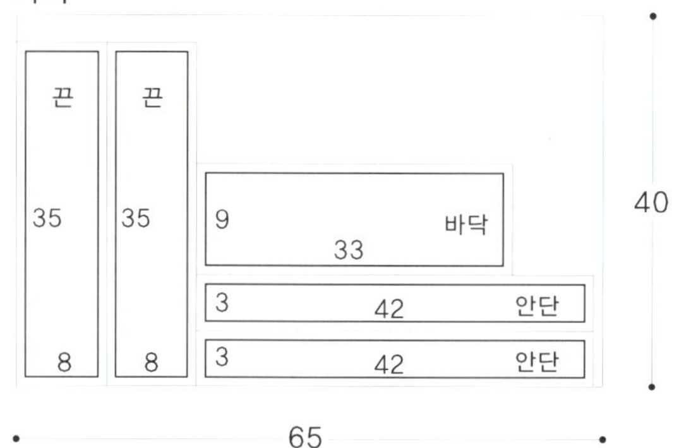

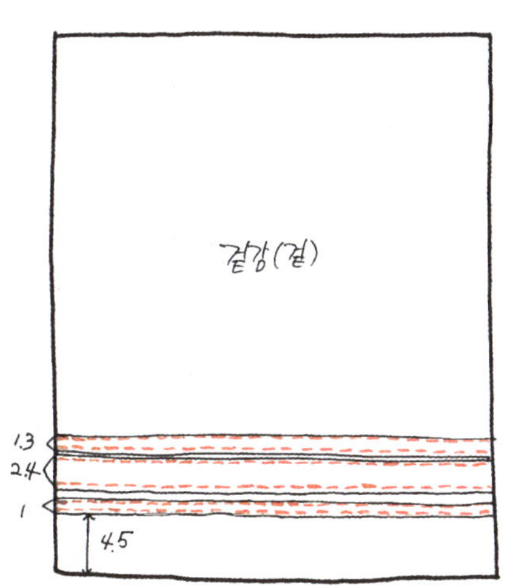

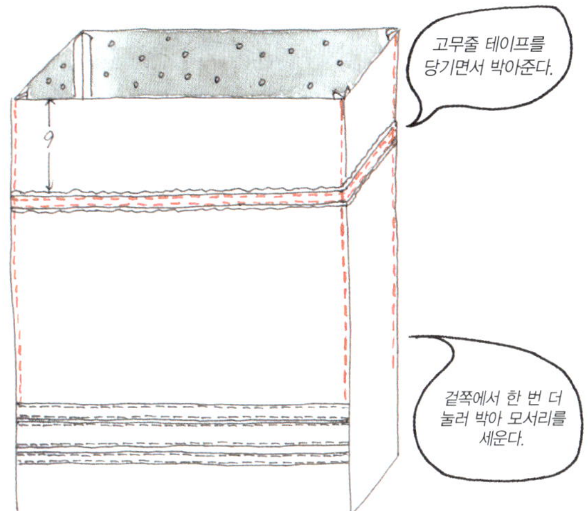

1 겉감 안쪽에 접착심을 모두 붙이고, 앞뒤판 겉쪽에 리본 테이프를 붙여 장식한다.

2 1의 앞뒤판에 옆면을 박은 다음 뒤집어 겉쪽에서 사방 옆선을 한 번 더 눌러 박아 각을 잡아준다.

3 몸체 입구에서 9cm 내려온 지점에 고무줄 테이프를 당기면서 박는다.

4 3을 뒤집어 가죽으로 재단한 바닥과 겉끼리 맞대어 박는다.

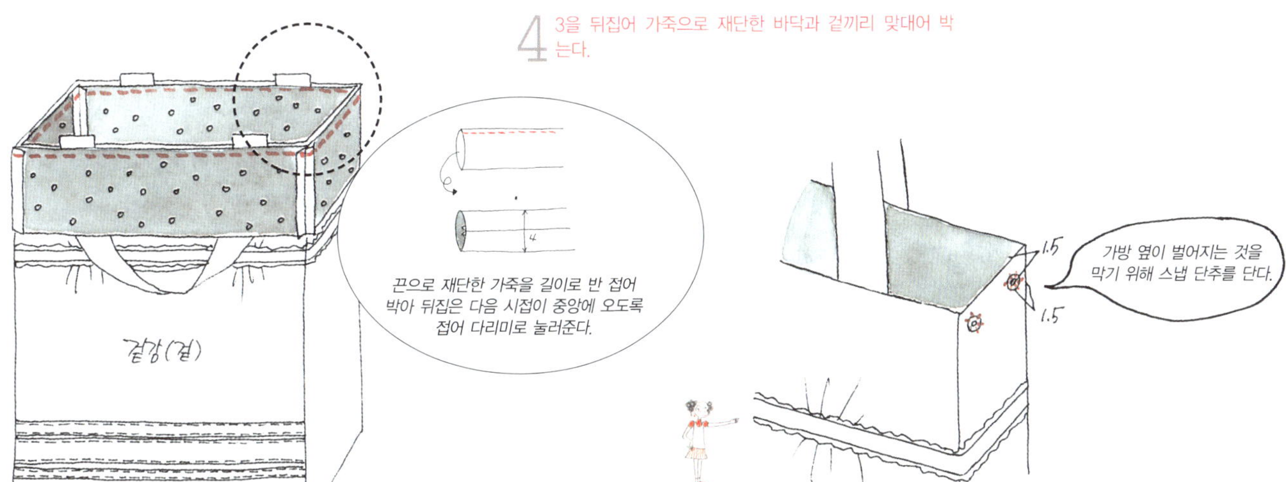

5 가죽으로 재단한 안단은 옆선을 박은 다음 겉감 앞뒤판과 겉끼리 맞대고 박는다. 이때 겉감과 안단 사이에 가방끈을 끼워 함께 박는다.

6 안감의 앞뒤판과 옆선을 겉끼리 맞대 연결하여 박은 후, 창구멍 10cm를 남기고 바닥을 박는다. 안감을 겉감에 씌우듯 겉끼리 겹쳐 안단과 안감이 만나는 부분을 박음질해 고정시킨다.

7 뒤집은 후 안단을 가방 안쪽으로 접어 넣고 겉감의 양쪽 옆면에 스냅 단추를 단다. 공그르기로 창구멍을 꿰매 마무리한다.

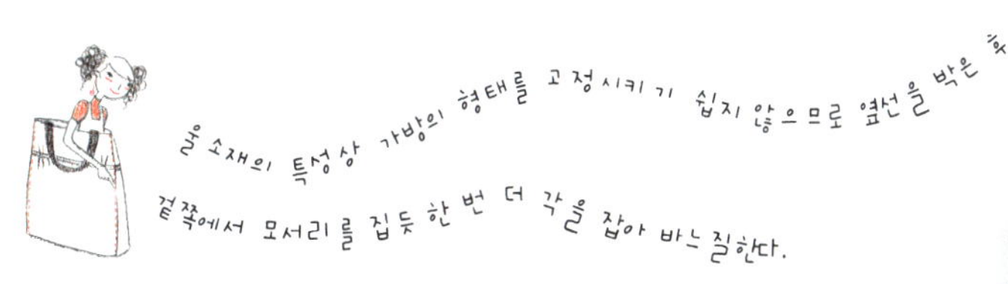

34

실용 사이즈 토트백

원단

겉감 A (검은색 10수 옥스퍼드) 40×35㎝

겉감 B (하늘색 10수 옥스퍼드) 30×35㎝

겉감 C (갈색 10수 옥스퍼드) 20×35㎝

안감 (검은색 폴리에스테르) 80×30㎝

검은색 가죽 (끈용) 50×20㎝

부자재

접착솜 80×35㎝

빨간색 털실 적당량

자석 단추 1세트

벨트심 (3㎝ 폭) 78㎝

완성 사이즈 37×29㎝(끈 3.5×46㎝)

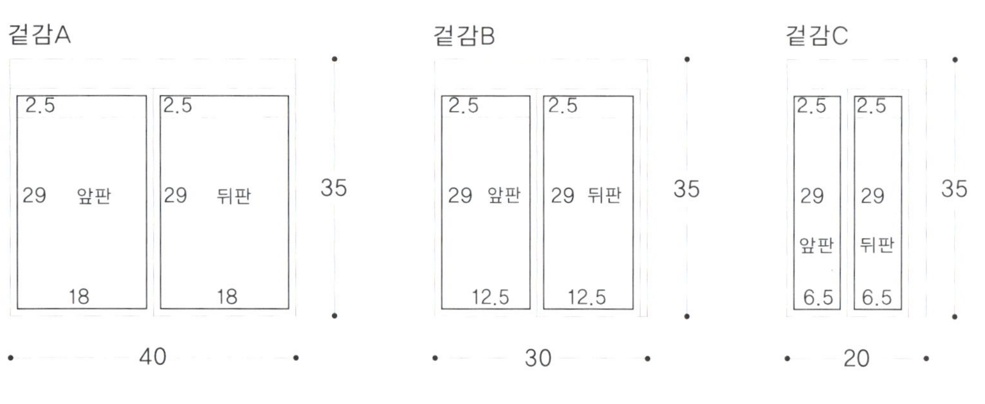

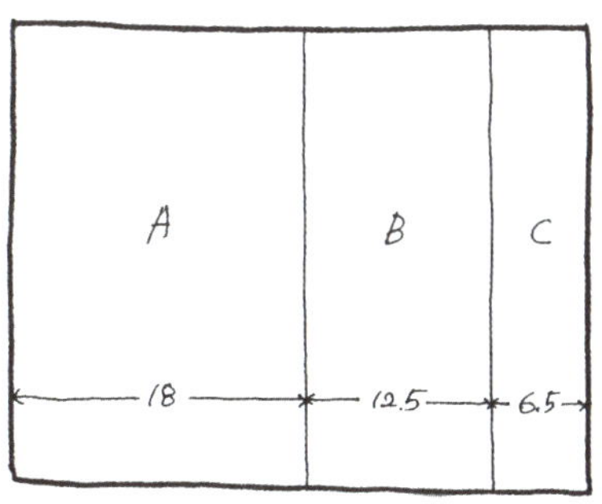

1 겉감 A, B, C를 연결한 다음 앞뒤판 안쪽에 각각 접착솜을 붙인다.

2 털실을 이용해 겉감의 앞판에 카우칭 스티치로 수를 놓은 다음 겉감 앞뒤판을 겉끼리 맞대고 양 옆선과 바닥을 박는다.

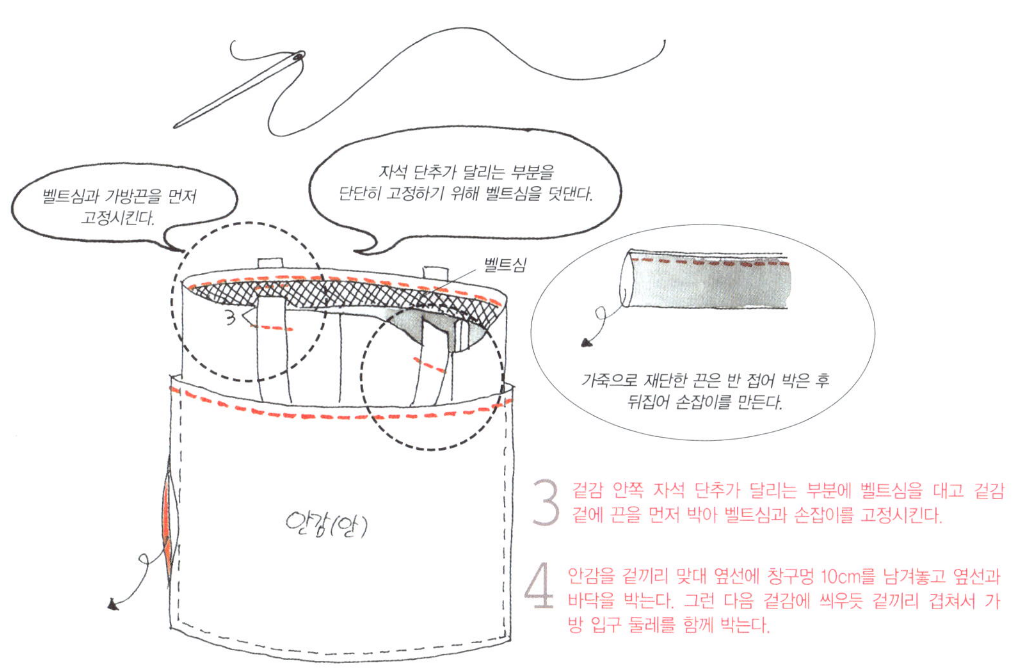

3 겉감 안쪽 자석 단추가 달리는 부분에 벨트심을 대고 겉감 겉에 끈을 먼저 박아 벨트심과 손잡이를 고정시킨다.

4 안감을 겉끼리 맞대 옆선에 창구멍 10cm를 남겨놓고 옆선과 바닥을 박는다. 그런 다음 겉감에 씌우듯 겉끼리 겹쳐서 가방 입구 둘레를 함께 박는다.

5 창구멍으로 뒤집어 안단 부분을 다리미로 눌러주고, 벨트심의 중앙에 자석 단추를 부착한다.

6 창구멍을 공그르기로 꿰매 마무리한다.

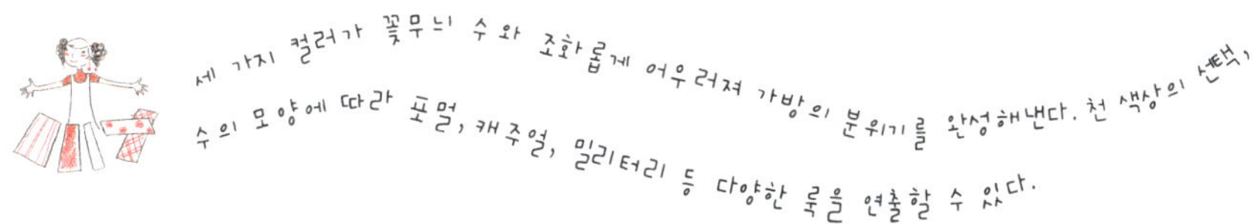

35

사다리꼴 토트백

원단

겉감

(I : 초록색 꽃무늬 20수 면,

II : 갈색 앤티크 무늬 30수 면) 각 80×40㎝

안감 (20수 광목) 80×25㎝

부자재

접착심 80×40㎝

비닐 테이프 (가방끈용, 1cm 폭)

I : 오렌지색 100㎝, 노란색 60㎝

II : 파란색 100㎝, 분홍색 60㎝

면 뜨개실 (I : 빨간색, II : 검은색) 적당량

비즈 적당량

스냅 단추 (지름 2㎝) 1세트

완성 사이즈

36×26.5㎝(끈 길이 48㎝)

I

II

겉감

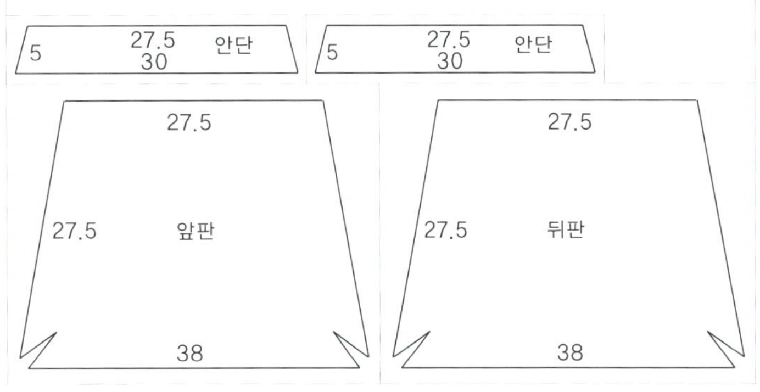

안감

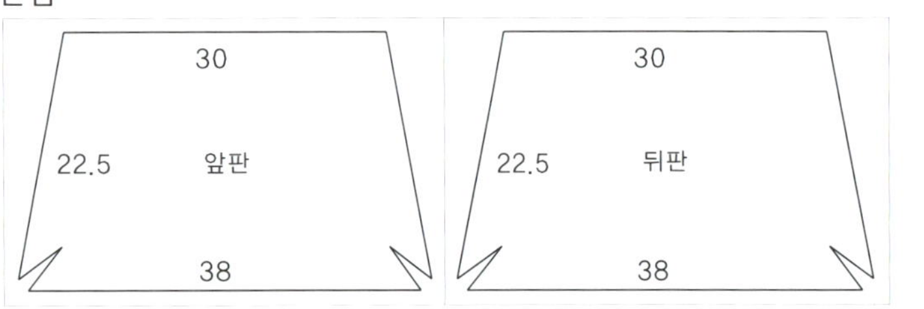

손수건이나 반다나 등으로 많이 사용되는 빈티지 패턴의 면 소재로 만들어 가볍고 실용적인 토트백. 광택 있는 얇은 끈으로 손잡이를 만들어 캐주얼한 감각을 살린다.

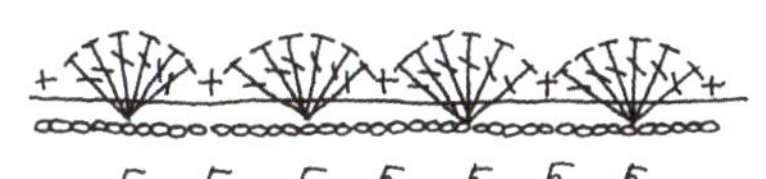

1 코바늘 무늬대로 레이스뜨기를 한다.

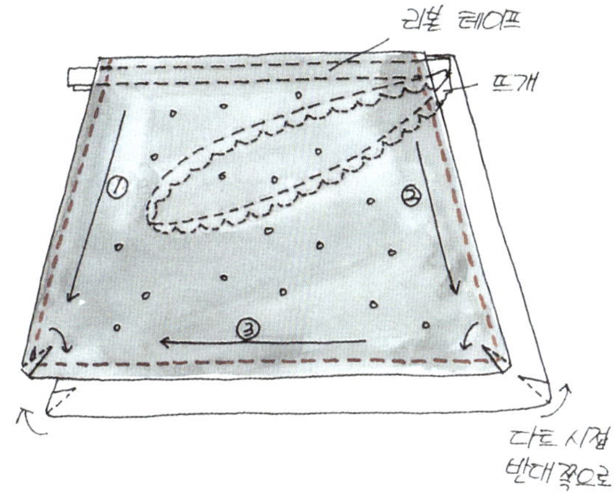

2 겉감 안쪽 앞뒤판에 접착심을 붙이고 아래쪽 모서리 부분에 다트
를 접어 박는다. 겉감 앞뒤판을 겉끼리 맞대놓고 그 사이의 상단
쪽에 리본 테이프를 놓는다. 레이스뜨개도 반으로 접어 테이프 위
에 약간 겹친 후 양 끝을 맞추어놓고 옆선을 박는다.

3 양 옆선을 박은 다음 바닥을 바느질한다. 이때 다트의 시접 방향을
서로 반대쪽으로 접어 박는다.

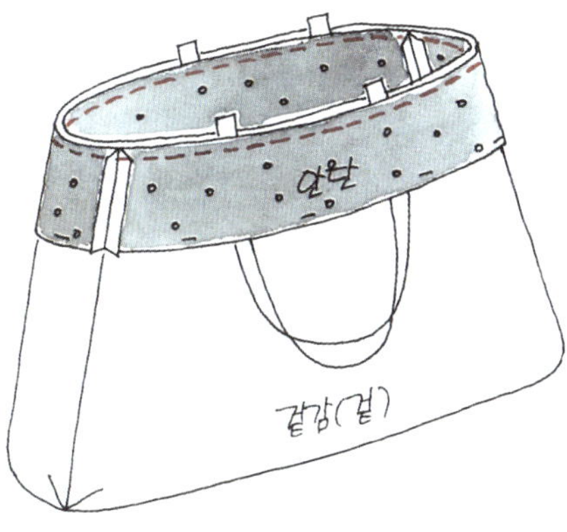

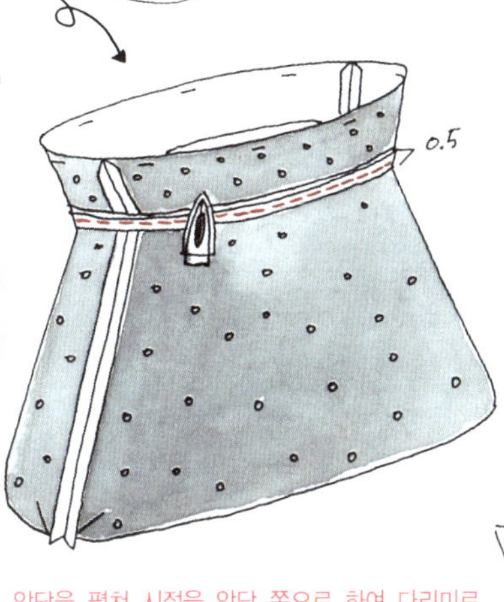

4 안단은 옆선을 박음질한 다음 겉감 앞뒤판과
겉끼리 맞대고 가방 둘레를 바느질해 붙인다.
이때 가방끈을 안단과 겉감 사이에 넣고 함께
박는다.

5 안단을 펼쳐 시접을 안단 쪽으로 하여 다리미로
눌러준 후 안단 쪽을 다시 한 번 눌러 박는다.

6 안감 앞뒤판의 아래쪽 모서리에 다트를 접어
박은 다음 겉끼리 맞대 양 옆선과 바닥을 박
는다. 이때 바닥에 창구멍 10cm를 남긴다.

7 겉감에 안감을 씌우듯 겉끼리 겹친 후 안단과
안감을 박는다. 뒤집은 뒤 공그르기로 창구멍
을 막는다.

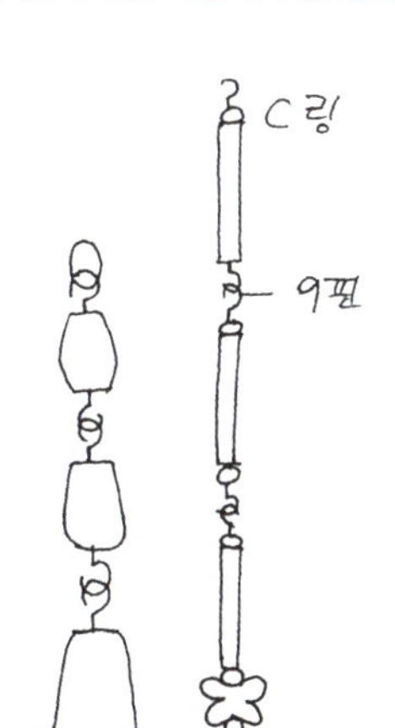

8 리본 테이프 밑으로 약간 겹친 뜨개를 낚
싯줄로 살짝 떠주어 고정시키고, 가방의
안쪽에 스냅 단추를 단다.

9 리본 테이프와 레이스뜨개 중앙에 비즈를
연결해 단다.

오리엔탈 디테일 숄더백

완성 사이즈 33×22×7cm(끈 길이 65cm)

원단

겉감 (메탈릭 카키 펄 가죽) 50×60cm

안감 (초록색 체크무늬 40수 면) 35×50cm

조각 천 (A 하늘색 무늬 실크, B 검은색 무늬 실크) 각 12×12cm

부자재

갈색 지퍼 35cm

시판용 가죽 끈 (0.8cm 폭) 130cm

갈색 파이핑 테이프 100cm

옆면이 부채처럼 접혀 들어가는
디자인이라 시각적으로는 슬림하지만
수납 공간은 넉넉하다.
앞판의 장식 패치는 윗부분을
바느질하지 않으면 포켓으로도
활용 가능하다.

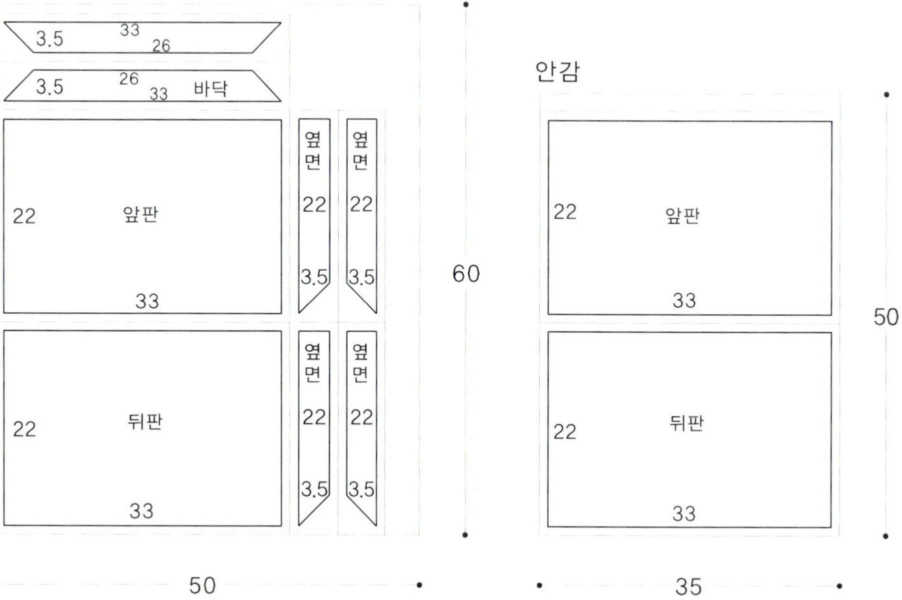

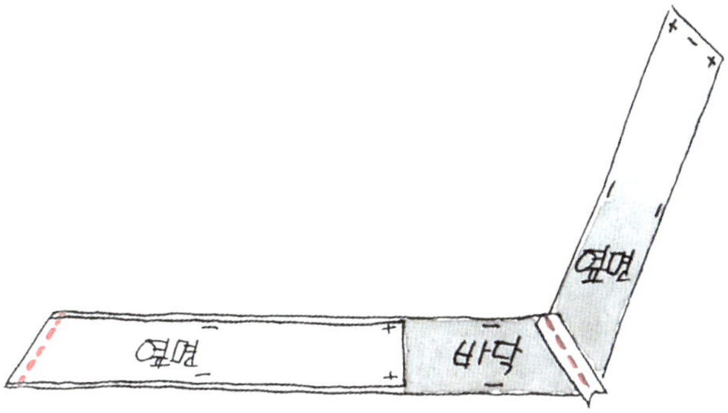

1 재단한 바닥에 양쪽으로 옆면을 연결한다.
   이렇게 2세트를 만든다.

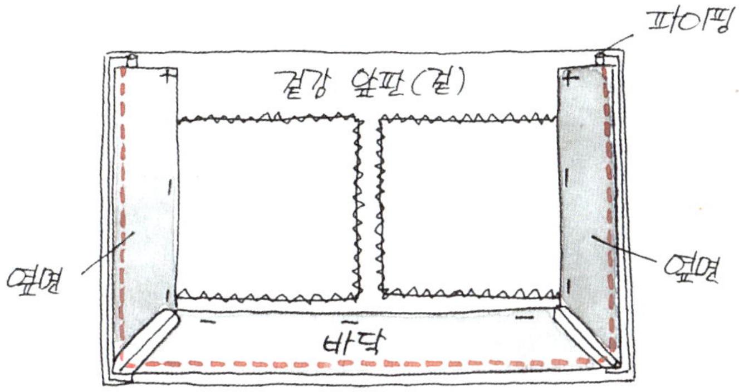

2 겉감의 앞판에 조각 천을 오버로크로 붙인다.

3 겉감 앞판과 1을 겉끼리 맞대고 그 사이에 파이핑 테이프를 넣어
   함께 박음질해 붙인다. 겉감 뒤판도 같은 방법으로 바닥과 옆면을
   연결한다.

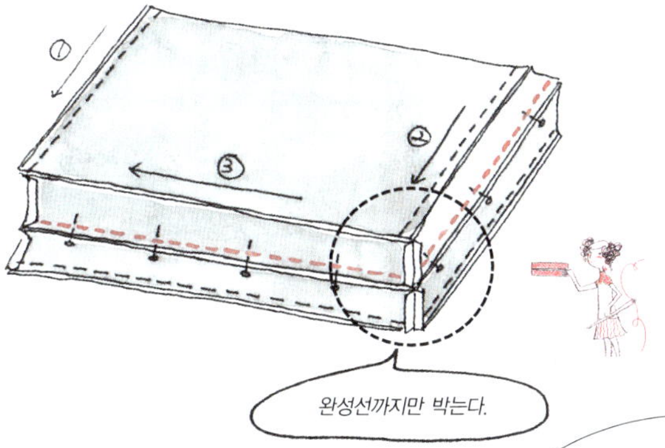

4 바닥 · 옆면을 붙인 겉감의 앞뒤판을 맞대
   어 옆면을 박은 다음 바닥을 박는다.

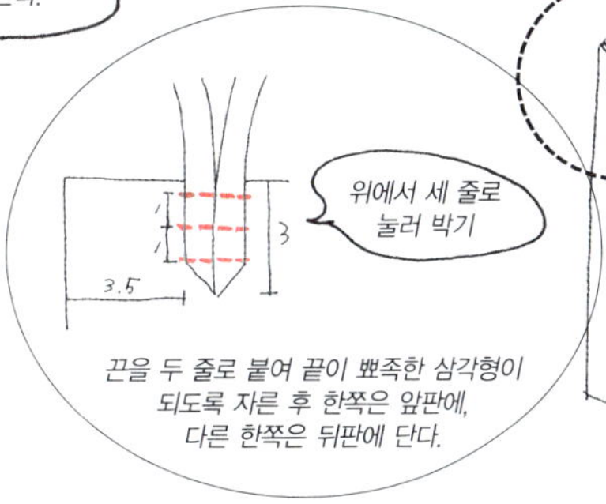

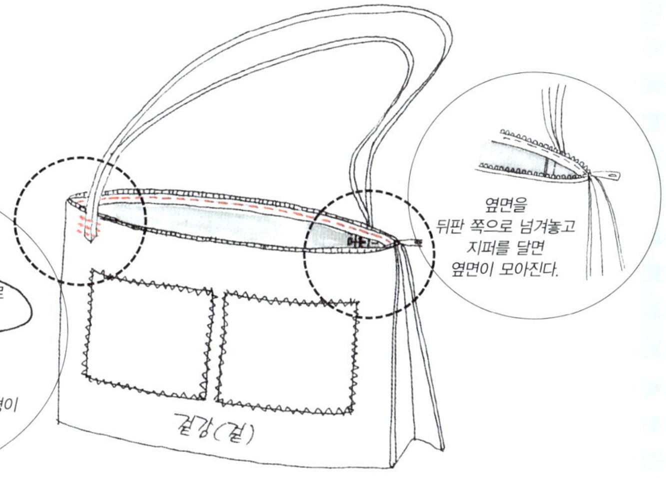

5 앞판 안쪽에 지퍼를 겹쳐 박는다. 그런 다음 뒤판 쪽 지퍼는
   옆면을 뒤판 쪽으로 넘겨놓은 다음 지퍼를 올려 박는다.

6 안감은 앞뒤판을 겉끼리 겹쳐 옆선과 바닥을 박는다. 겉
   감 지퍼를 약간 열어두고 안감을 겉감과 안끼리 닿도록
   겹쳐 지퍼의 시접 부분에서 감침질로 떠 고정시킨다. 지
   퍼로 뒤집는다.

고전 문양의 미니 백 37

원단
겉감 (전통 문양 앤티크 실크) 55×25㎝
안감 (20수 광목) 55×35㎝

부자재
접착심 55×25㎝
갈색 가죽 끈 60㎝
십자수 실 약간
아일릿 2세트

완성 사이즈 24×23㎝(끈 길이 45㎝)

겉감

안감

1 겉감 안쪽에 접착심을 붙인 다음 앞뒤판을 겉끼리 겹쳐 양 옆선과 바닥을 박는다. 안감도 겉끼리 겹쳐 바닥에 창구멍 6cm를 남기고 양 옆선과 바닥을 박는다.

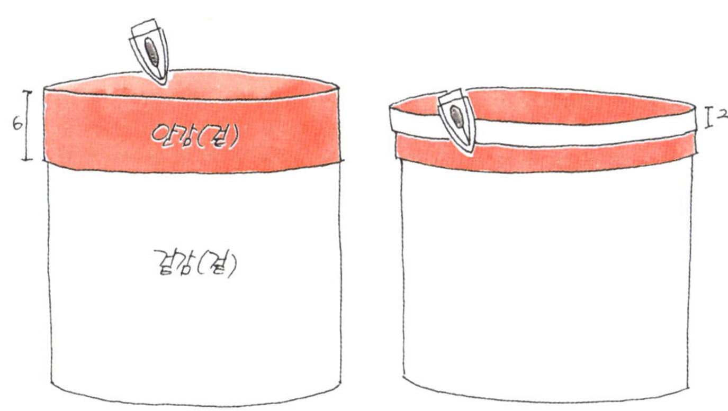

2 겉감에 안감을 씌우듯 겉끼리 겹쳐 안감과 겉감이 만나는 가방 둘레 부분을 박음질한 다음 창구멍으로 뒤집는다. 안감을 겉으로 나오도록 6cm 접어 다리미로 눌러준 뒤 다시 2cm 접어 올려 다리미로 다시 한 번 눌러준다.

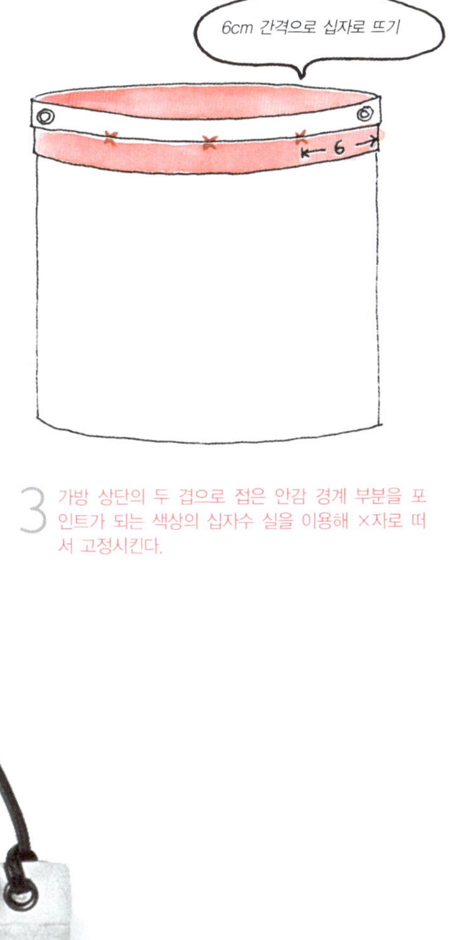

3 가방 상단의 두 겹으로 접은 안감 경계 부분을 포인트가 되는 색상의 십자수 실을 이용해 ×자로 떠서 고정시킨다.

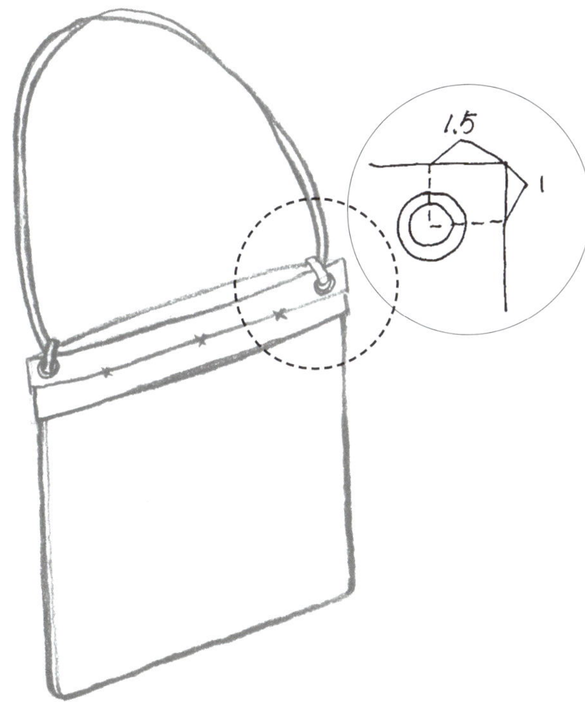

4 가방 앞뒤판 입구 쪽 양 끝에 구멍을 뚫어 앞뒤판이 겹치도록 아일릿을 박고 가죽 끈을 넣어 묶는다. 창구멍을 공그르기로 꿰매 마무리한다.

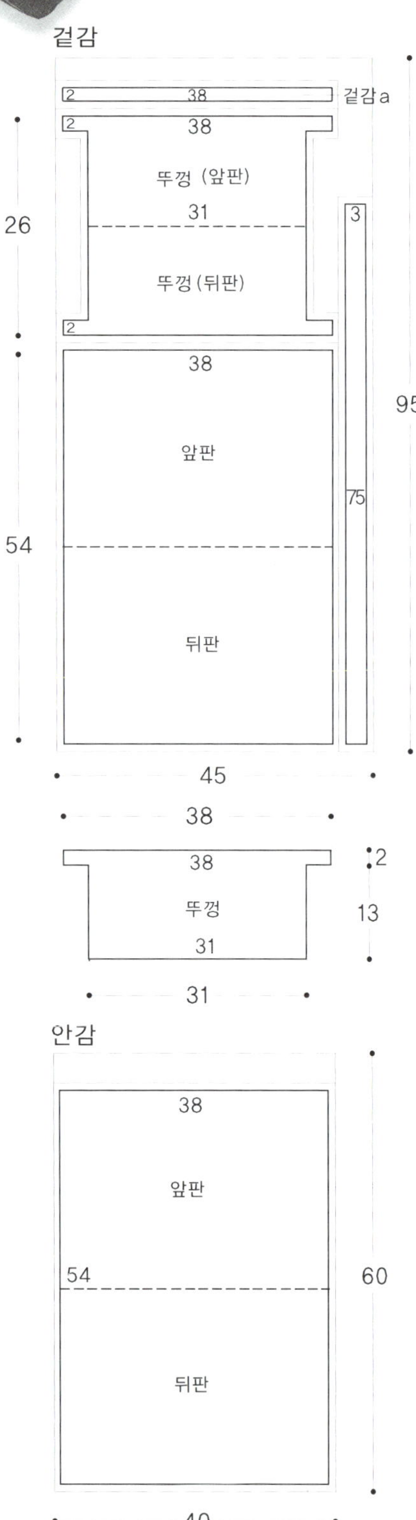

매니시한 룩을 완성하는

심플 & 시크 숄더백

겉감

겉감 (남보라색 10수 옥스퍼드) 45×95㎝
안감 (연노란색 체크무늬 40수 면) 40×60㎝

원단

겉감 (남보라색 10수 옥스퍼드) 45×95㎝
안감 (연노란색 체크무늬 40수 면) 40×60㎝

부자재

접착심 45×95㎝
갈색 파이핑 테이프 260㎝
자석 단추 1세트

겉감

겉감a

2 — 38
2 — 38

뚜껑 (앞판)
31
3

뚜껑 (뒤판)
2

26

38

앞판

75

뒤판

95

54

45

38

38
2

뚜껑
13

31

31

안감

38

앞판

54

뒤판

60

40

완성 사이즈 31×25.5×7㎝(끈 1.5×75㎝)

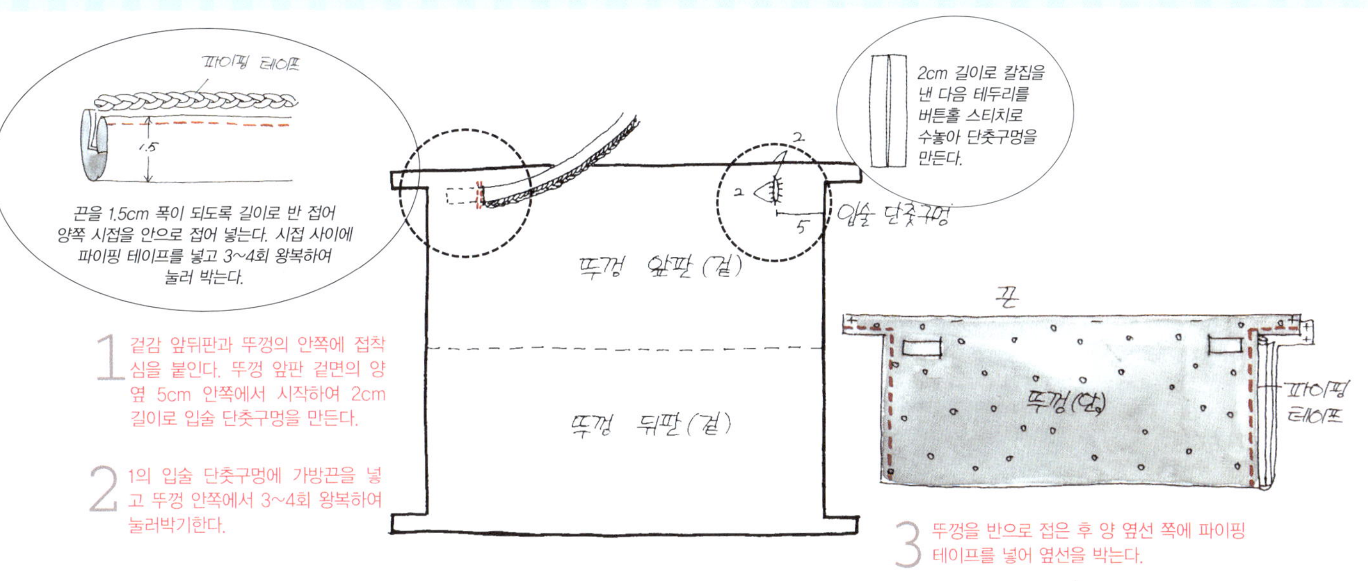

1 겉감 앞뒤판과 뚜껑의 안쪽에 접착심을 붙인다. 뚜껑 앞판 겉면의 양 옆 5cm 안쪽에서 시작하여 2cm 길이로 입술 단춧구멍을 만든다.

2 1의 입술 단춧구멍에 가방끈을 넣고 뚜껑 안쪽에서 3~4회 왕복하여 눌러박기한다.

3 뚜껑을 반으로 접은 후 양 옆선 쪽에 파이핑 테이프를 넣어 옆선을 박는다.

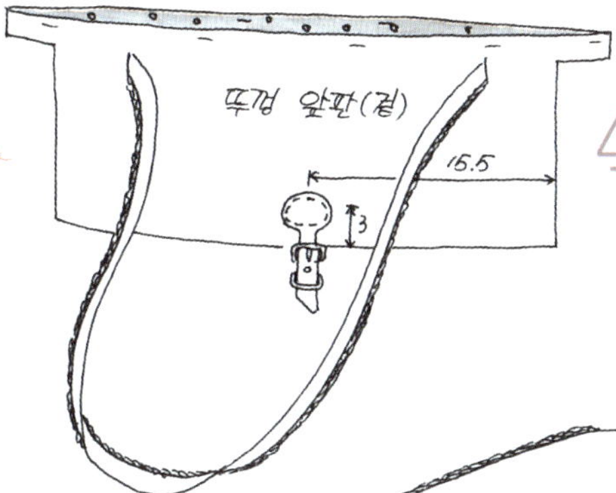

4 3을 뒤집어 뚜껑 앞판 쪽에 자석 단추를 고정시킨다.

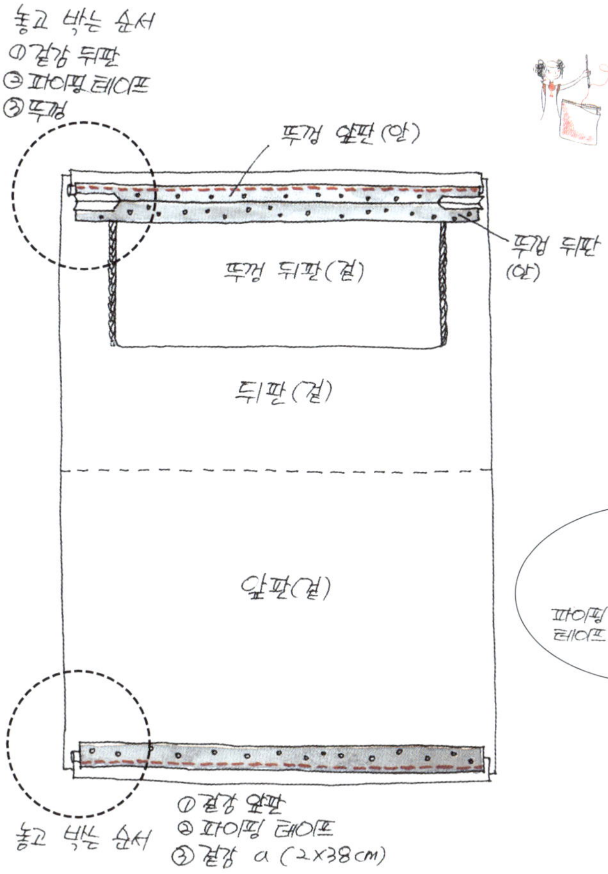

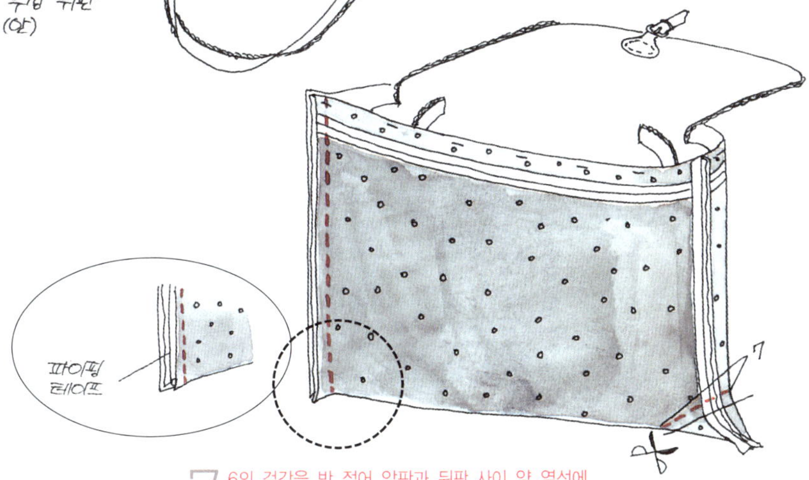

5 뚜껑의 긴 면을 가름솔로 나누듯 펼쳐서 겉감의 뒤판 쪽에 맞춰 박는다. 이때 뚜껑과 겉감 사이에 파이핑 테이프를 넣고 함께 박는다.

6 겉감의 앞판 위에도 파이핑 테이프를 올리고, 그 위에 겉감 a를 겹쳐 함께 박는다.

7 6의 겉감을 반 접어 앞판과 뒤판 사이 양 옆선에 파이핑 테이프를 넣고 함께 박는다.

8 옆선 아래쪽 끝 모서리를 옆선과 수직으로 접어 7cm 되는 부분을 박고 남은 천을 자른다.

9 안감을 겉끼리 닿도록 반 접어 한쪽 옆선에 창구멍 10cm를 남기고 옆선을 박는 다음 겉감에 안감을 씌우듯 겉끼리 겹쳐 박음질한다.

10 뒤집어 가방 겉감 앞판 쪽에 자석 단추를 달고 공그르기로 창구멍을 꿰맨다.

39

내추럴 토트백

완성 사이즈 25×28×20㎝(끈 길이 35㎝)

원단

겉감 (베이지색 체크무늬 리넨) 70×60㎝
안감 (20수 광목) 70×60㎝

부자재

접착심 70×60㎝
갈색 가죽 테이프 4×74㎝
연갈색 리본 테이프 4×74㎝
한복용 가방 심지 (바닥용) 25×20㎝
손잡이 스티치용 실 적당량

겉감 · 안감

| 28 A | 28 B |
| 25 | 25 |

| 28 C | 28 D | 25 바닥 |
| 20 | 20 | 20 |

60 / 70

| 20 바닥 |
| 25 |

22 / 27

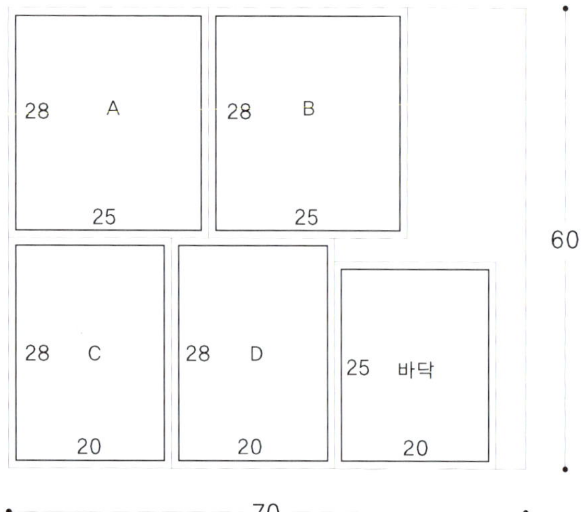

큰직한 정육면체의 실용 만점 토트백. 리넨 소재의 시원하고도 깔끔한 느낌과 가방의 사이즈가 어우러져 자연스럽고 단정해 보인다. 바닥의 폭이 넓은 가방에 한복용 심지를 덧대면 바닥에 단단한 느낌을 줄 수 있다.

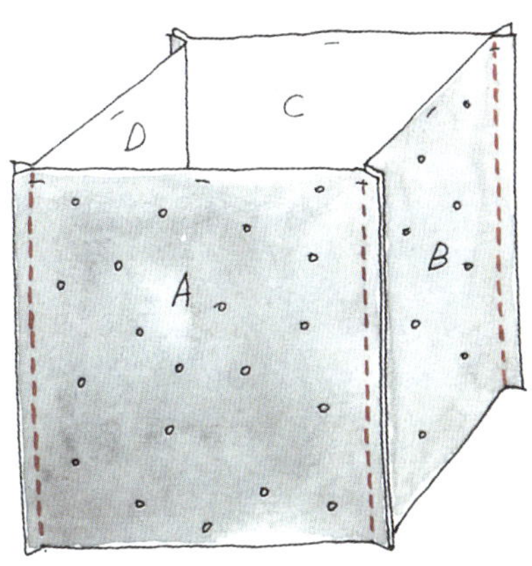

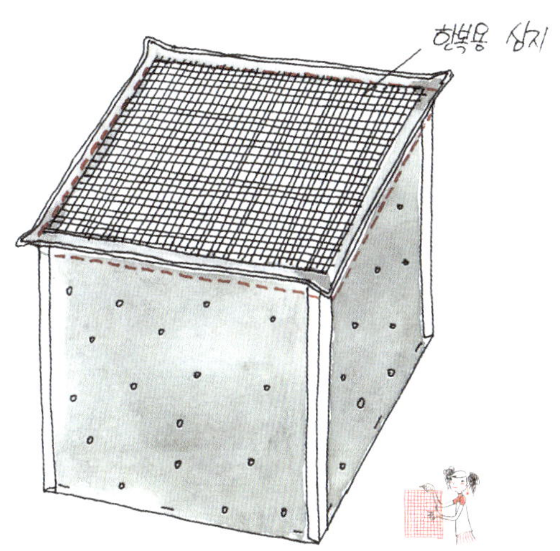

1 겉감 안쪽에 모두 접착심을 붙인 다음 A와 C, B와 D를 각 각 겉끼리 마주 보도록 배치하여 옆선을 박는다. 이때 원단 자체의 패턴이 연결되도록 맞출 것.

2 바닥의 안쪽에 한복용 심지를 덧댄 다음 1의 겉감과 박는다.

3 2의 덧댄 한복용 심지는 박음선에서 사방 0.5cm를 남기고 남은 천을 잘라낸다.

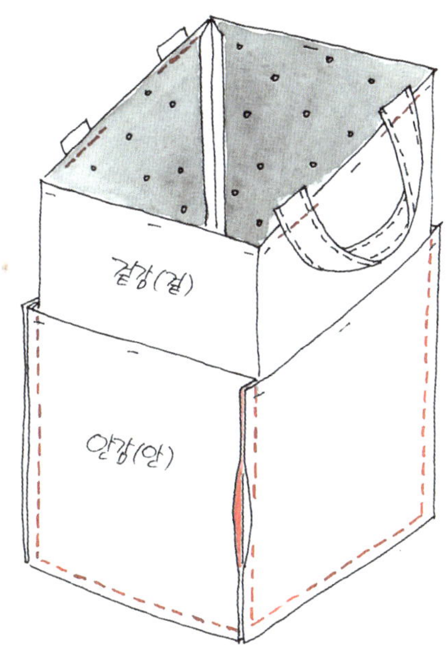

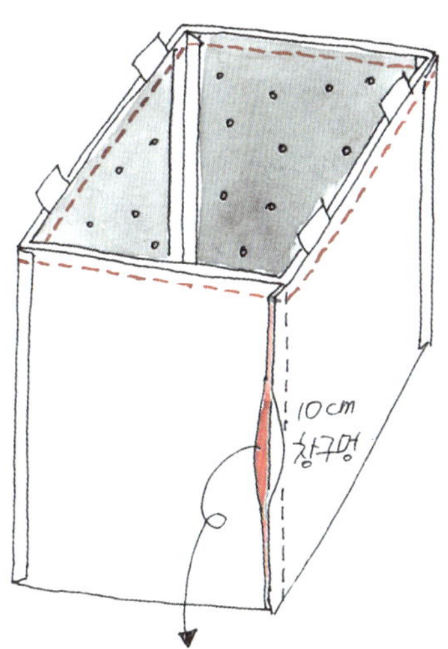

4 가방 원단에서 실을 한 올 풀어낸 다음 이 실을 이 용해 가죽 테이프와 리본 테이프를 겹쳐 홈질로 고 정시켜 가방끈을 만든다.

5 안감은 겉끼리 맞대 한쪽 옆선에 창구멍 10cm를 남 기고 옆면을 연결한 다음 바닥을 박는다.

6 겉감에 안감을 씌우듯 겉끼리 겹치고 겉감과 안감 사이에 끈을 넣어 가방 입구 둘레를 함께 박는다.

7 창구멍으로 뒤집은 다음 공그르기로 꿰매 마무리한다.

40

패치워크 미니 백

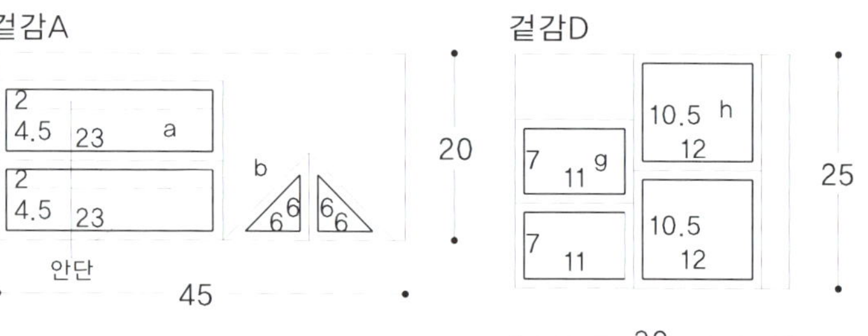

원단

겉감 A (황토색 40수 옥스퍼드) 45×20㎝

겉감 B (진갈색 면 벨벳) 30×30㎝

겉감 C (보라색 면 벨벳) 30×25㎝

겉감 D (자주색 메탈릭 폴리 비닐) 30×25㎝

겉감 E (파이핑용, 갈색 10수 옥스퍼드) 45×45㎝

안감 (갈색 체크무늬 40수 면) 50×35㎝

부자재

접착심 50×35㎝

갈색 스웨이드 끈 171㎝

단추 1개

파이핑심 적당량

겉감A

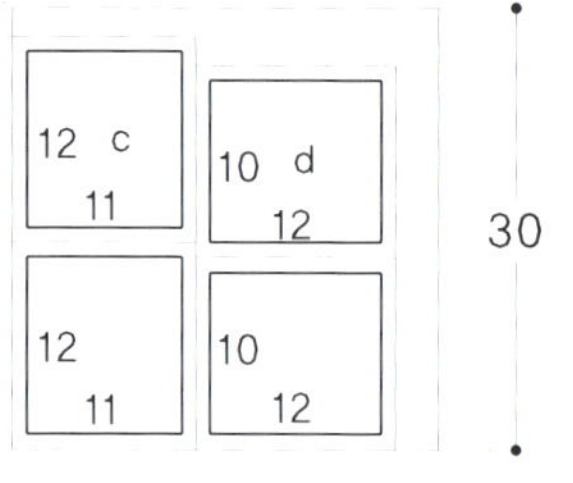

겉감B

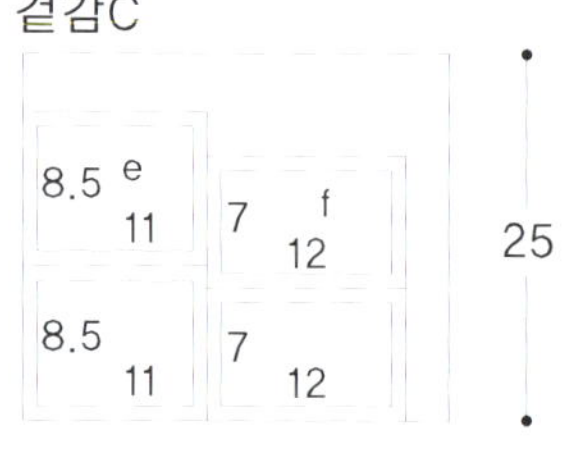

겉감C

겉감D

안감

겉감 E(파이핑)

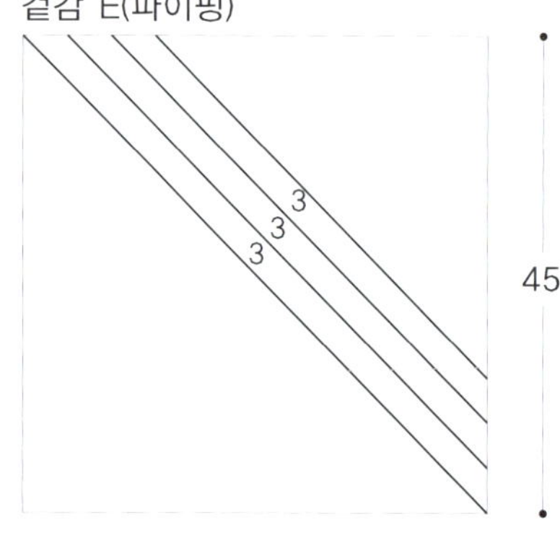

완성 사이즈 23×32㎝(끈 길이 57㎝)

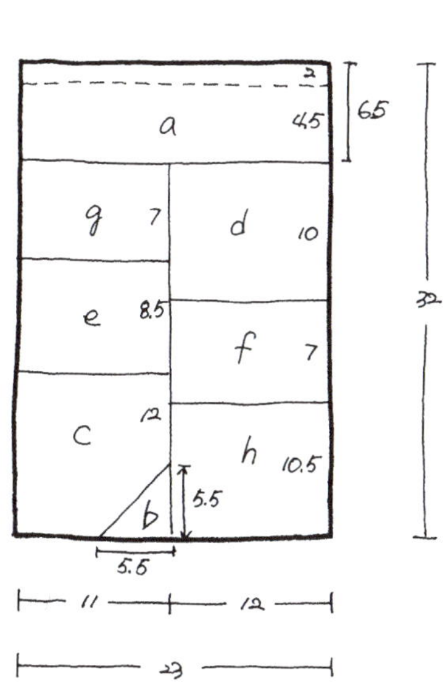

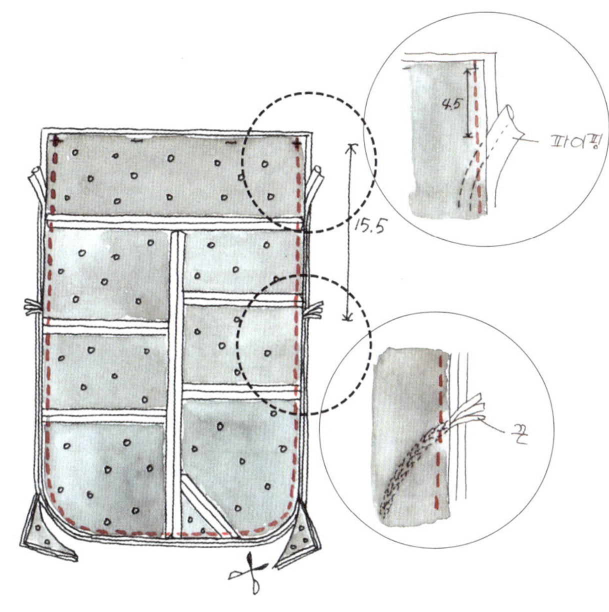

1 겉감 A, B, C, D를 패턴대로 배열해 박는다. 이때 시접은 가름솔로 하고, 뒷면에 접착심을 붙인다. 앞뒤판 모두 똑같이 만든다.

2 겉감 앞뒤판을 겉끼리 맞대어 파이핑과 스웨이드 끈을 꼬아 만든 가방끈을 사이에 넣어 옆선과 바닥을 함께 박는다. 이때 아래쪽 양 옆 모서리를 약간 굴려주면서 박고 파이핑은 상단에서 4.5cm 내려온 지점에, 끈은 15.5cm 내려온 지점에 양쪽으로 넣고 박는다. 둥글게 굴려 박은 모서리 부분의 시접을 잘라준다.

3 안감 앞뒤판을 겉끼리 맞대어 옆선에 창구멍 10cm를 남겨 박고, 바닥 부분을 박는다. 겉감에 안감을 씌우듯 겉끼리 겹쳐 가방 입구 부분에서 박아 연결한다.

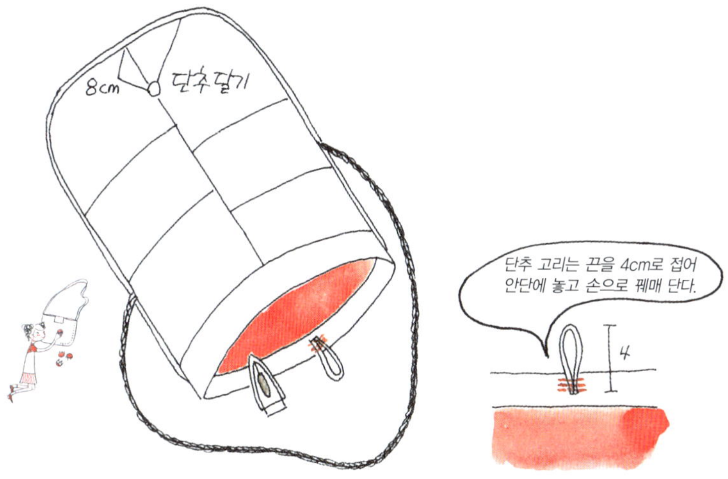

4 창구멍으로 뒤집은 다음 겉감 앞면에 단추를 단다. 이때 가방 위쪽을 접어보며 위치를 잘 잡아 단다.

5 안단이 되는 겉감 a의 2cm를 안으로 접어 다리미로 누른 다음 단추 고리를 단다. 창구멍을 공그르기로 꿰매 막는다.

41

전통 문양을 활용한
직사각 실크 백

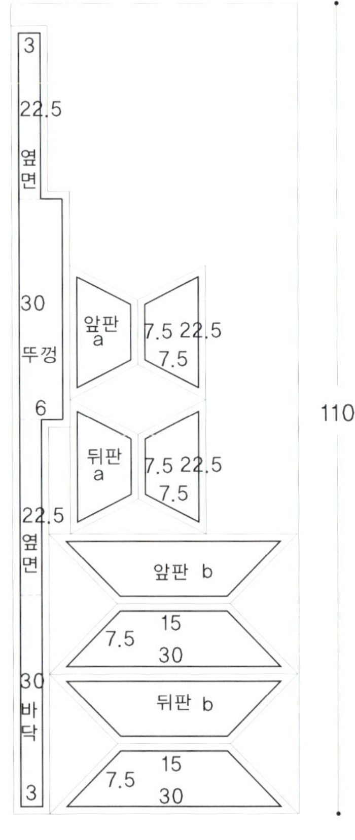

완성 사이즈 30×22.5×3cm(끈 2×40cm)

원단

겉감 A (카키색 비스코스 혼방) 40×110cm

겉감 B (연한 카키색 실크) 30×20cm

안감 (노란색 체크무늬 40수 면) 40×55cm

부자재

접착심 40×110cm

리본 테이프 (끈용) 85cm

파이핑심 (끈용) 85cm

비즈 적당량

단추 1개

낚싯줄 적당량

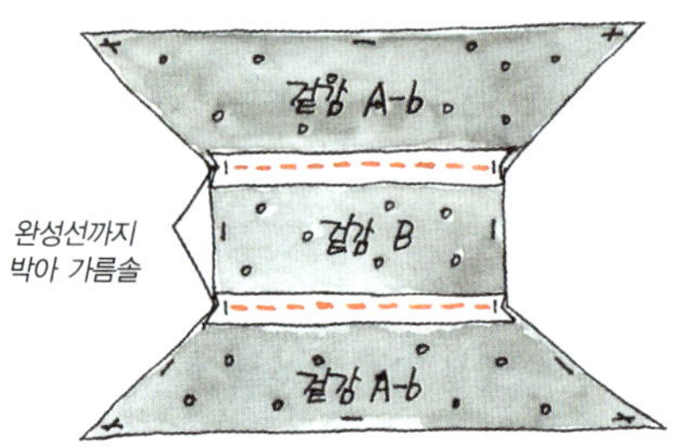

1 겉감 앞뒤판 만들기

1 겉감 A, B의 앞뒤판 안쪽에 접착심을 붙인 다음 겉감 A의 b 두 장 사이에 겉감 B를 배치하고 완성선까지 박음질하여 시접은 가름솔 처리한다.

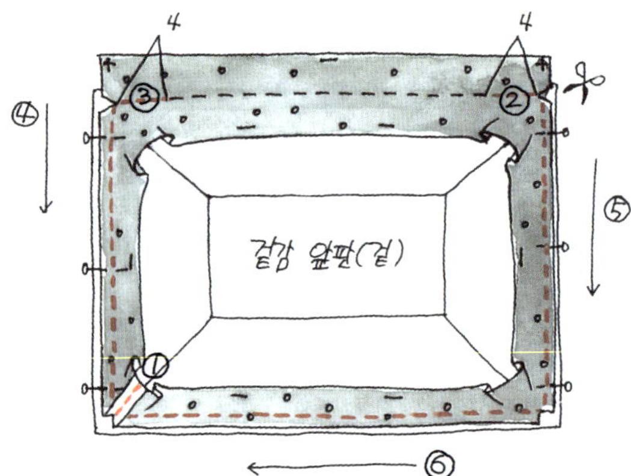

3 옆면과 바닥, 뚜껑 부분을 한 장으로 재단한 천을 1의 앞판과 겉끼리 맞대고 끝선에 잘 맞춰 시침핀으로 고정한 다음 앞판과 옆면, 바닥을 번호 순서대로 완성선까지만 박는다. 이때 앞판의 맨 윗선에서 3cm 더 크게 재단한 뚜껑 부분은 양쪽 4cm만 박음질하고 경계의 모서리 부분은 양쪽에 가위집을 넣는다.

옆면, 바닥, 윗면을 하나로 연결하여 폭을 슬림하게 디자인한 가방. 주의할 점은 가방 뚜껑 쪽 폭을 조금 넓게 하여 접어 내린 다음 양 옆를 4cm씩 바느질하여 입구 부분을 둔탁하지 않게 만든다는 것. 굵고 가는 리본을 적절히 맞춰 이용하면 색다른 느낌의 가방을 만들 수 있다.

겉감A

```
3
22.5
옆면
30
뚜껑
6
22.5
옆면
30
바닥
3
```

앞판 a 7.5 22.5 7.5
뒤판 a 7.5 22.5 7.5
앞판 b 7.5 15 30
뒤판 b 7.5 15 30

40

110

겉감B

7.5 앞판 15
7.5 뒤판 15 0.5

단추고리

30

20

안감

```
3    30    바닥
22.5  앞판       22.5 옆면 3
      30
22.5  뒤판       22.5 옆면 3
      30
```

40

55

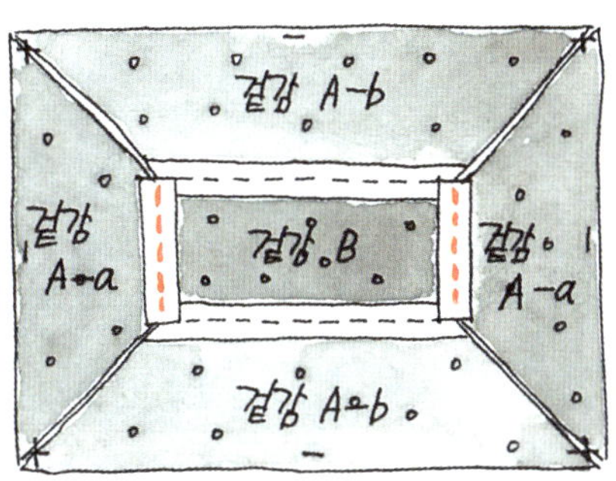

2 **1**의 양 옆에 겉감 A의 a 두 장을 맞춰 완성선까지 박아 시접은 가름솔로 접는다.

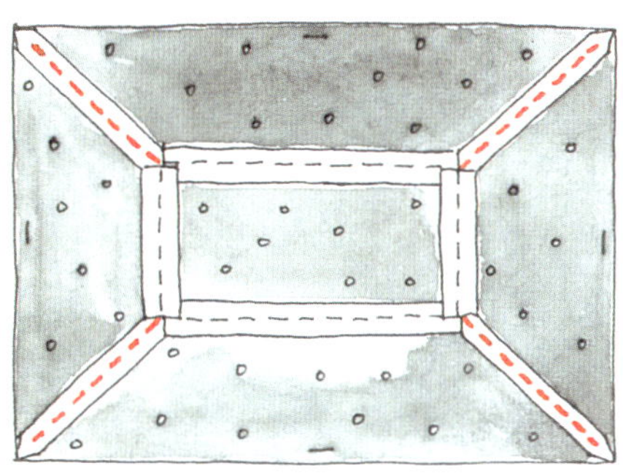

3 **2**의 겉감 A의 a와 b가 연결되는 사선 부분을 완성선까지 바느질해 가름솔로 접는다. 이렇게 앞뒤판 두 장을 완성한다.

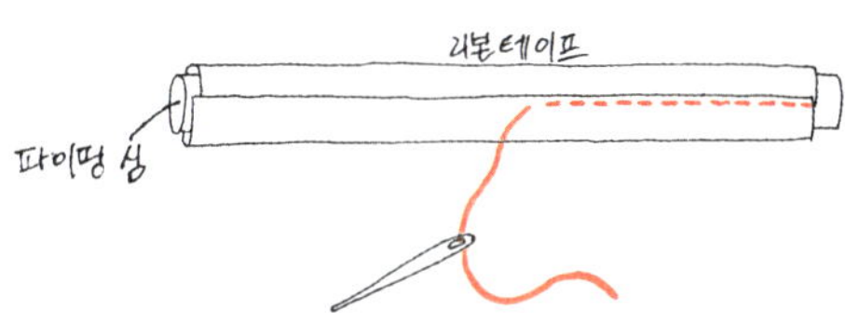

2 굵은 파이핑심을 42cm로 두 개 잘라 각각 리본 테이프로 말아준 다음 연결 부분을 낚싯줄로 떠서 가방끈 두 개를 만든다.

4 앞뒤판 붙이기

1 3의 가방 뚜껑 부분을 앞판 겉쪽으로 꺾어 다림질한다.

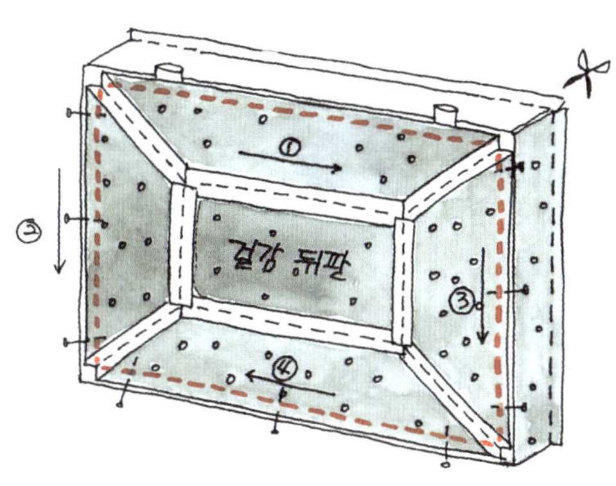

2 **1**의 앞판과 뒤판을 겉끼리 맞대고 그 사이에 2의 가방끈을 넣어 함께 박음질하여 붙인다.
3 **2**의 겉감 앞뒤판을 번호 순서대로 사방을 박음질하고 모서리는 가위로 살짝 잘라준다.

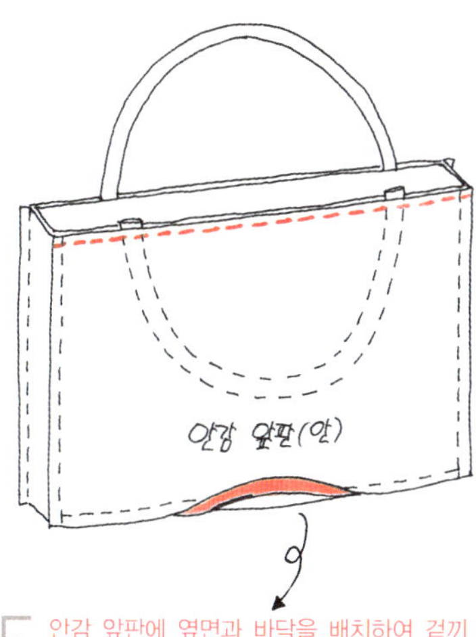

5 안감 앞판에 옆면과 바닥을 배치하여 겉끼리 맞대어 박는다. 이때 바닥은 창구멍 10cm를 남기고 박음질한다. 그런 다음 뒤판과 박음질해 붙인다.

6 겉감 안감 붙이기

1 겉감을 뚜껑 쪽으로 뒤집어 안감과 겉끼리 겹치고 앞판의 안감, 겉감 사이에 나머지 가방끈 하나를 끼워 맞춰 윗선을 함께 박는다.

2 창구멍으로 뒤집은 다음 뚜껑 부분의 양 옆면은 안감 쪽에서 손으로 떠서 바느질해 앞뒤판을 고정시킨다.

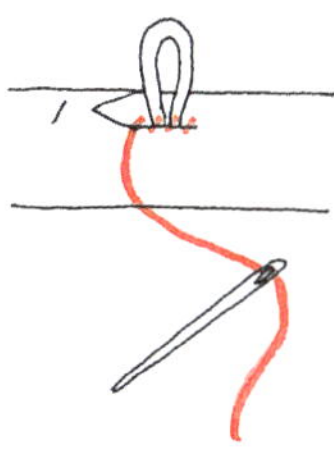

7 겉감 B의 바이어스로 재단한 단추 고리는 접어 박음질한 다음 뒤집는다. 뚜껑 겉쪽 중앙에 구멍을 작게 내고 가방 고리를 반으로 접어 밀어 넣은 뒤 손바느질로 고정시킨다.

8 가방 앞판 위쪽 중앙에 단추를 단다. 이때 단추 고리 길이가 딱 맞게 닿는 위치에 맞춰 단다.

9 가방 앞면에 비즈를 연결해 장식하고, 안감 쪽 창구멍을 공그르기로 꿰매 마무리한다.

달랑거리는 면 뜨개 주머니가 포인트인

스트라이프 백 1

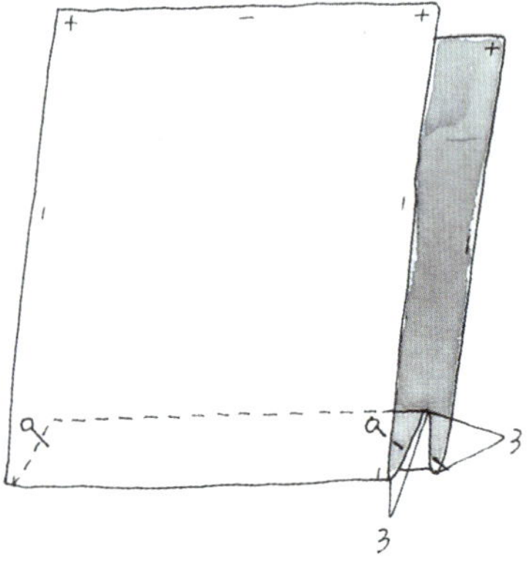

완성 사이즈 27×33cm(끈 4×90cm)

원단

겉감 (스트라이프 패턴 20수
캔버스) 40×95cm
안감 (주머니용 20수 광목)
65×15cm

부자재

면 테이프 (1.2cm폭) 200cm
노란색 면 뜨개실 적당량
단추 1개
십자수실 (DMC 3765) 적당량
자석 단추 1세트

뜨개 주머니의 색상이나 실 종류에 따라
가방의 느낌이 달라지므로 의상에 맞게
다양한 분위기로 변신시키기 수월하다.

겉감

8	

5	27	안단

5	27	안단

27

끈

앞판

옆선은
시접없이
재단

90

95

72

바닥 부분

< >
식서 방향 주위

뒤판

40

주머니 원단

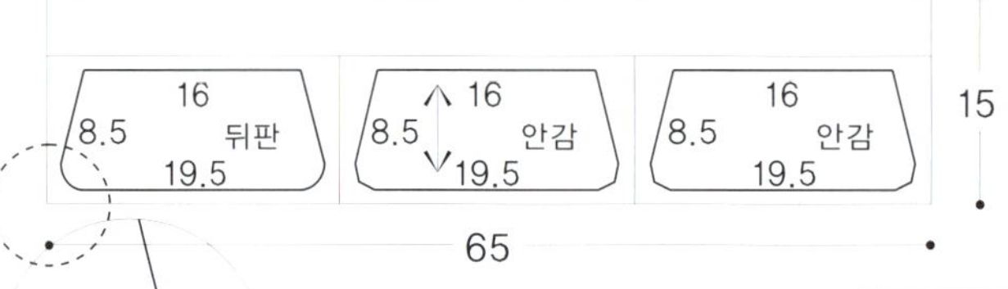

⎣ 16 ⎤	⋀ 16	⋀ 16
8.5 뒤판	8.5 안단	8.5 안단
19.5	⋁ 19.5	⋁ 19.5

15

65

R1.5cm

1 겉감 앞뒤판을 반 접은 다음 중심에서 좌우로
각 3cm씩 접어 총 6cm 폭의 바닥을 만들어
시침핀으로 고정시킨다.

2 겉감 앞뒤판의 모서리 부분을 둥글게 자른다.

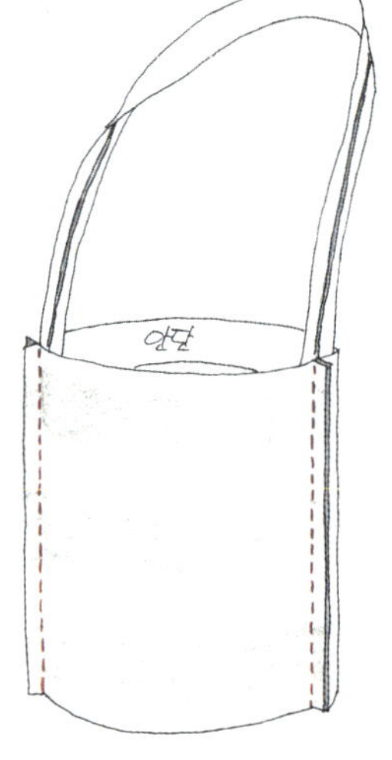

6 끈을 올리면서 안단을 겉감 안쪽으로
접어 넣어 다리미로 눌러준다. 겉감의
겉쪽에서 양 옆선을 눌러 박는다.

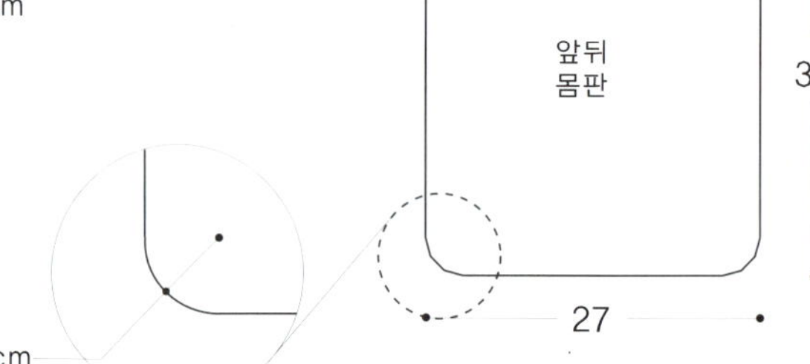

앞뒤
몸판

33

27

R3cm

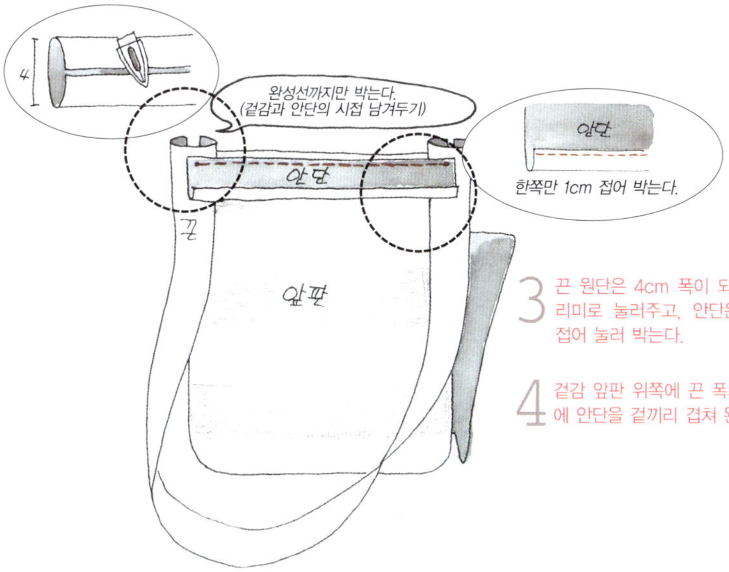

3 끈 원단은 4cm 폭이 되도록 양쪽을 접어 다리미로 눌러주고, 안단은 한쪽 시접만 1cm 접어 눌러 박는다.

4 겉감 앞판 위쪽에 끈 폭의 반만 겹치고 그 위에 안단을 겉끼리 겹쳐 완성선까지만 박는다.

5 4와 같은 방법으로 겉감의 뒤판 쪽에 끈의 반과 안단을 겹쳐 완성선까지 박는다.

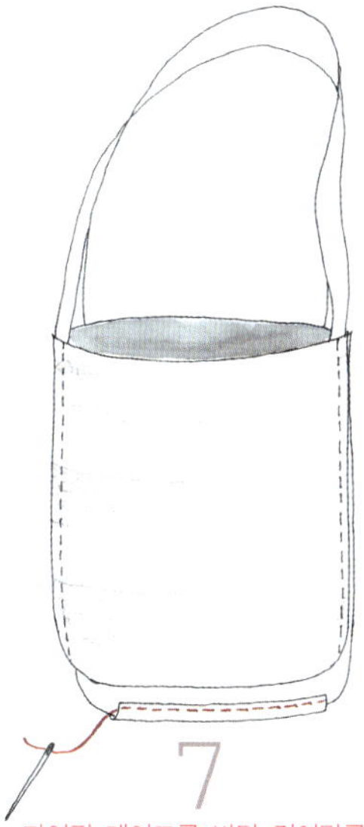

7 파이핑 테이프를 바닥 길이만큼 잘라 길이로 접은 다음 가운데가 접혀진 겉감 바닥의 한쪽 바닥에 겹쳐 홈질로 고정시킨다.

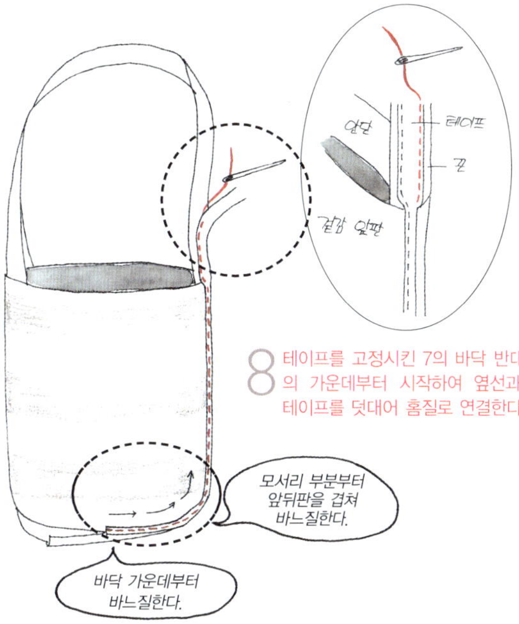

8 테이프를 고정시킨 7의 바닥 반대쪽 바닥의 가운데부터 시작하여 옆선과 끈까지 테이프를 덧대어 홈질로 연결한다.

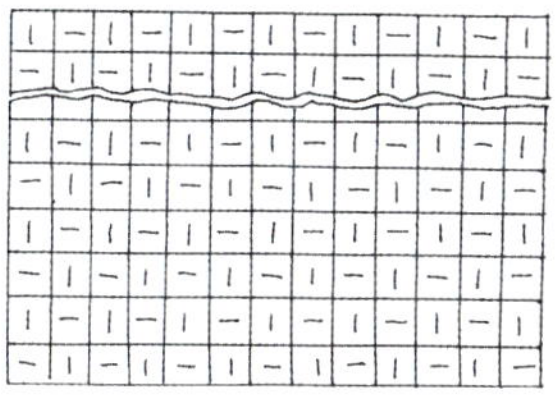

9 주머니 패턴보다 조금 더 큰 사이즈로 무늬대로 대바늘뜨기한다.

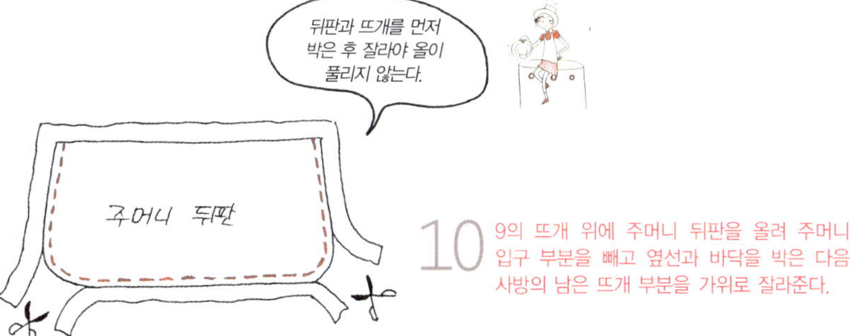

10 9의 뜨개 위에 주머니 뒤판을 올려 주머니 입구 부분을 빼고 옆선과 바닥을 박은 다음 사방의 남은 뜨개 부분을 가위로 잘라준다.

11 주머니 안감을 겉끼리 맞대고 옆선과 바닥을 박음질해 붙인다. 이때 창구멍 5cm 정도 남긴다. 10의 뜨개 주머니에 주머니 안감을 씌우듯 겹쳐 주머니 입구 부분을 박음질하고, 창구멍으로 뒤집은 다음 주머니의 위쪽 완성선에서 1.5cm 내려온 부분에 단추를 단다.

12 창구멍을 공그르기로 꿰매 막는다. 8의 가방 겉감 앞면에 뜨개 주머니를 사슬뜨기로 붙이고, 주머니 상단 부분을 겉감에 한두 땀 정도 떠주어 고정시킨다.

스트라이프 백 2

원단

겉감 (스트라이프 패턴 20수 캔버스) 100×45cm

안감 (20수 광목) 85×50cm

바닥 (바랜 검은색 면·리넨 혼방) 35×15cm

부자재

접착심 85×50cm

면 뜨개 실 (코발트 블루색) 적당량

와이셔츠 단추 (지름 1cm) 1개

바랜 검은색 리본 테이프 (1.2cm 폭) 290cm

십자수 실 (검은색) 적당량

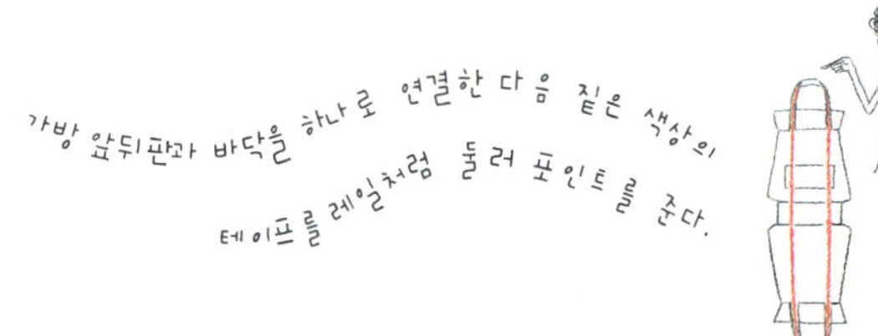

완성 사이즈 30×33×9cm(끈 4×33cm)

겉감

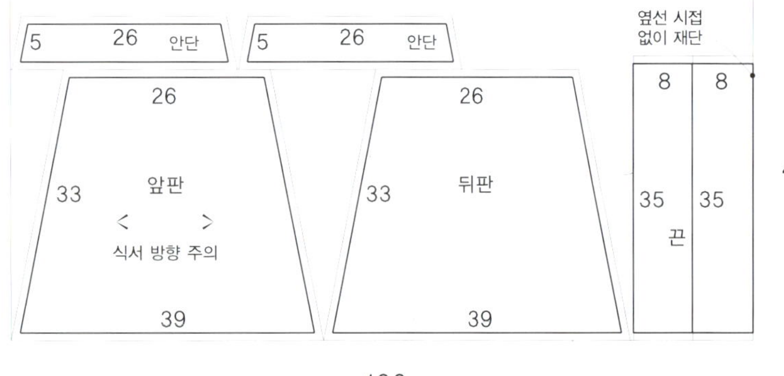

겉감 바닥

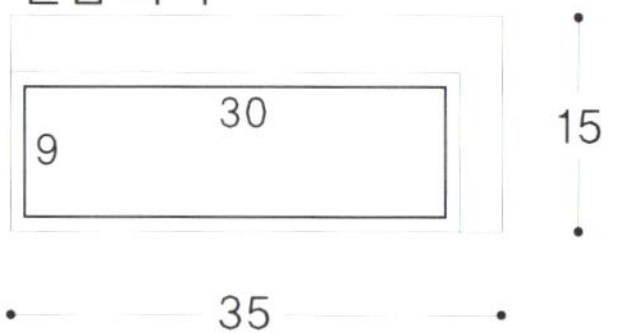

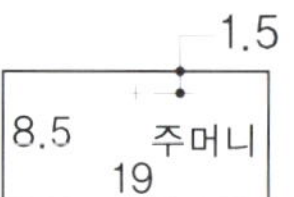

안감

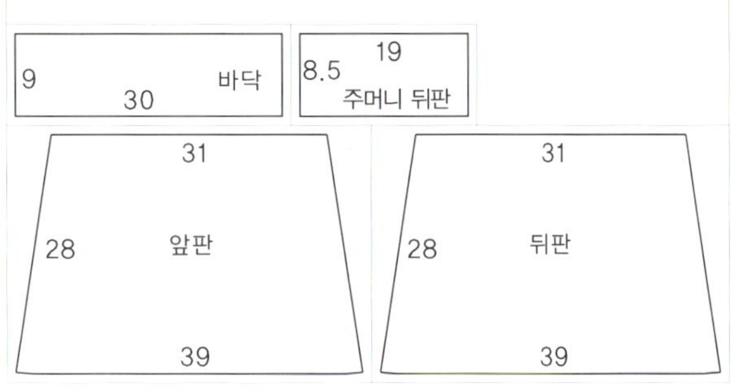

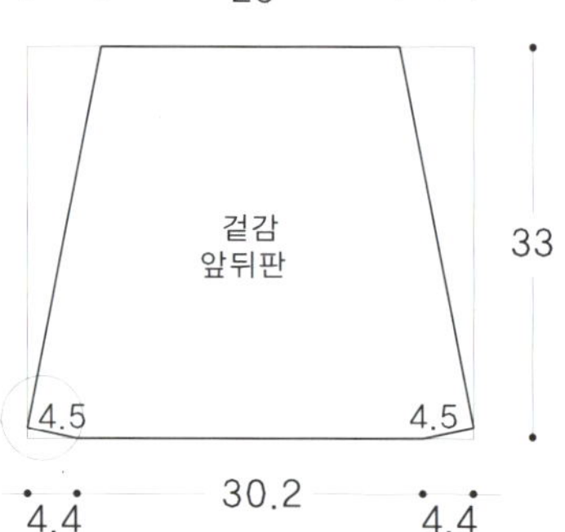

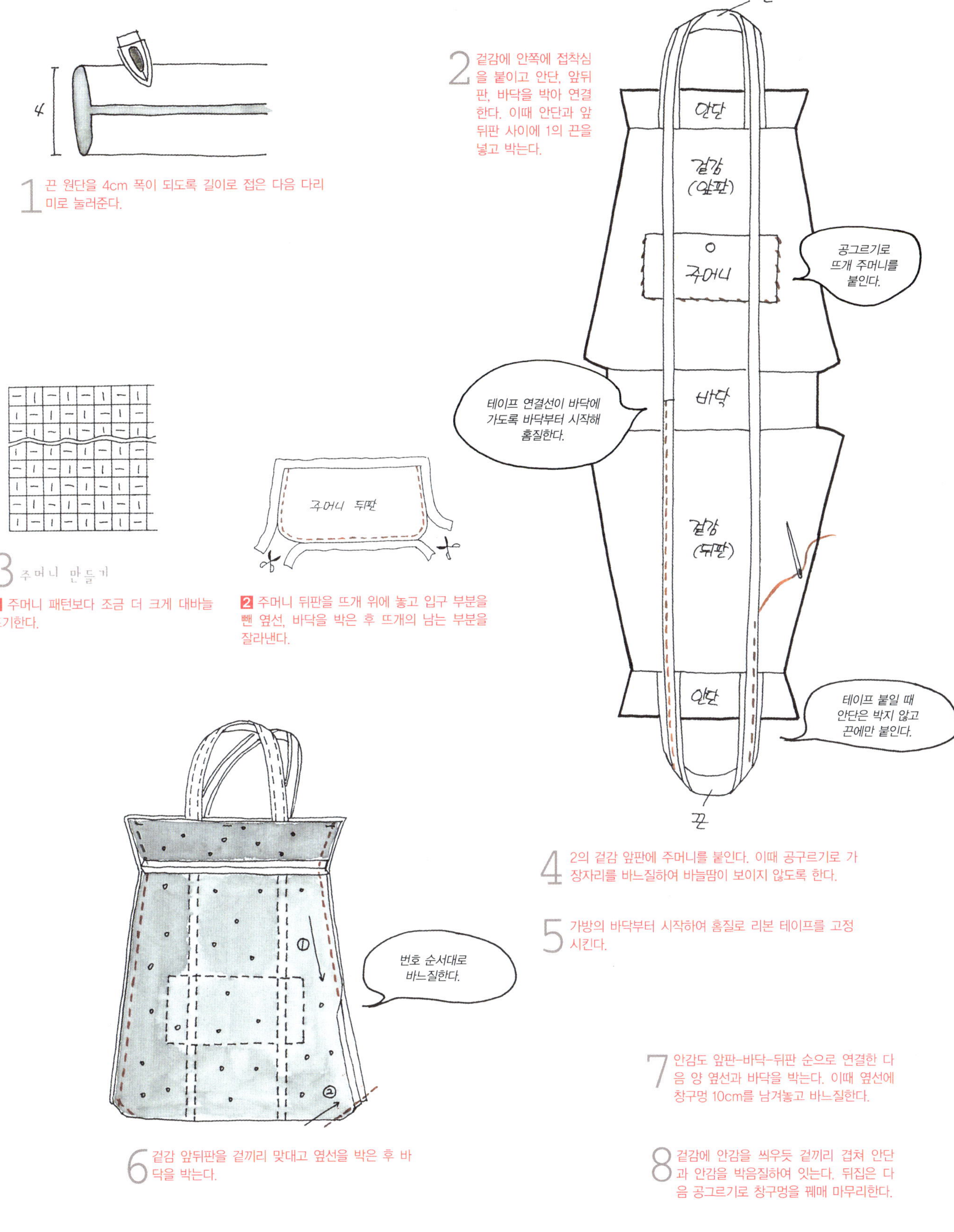

1 끈 원단을 4cm 폭이 되도록 길이로 접은 다음 다리미로 눌러준다.

2 겉감에 안쪽에 접착심을 붙이고 안단, 앞뒤판, 바닥을 박아 연결한다. 이때 안단과 앞뒤판 사이에 1의 끈을 넣고 박는다.

3 주머니 만들기

1 주머니 패턴보다 조금 더 크게 대바늘 뜨기한다.

2 주머니 뒤판을 뜨개 위에 놓고 입구 부분을 뺀 옆선, 바닥을 박은 후 뜨개의 남는 부분을 잘라낸다.

4 2의 겉감 앞판에 주머니를 붙인다. 이때 공구르기로 가장자리를 바느질하여 바늘땀이 보이지 않도록 한다.

5 가방의 바닥부터 시작하여 홈질로 리본 테이프를 고정시킨다.

6 겉감 앞뒤판을 겉끼리 맞대고 옆선을 박은 후 바닥을 박는다.

7 안감도 앞판-바닥-뒤판 순으로 연결한 다음 양 옆선과 바닥을 박는다. 이때 옆선에 창구멍 10cm를 남겨놓고 바느질한다.

8 겉감에 안감을 씌우듯 겉끼리 겹쳐 안단과 안감을 박음질하여 잇는다. 뒤집은 다음 공그르기로 창구멍을 꿰매 마무리한다.

자연주의 리넨 숄더백 I

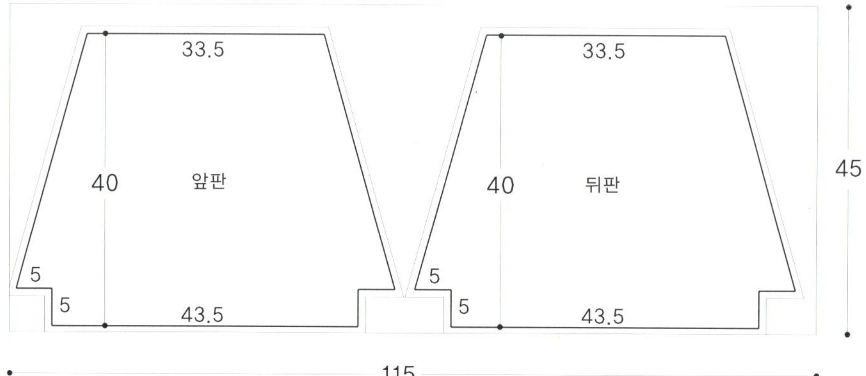

원단

겉감 (카키색 리넨) 115×45㎝
안감 (노란색 천연염색 광목) 115×45㎝

부자재

시판용 갈색 가죽 손잡이 (3㎝ 폭) 65㎝ 길이 1세트
스냅 단추 1세트
리넨 실 (노란색 리넨 원단에서 푼 색실) 적당량

완성 사이즈 43.5×40×10㎝(끈 3×65cm)

1 겉감 앞뒤판을 겉끼리 맞대고 옆선과 바닥을 박는다.

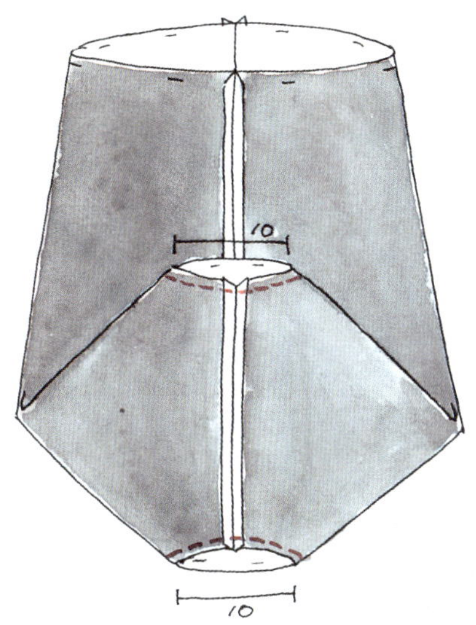

2 옆선의 시접이 중앙으로 오도록 하여 바닥의 시접이 옆선
과 일직선상에 놓이도록 접는다. 그런 다음 바느질되지 않
은 10cm 길이의 두 군데를 박음질한다.

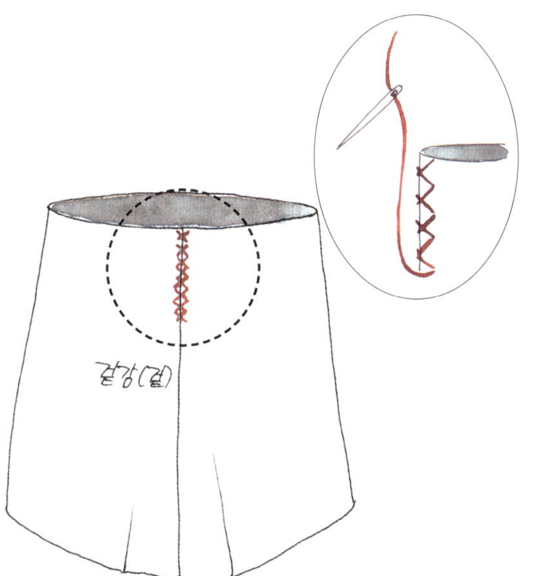

3 2를 뒤집어 노란색 리넨 원단에서 뽑아낸 실을 이용해 겉감의
겉쪽에서 앞뒤판 연결선을 따라 X자 모양으로 스티치한다.

4 안감은 앞뒤판을 겉끼리 맞대 바닥에 10cm 창구멍을 남기고
옆선과 바닥을 박는다. 2와 같은 방법으로 가방의 폭이 될 부
분을 박는다.

5 겉감에 안감을 씌우듯 겉끼리 겹쳐 가방 입구 부분을 박음질
한 다음 뒤집는다.

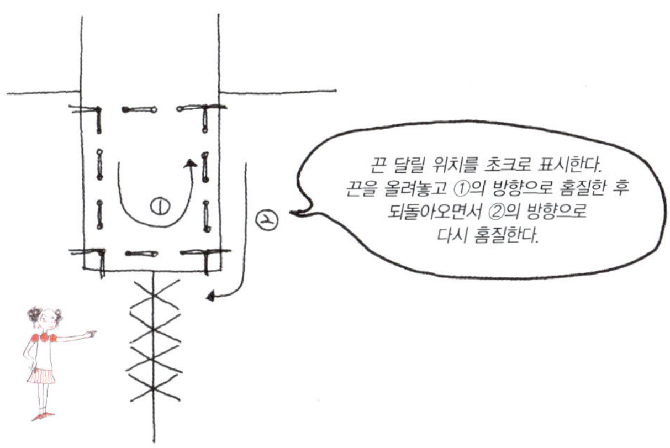

6 겉감의 앞뒤판이 연결되는 옆선을 기준으로 가죽 끈을 배치
하여 초크로 표시한 후 홈질로 고정시킨다.

7 가방 안쪽 상단에서 1.5cm 내려온 지점에 스냅 단추
를 달고, 창구멍을 공그르기로 꿰매 마무리한다.

45 자연주의 리넨 숄더백 2

원단

겉감 A (카키색 리넨) 75×50㎝
겉감 B (노란색 리넨) 40×15㎝
안감 (노란색 천연염색 광목) 75×40㎝

부자재

시판용 검은색 가죽 손잡이 (3㎝ 폭) 약 70㎝
리넨 실 (오렌지색 리넨 원단에서 푼 색실) 적당량
스냅 단추 1세트

완성 사이즈 33.5×35㎝(끈 3×65㎝)

겉감A

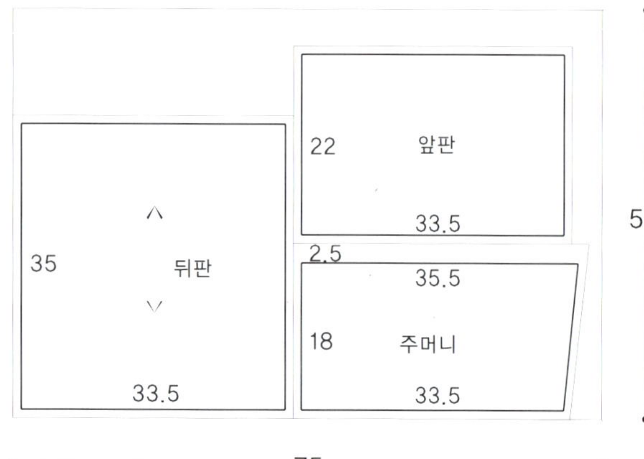

겉감B

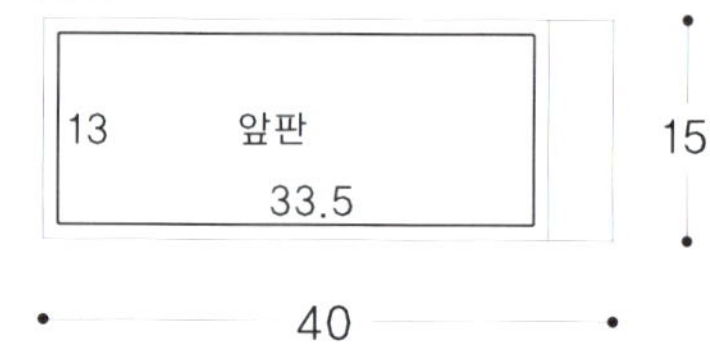

안감

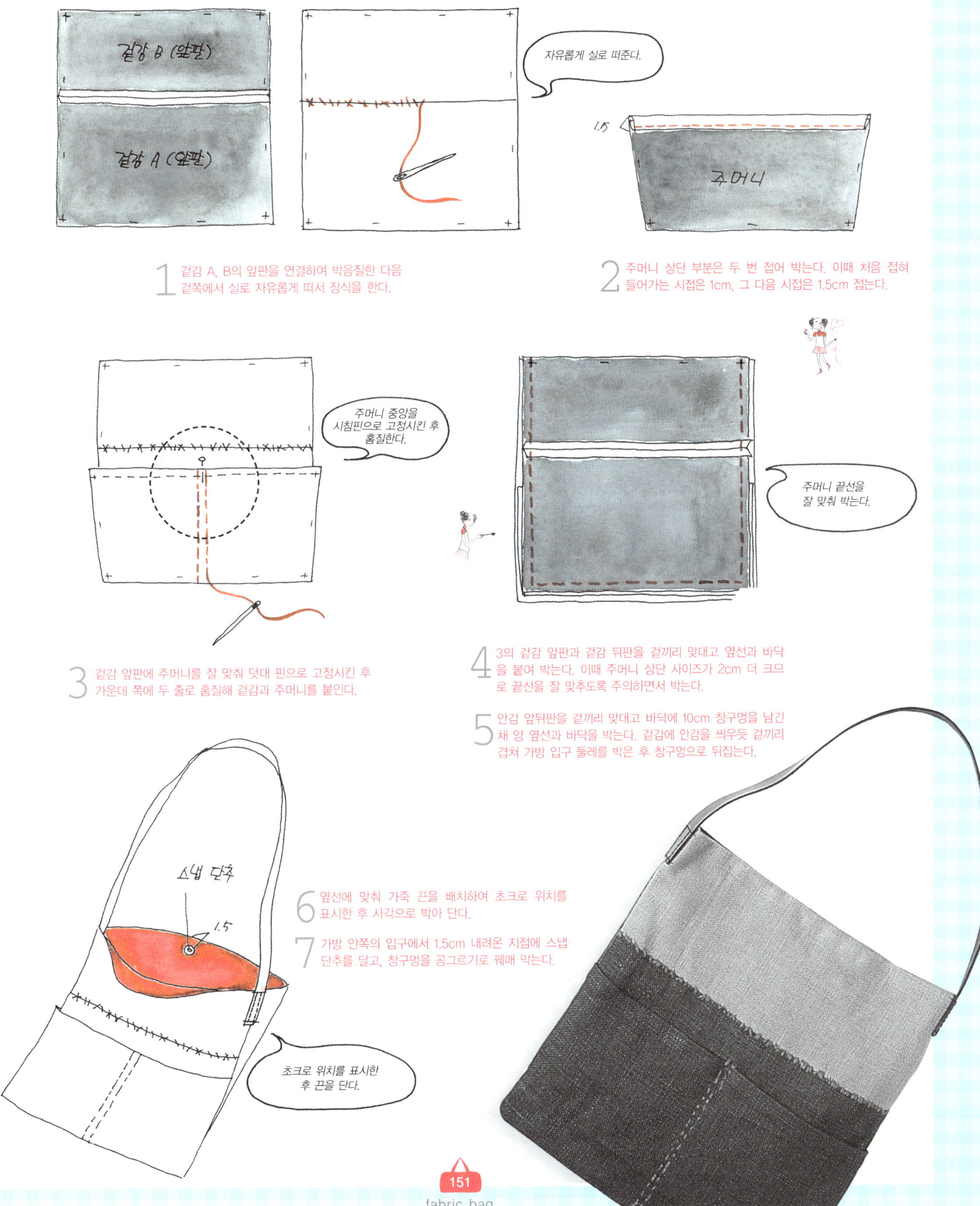

1 겉감 A, B의 앞판을 연결하여 박음질한 다음 겉쪽에서 실로 자유롭게 떠서 장식을 한다.

2 주머니 상단 부분은 두 번 접어 박는다. 이때 처음 접혀 들어가는 시접은 1cm, 그 다음 시접은 1.5cm 접는다.

3 겉감 앞판에 주머니를 잘 맞춰 덧대 핀으로 고정시킨 후 가운데 쪽에 두 줄로 홈질해 겉감과 주머니를 붙인다.

4 3의 겉감 앞판과 겉감 뒤판을 겉끼리 맞대고 옆선과 바닥을 붙여 박는다. 이때 주머니 상단 사이즈가 2cm 더 크므로 끝선을 잘 맞추도록 주의하면서 박는다.

5 안감 앞뒤판을 겉끼리 맞대고 바닥에 10cm 창구멍을 남긴 채 양 옆선과 바닥을 박는다. 겉감에 안감을 씌우듯 겉끼리 겹쳐 가방 입구 둘레를 박은 후 창구멍으로 뒤집는다.

6 옆선에 맞춰 가죽 끈을 배치하여 초크로 위치를 표시한 후 사각으로 박아 단다.

7 가방 안쪽의 입구에서 1.5cm 내려온 지점에 스냅 단추를 달고, 창구멍을 공그르기로 꿰매 막는다.

경쾌한 컬러 포인트, 베이식한 디자인

직사각 토트백

완성 사이즈 37×30㎝(끈 4×24㎝)

원단

겉감 A (스트라이프 패턴 면) 80×20㎝
겉감 B (베이지색 리넨) 85×30㎝
안감 (20수 광목) 85×30㎝

부자재

접착심 85×35㎝
카키색 가죽 30×10㎝

PATTERN

겉감A

| 7 | 37 앞판 | 7 | 37 뒤판 |
| 5 | 37 안단 | 5 | 37 안단 |

20
80

겉감B

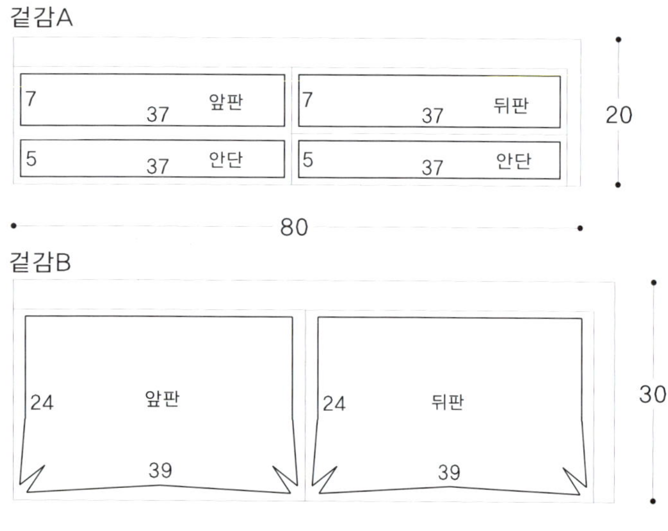

안감

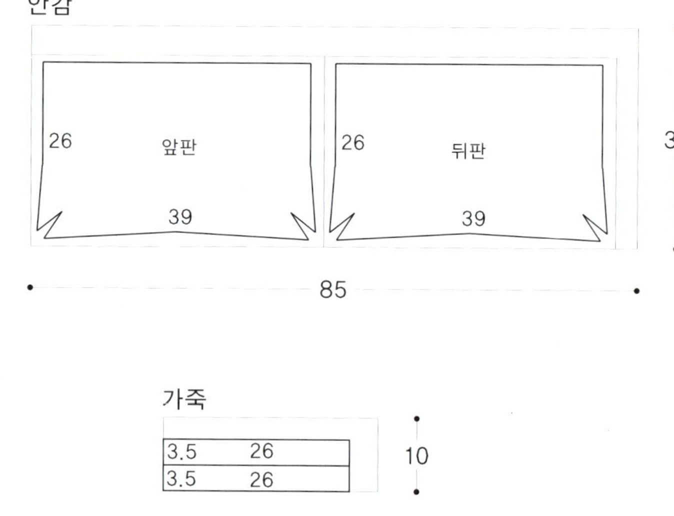

가죽

| 3.5 | 26 |
| 3.5 | 26 |

10
30

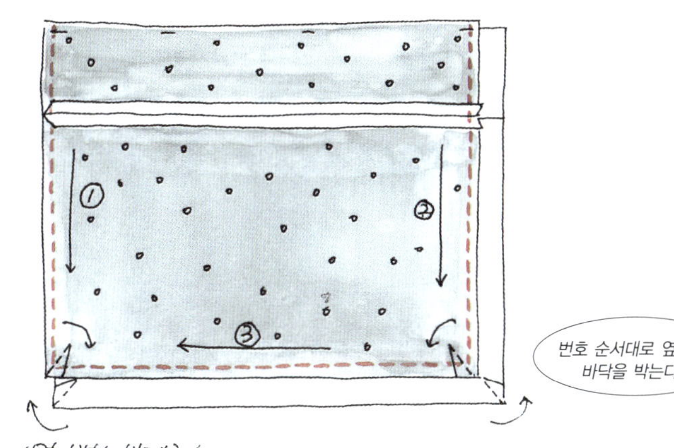

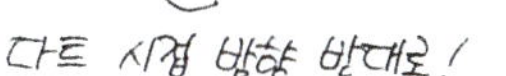

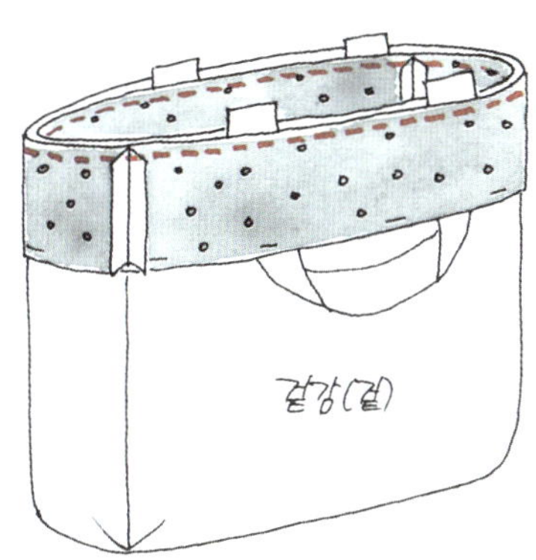

1 겉감 B의 앞뒤판 안쪽에 접착심을 붙인 다음 바닥 쪽 양 끝 모서리
에 다트를 접어 박는다. 이때 다트의 시접은 반대쪽으로 접는다.

2 겉감 A의 앞뒤판 안쪽에 접착심을 붙인 다음 1과 박음질해 붙인다.
그런 다음 겉감 A와 B를 연결한 앞판과 뒤판을 겉끼리 맞대고 옆선
과 바닥을 바느질한다.

3 겉감 안단은 양 옆선을 바느질한 후 겉감 앞뒤판과 겉끼리 맞
대고 그 사이에 가죽으로 재단한 가방끈을 넣어 입구 둘레를
함께 박는다.

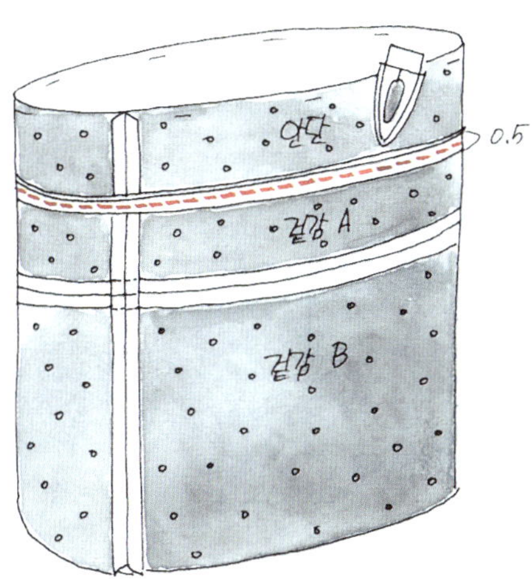

4 안단을 펼쳐 시접을 안단 쪽으로 접고 다리미로 눌러준 다음 안단
쪽에서 다시 한 번 눌러 박는다.

5 안감은 앞뒤판을 겉끼리 맞대고 바닥에 창구멍 10cm를 남긴 채 양
옆선과 바닥을 박는다. 겉감에 안감을 씌우듯 겉끼리 겹친 후 안감
과 안단을 박음질해 잇는다. 뒤집은 후 창구멍을 공그르기로 꿰매
막는다.

사각 반듯 핸드백

완성 사이즈 37×26×9cm(끈 2×38cm)

원단

겉감 (진한 갈색 면 · 마 혼방) 65×60cm
안감 (20수 광목) 65×70cm

부자재

접착심 65×60cm
카키색 가죽 (바닥 · 옆면용) 50×15cm
지퍼 55cm
연갈색 가죽 끈 (2cm 폭) 76cm
십자수 실 (DMC 839, 흰색) 적당량
비즈 적당량

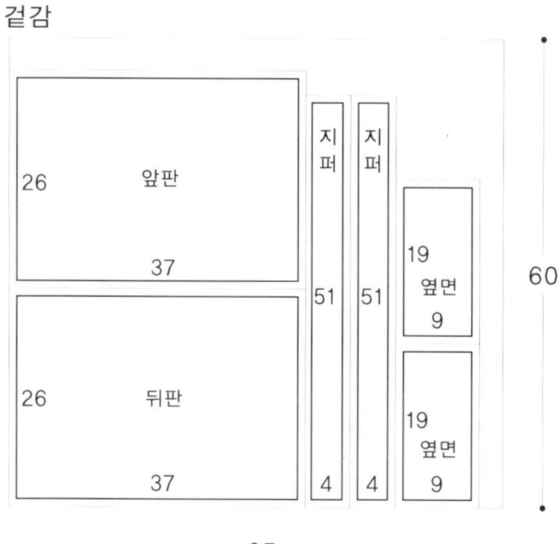

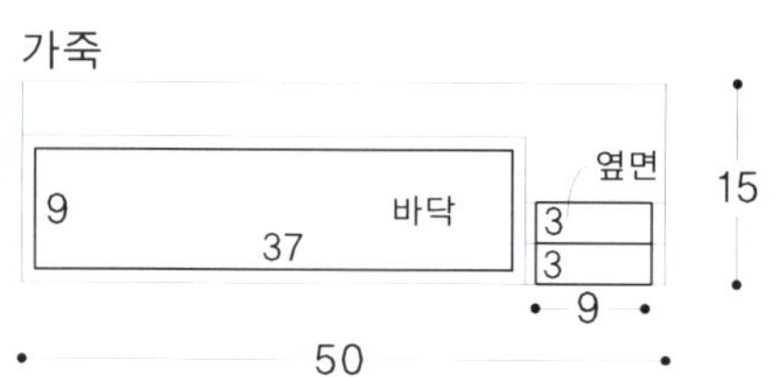

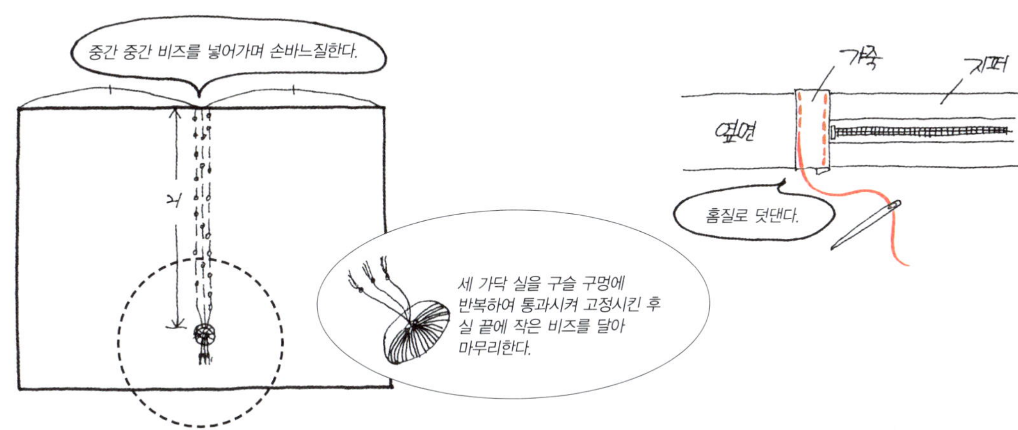

1 겉감 앞뒤판, 옆면의 안쪽에 접착심을 붙인다. 앞판 겉면 가운데에 위에서부터 가운데 한 줄과 좌우로 한 줄씩 손바느질로 박음질을 한다. 이때 중간 중간 비즈를 포인트로 넣어준다.

2 겉감 지퍼 원단 사이에 지퍼를 배치하여 양쪽을 모두 박은 다음 양 끝에 겉감 옆면을 박아 연결한다. 지퍼와 옆면 사이에 9×3cm로 자른 가죽을 덧대 홈질로 붙인다.

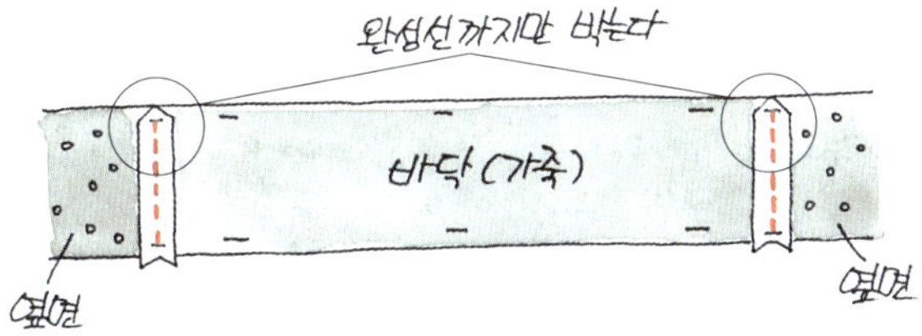

3 옆면과 지퍼를 연결한 2의 양 옆면 사이에 가죽 바닥을 놓고 완성선까지만 박는다.

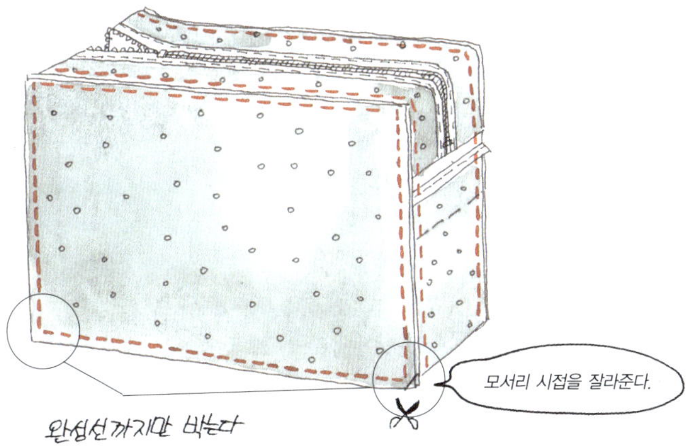

4 겉감 앞뒤판과 3을 모두 연결해 사방을 완성선까지만 박는다. 모서리 시접은 사선으로 잘라주며 지퍼를 조금 열어두고 바느질한다.

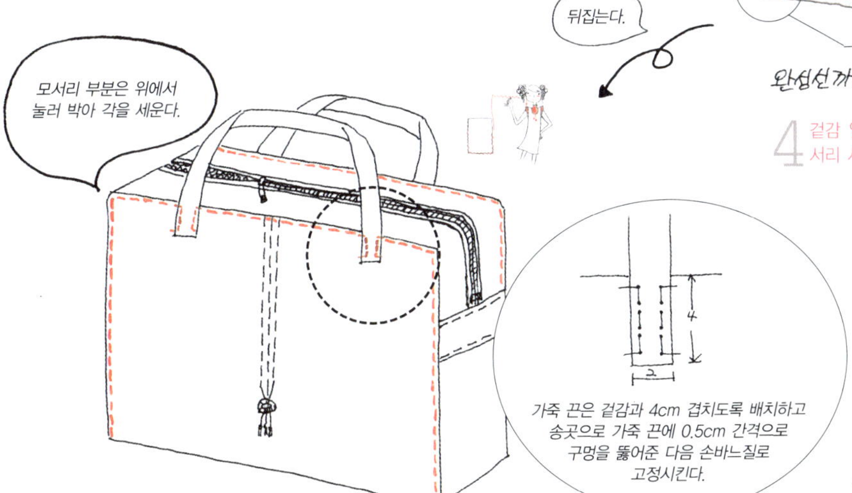

5 지퍼로 뒤집어 겉감의 바닥을 제외한 옆선과 윗선을 한 번 더 겉쪽 위에서 눌러 박아 각을 세워준다.

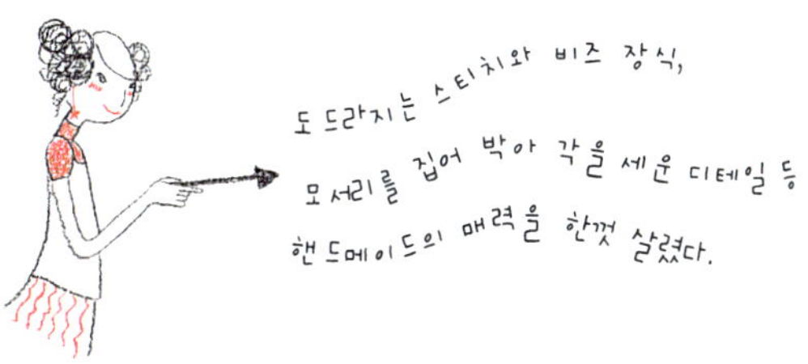

6 안감의 앞뒤판, 윗면, 옆면, 바닥을 연결해 박는다.

7 겉감의 지퍼를 약간 열어놓은 다음 겉감에 안감을 씌우듯 안끼리 겹친다. 지퍼 부분을 시침질로 떠주고 지퍼로 뒤집는다.

48

광택 소재 크로스 백

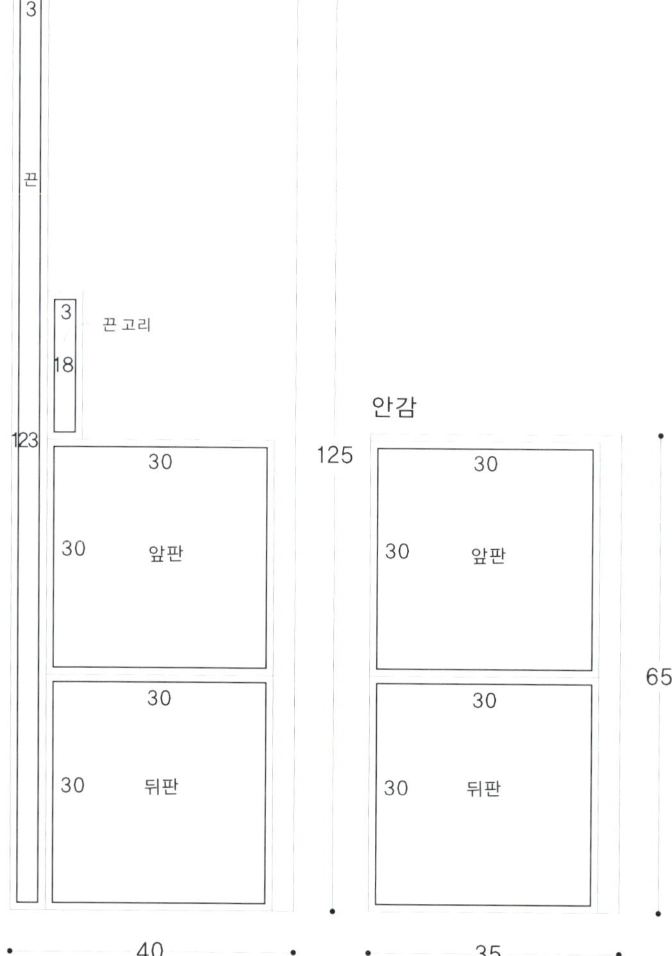

완성 사이즈 30×30cm(끈 1.5×123cm)

원단

겉감 (펄 마블링 데님) 40×125cm
안감 (빨간색 체크무늬 40수 면) 35×65cm

부자재

접착심 35×65cm
검은색 지퍼 35cm
구슬 달린 태슬 2개

겉감

3

끈

3 끈 고리
18

123

30
30 앞판

30
30 뒤판

40

안감

125

30
30 앞판

30
30 뒤판

65

35

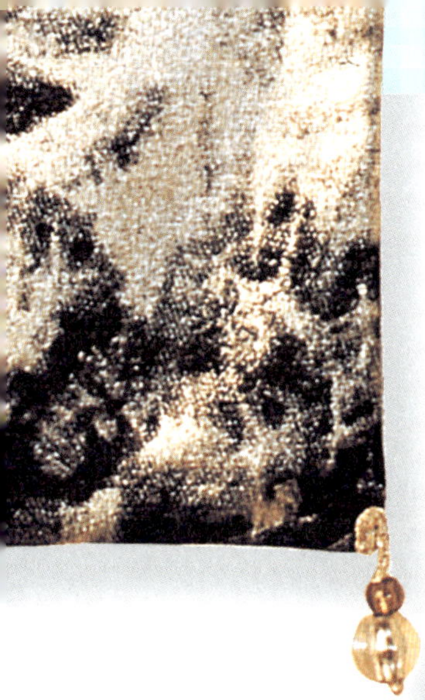

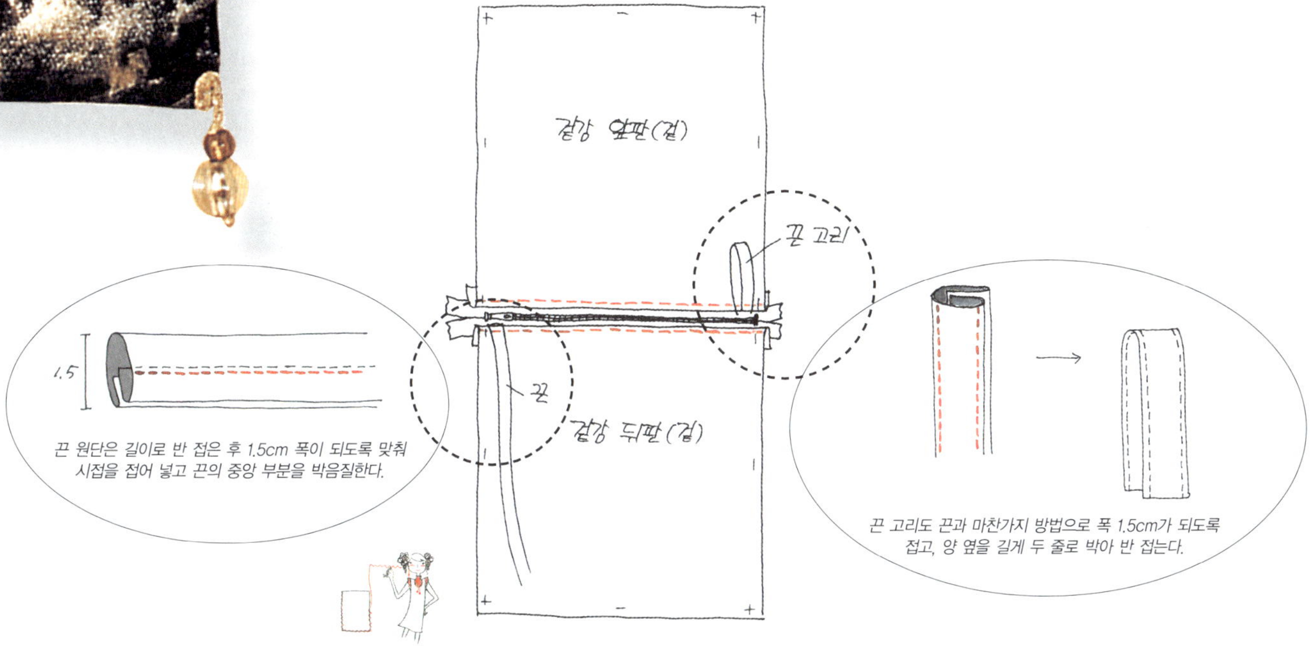

겉감 앞판(겉)
끈 고리
1.5
끈
겉감 뒤판(겉)
끈 원단은 길이로 반 접은 후 1.5cm 폭이 되도록 맞춰
시접을 접어 넣고 끈의 중앙 부분을 박음질한다.
끈 고리도 끈과 마찬가지 방법으로 폭 1.5cm가 되도록
접고, 양 옆을 길게 두 줄로 박아 반 접는다.

1 겉감 앞뒤판 안쪽에 접착심을 붙인 다음 앞뒤판 사이에 지퍼를 놓고 박는다. 이때 한쪽 끝에는 가방끈을, 다른 한쪽 끝에는 끈 고리를 끼워 같이 박는다.

안감(겉)

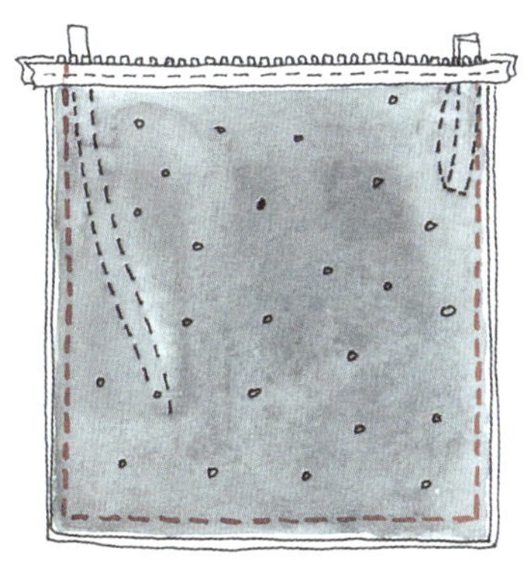

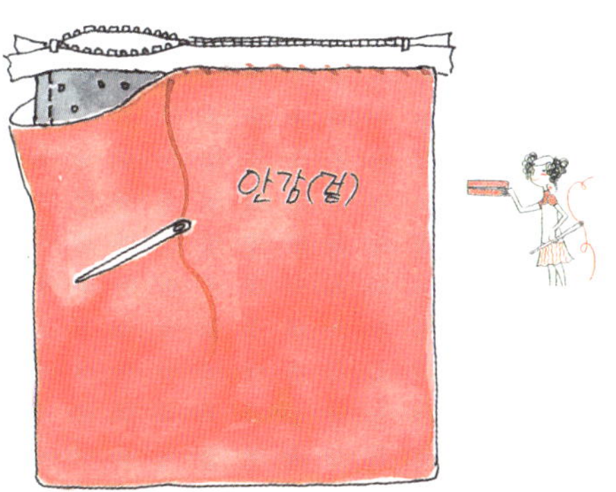

2 지퍼를 기준으로 겉감을 겉끼리 맞대고 옆선과 바닥을 박음질한다.

3 안감 원단의 옆선과 바닥을 겉끼리 맞대 박은 다음 윗단의 시접을 접어 다리미로 눌러 다린다. 겉감에 씌우듯 안끼리 겹쳐 안감 윗단과 지퍼를 감침질로 떠서 고정시킨다.

4 지퍼로 뒤집고 가방 양 끝 모서리에 구슬 달린 태슬을 달아 마무리한다. 끈 고리에 가방끈을 묶어 길이를 조절한다.

펠트 소재 토트백

49

원단

겉감 (갈색 울 펠트) 50×60㎝
안감 (꽃무늬 면 실크) 50×75㎝

부자재

접착심 50×60㎝
카키색 가죽 (바닥용) 25×15㎝
가방끈 솜 50㎝
장식용 리본 테이프 1.7×28㎝
장식용 유리 적당량

완성 사이즈 29×27×13cm(끈 2.5×21cm)

겉감

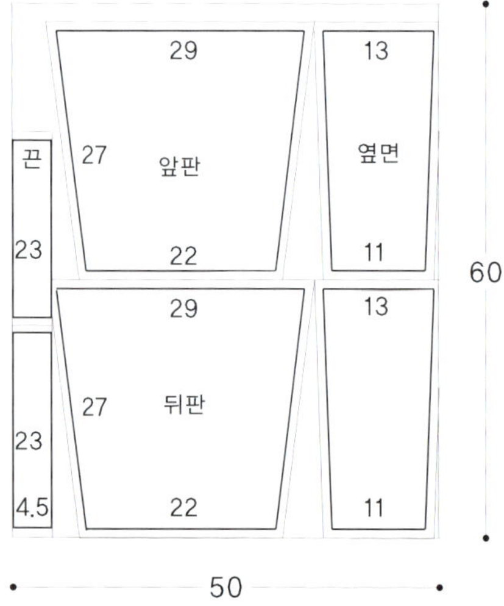

안감

가죽

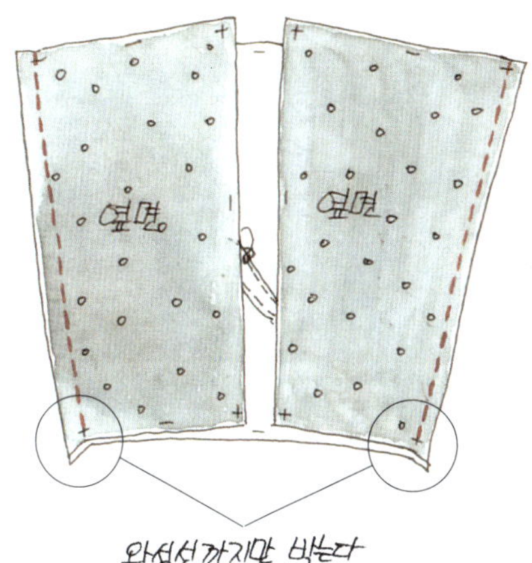

1 겉감 앞판에 털실, 테이프, 유리 등의 다양한 재료를 이용해 꽃 모양으로 장식을 한다.

2 겉감 안쪽에 모두 접착심을 붙이고 1의 겉감 앞판과 옆면을 겉끼리 맞대 박음질한다. 바닥과 만나는 부분은 완성선까지만 박은 다음 뒤판을 연결하여 박는다.

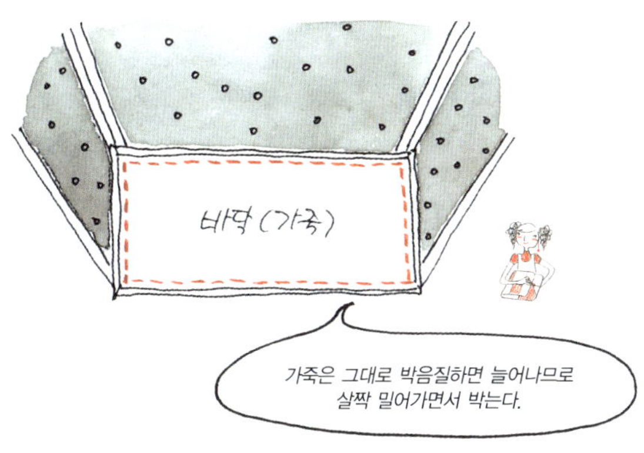

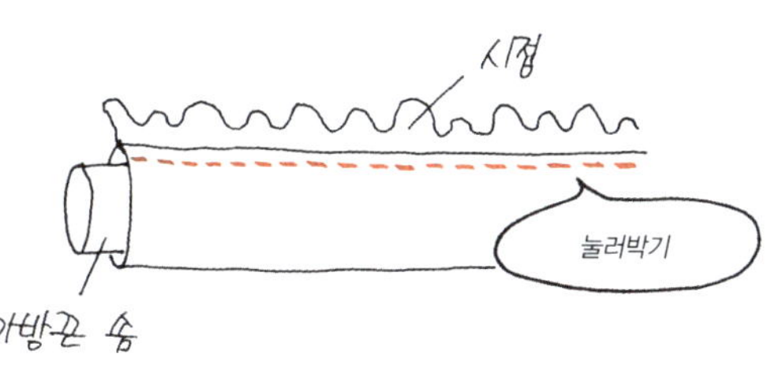

3 2의 겉감에 가죽으로 재단한 바닥을 박는다.

4 끈 원단을 반 접어 그 사이에 가방끈 솜을 넣고 겉에서 눌러 박아 가방끈을 만든다. 이때 박음질은 재봉틀 외노루발을 사용한다.

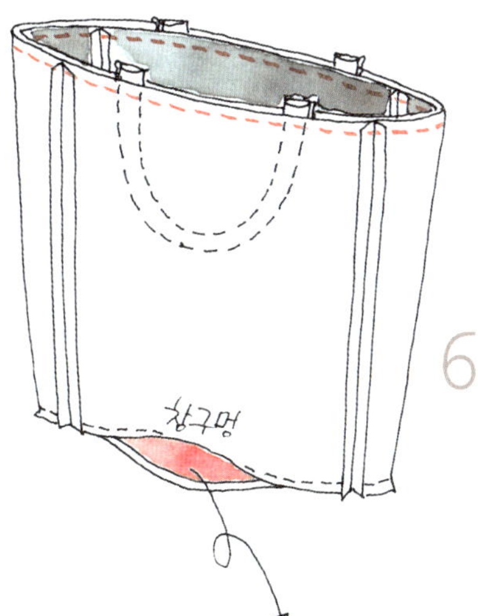

5 안감은 바닥에 10cm 창구멍을 남기고 앞뒤판, 옆면, 바닥을 연결해 박는다.

6 겉감에 안감을 씌우듯 겉끼리 겹치고 그 사이에 4의 가방끈을 넣어 가방 입구 둘레를 함께 박는다. 뒤집어 공그르기로 창구멍을 꿰매 마무리한다.

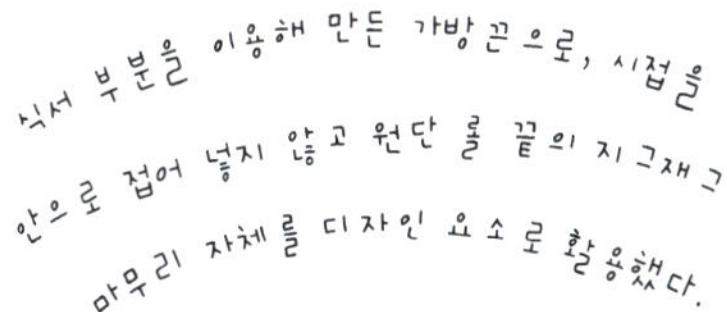
식서 부분을 이용해 만든 가방끈으로, 시접을 안으로 접어 넣지 않고 원단 롤 끝의 지그재그 마무리 자체를 디자인 요소로 활용했다.

50

리버서블 호보백

원단

겉감 (캐러맬색 가죽) 45×65㎝

안감 (하늘색 천연 염색 무명) 45×65㎝

완성 사이즈 31×30㎝(끈 5×59㎝)

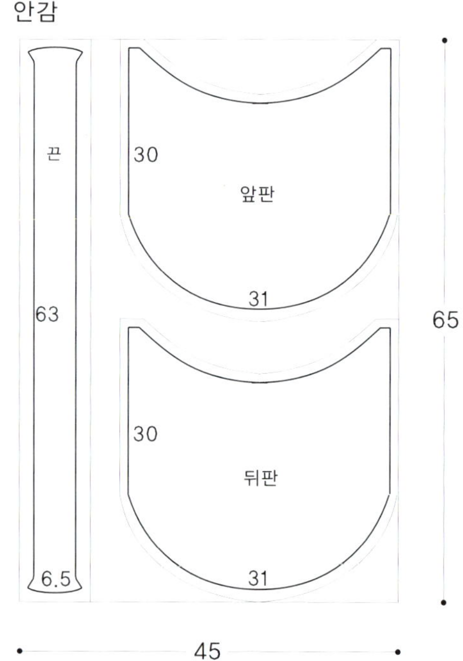

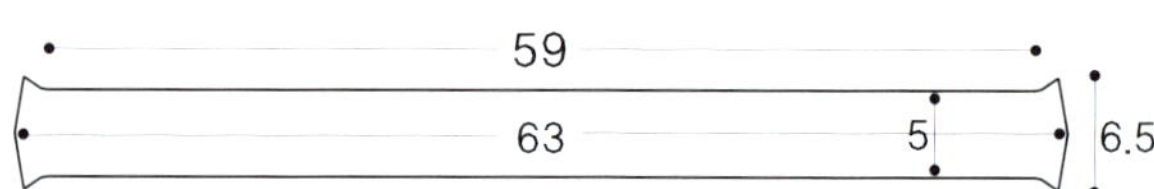

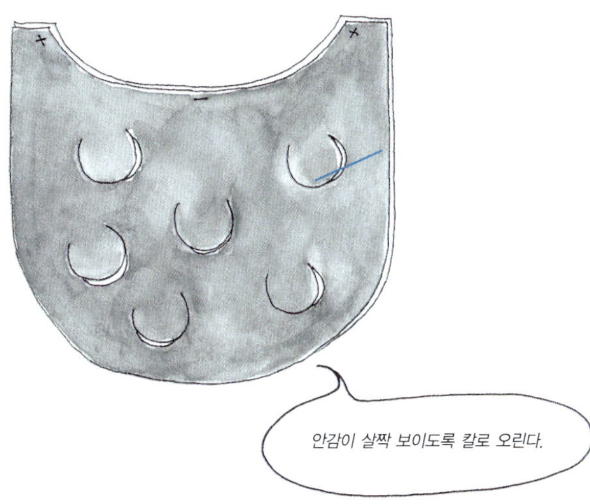

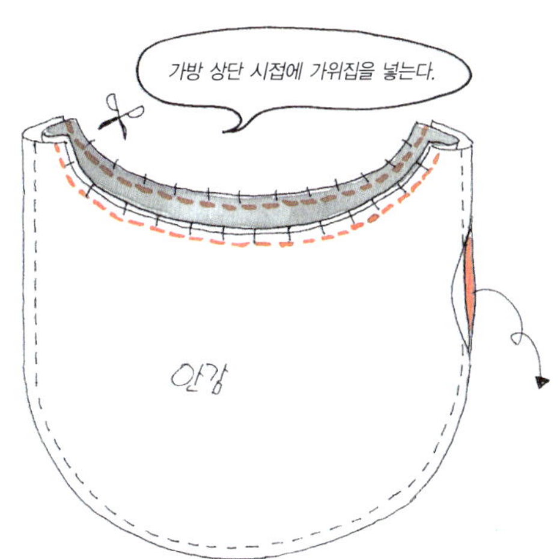

1 가죽으로 재단한 겉감 앞판에 펜으로 동그라미를 그린 후 원의 3분의 2 정도만 칼로 오린다.

2 겉감 앞뒤판을 겉끼리 맞대고 옆선부터 바닥, 반대편 옆선까지 박음질한다.

3 안감은 앞뒤판을 겉끼리 맞대 옆선에 10cm 창구멍을 남기고 옆선과 바닥을 박음질한다.

4 겉감에 안감을 씌우듯이 겉끼리 겹치고 부채꼴 모양의 입구 부분을 박음질한다. 끈을 연결할 양 옆은 박지 않고 남겨두며 안감 시접은 다리미로 눌러준 후 창구멍으로 뒤집는다.

5 겉감과 안감으로 재단한 끈은 겉끼리 맞대고 길이로 박음질한 다음 모서리에 가위집을 넣는다. 안감의 시접 부분은 다리미로 눌러주고 바느질하지 않은 쪽으로 뒤집는다.

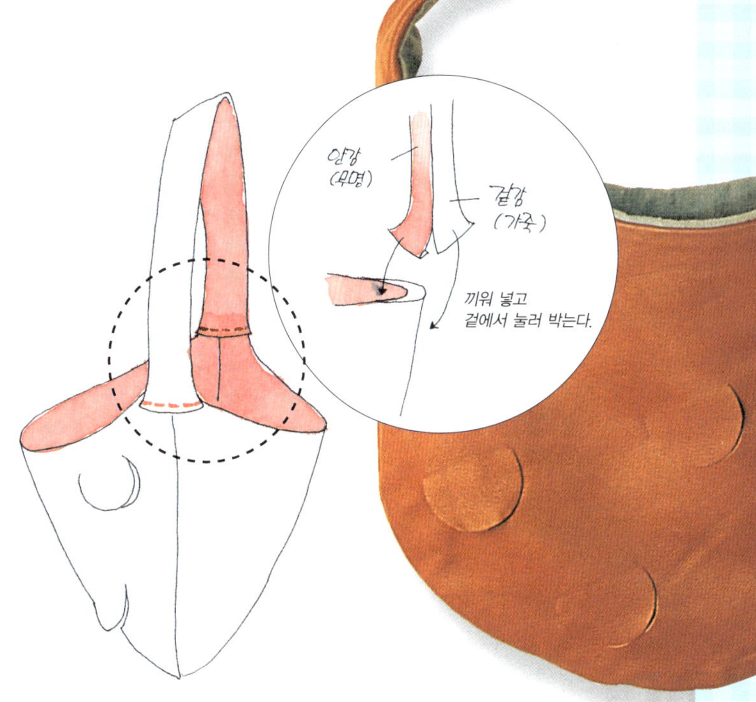

가죽 소재의 겉감에 원의 3분의 2만큼 커팅을 하여 안감이 언뜻언뜻 드러나도록 디자인한 감각이 돋보인다. 캐러멜색 가죽과 하늘색으로 천연 염색된 무명천의 색다른 매치가 스타일리시해 보인다.

6 4의 가방 양쪽 모서리에 5의 가방끈을 끼워 넣고 겉에서 눌러 박는다. 공그르기로 창구멍을 꿰매 마무리한다.

51

복고풍 핸드백

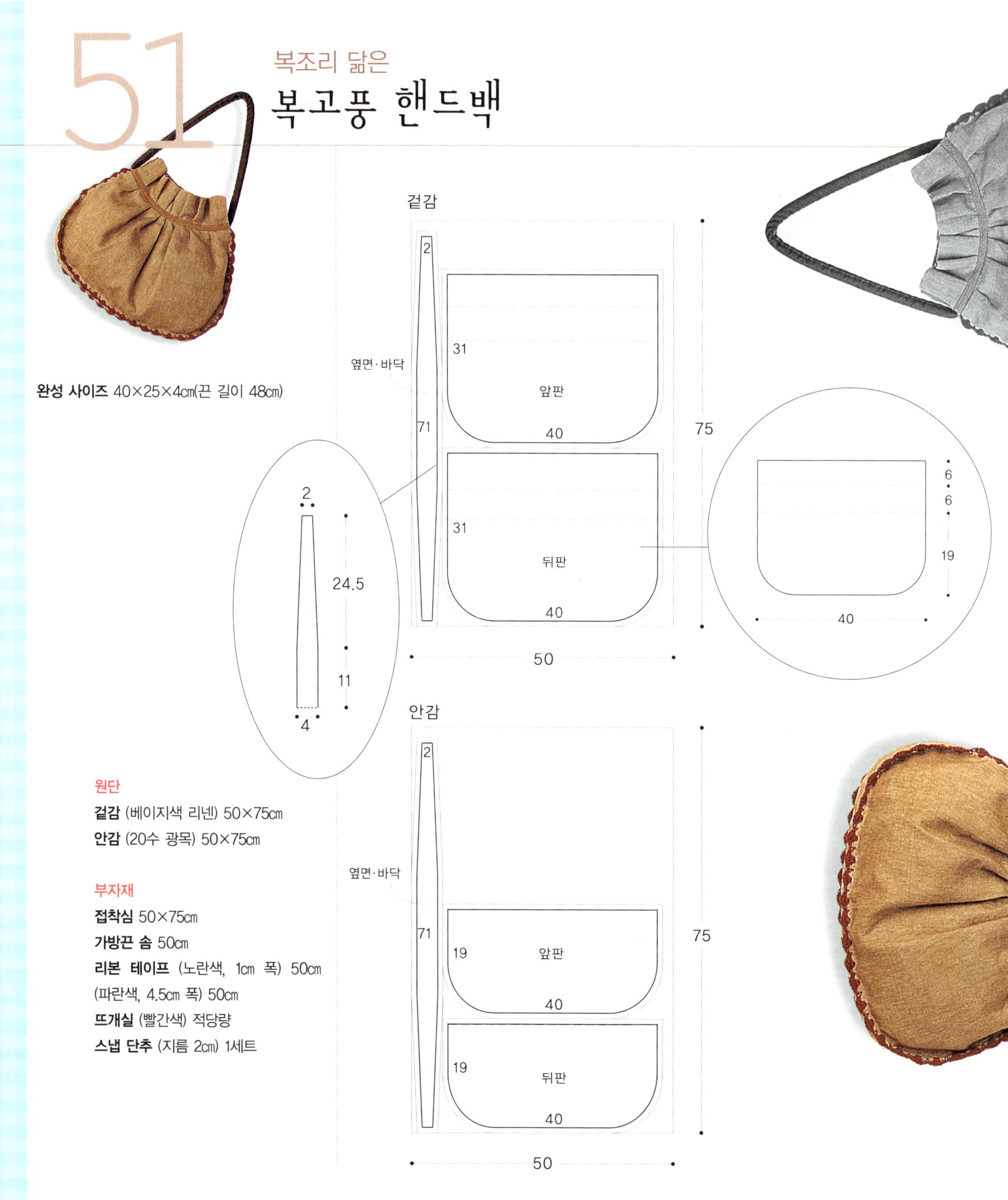

완성 사이즈 40×25×4cm(끈 길이 48cm)

원단
겉감 (베이지색 리넨) 50×75cm
안감 (20수 광목) 50×75cm

부자재
접착심 50×75cm
가방끈 솜 50cm
리본 테이프 (노란색, 1cm 폭) 50cm
(파란색, 4.5cm 폭) 50cm
뜨개실 (빨간색) 적당량
스냅 단추 (지름 2cm) 1세트

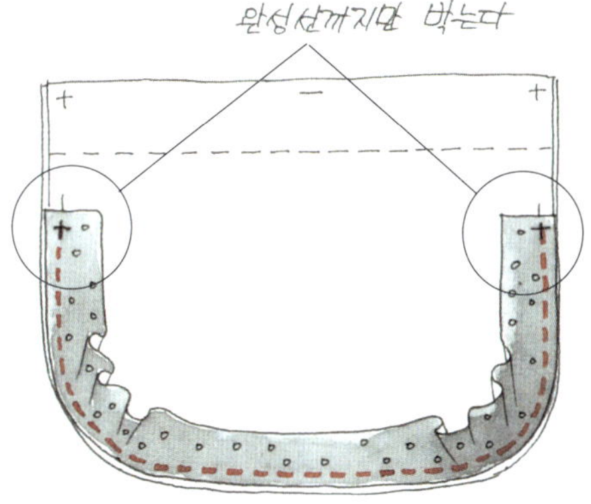

1 겉감 안쪽에 접착심을 붙인 다음 겉감의 앞뒤판과 옆면을 겉끼리 맞대고 박는다. 이때 옆면은 완성선까지만 바느질한다.

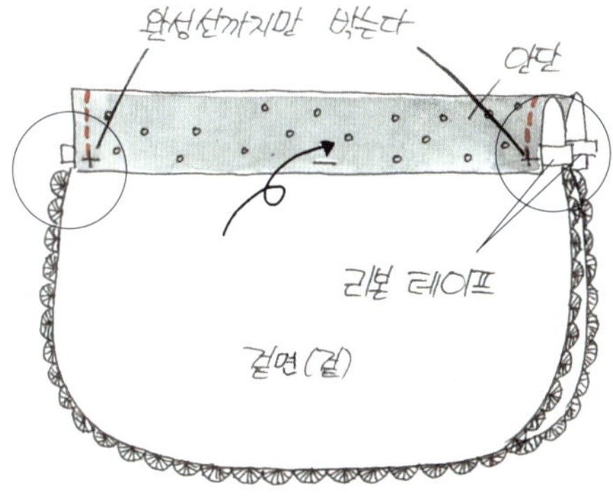

3 옆면과 연결되지 않은 앞뒤판 위쪽 안단 부분을 겉면 쪽으로 접는다. 노란색 리본 테이프를 끼워 넣고 시접을 접어 앞뒤판의 옆선을 각각 완성선까지만 박은 다음 안단 부분을 뒤집어 겉면이 나오게 한다.

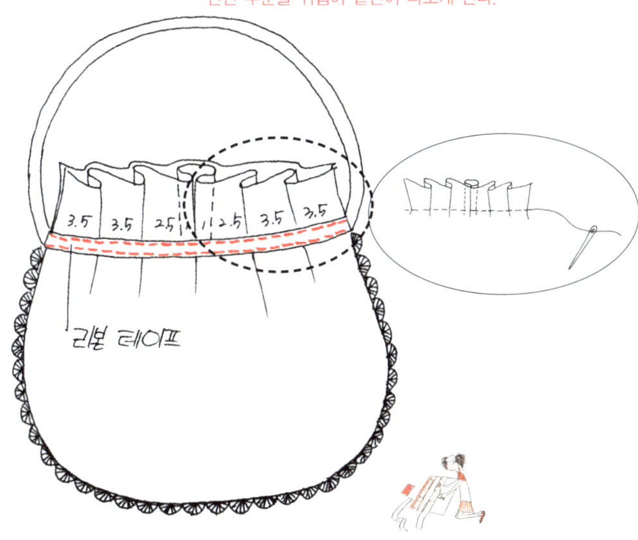

6 안단 하단 부분에 맞춰 주름을 잡고 시침질해 고정시킨 다음 리본 테이프를 겹쳐 눌러 박는다.

7 가방 안쪽에 스냅 단추를 달아준 다음 공그르기로 창구멍을 꿰매 막는다.

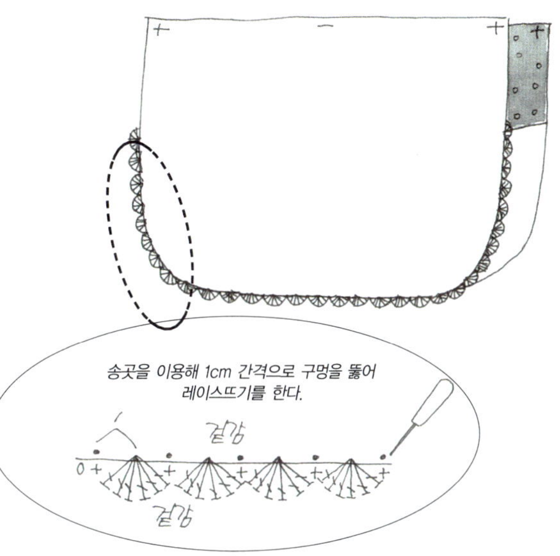

2 1의 가방 본체를 뒤집고, 겉감 옆선과 바닥 쪽에 송곳을 이용해 1cm 간격으로 구멍을 뚫어 레이스뜨기로 포인트를 준다.

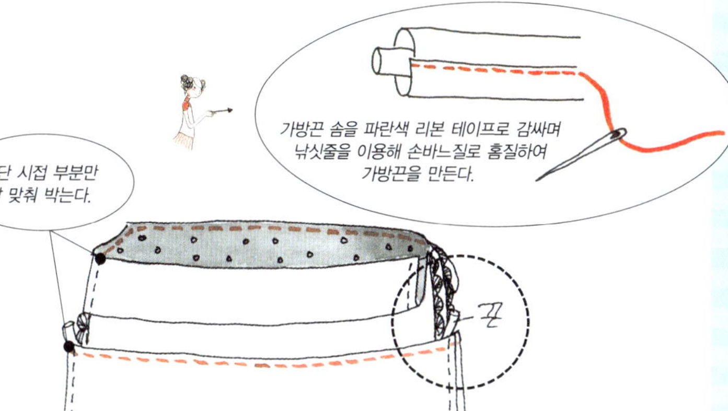

4 바닥 부분에 10cm 정도 창구멍을 남기고 안감의 앞뒤판, 옆면·바닥을 박는다.

5 겉감에 안감을 씌우듯 겉끼리 겹치고 옆선 사이에 가방끈을 넣는다. 안단의 시접분과 안감을 잘 맞춰 박은 후 뒤집는다.

리본을 감아 만든 가방끈, 촘촘한 레이스 뜨기 테두리,
복조리 같은 굵은 맞주름 등 빈티지 스타일을 위한
아이디어 총동원.

52

복고풍 미니 백

완성 사이즈 17.5×27cm(끈 길이 95cm)

원단

겉감 (흑백 스트라이프 면 자카드) 40×30cm

안감 (20수 광목) 40×30cm

부자재

접착심 40×30cm

똑딱 프레임 1세트

모티프용 면 뜨개실 (흰색, 검은색) 적당량

땋아진 비닐 테이프 끈 (노란색) 1m

1 면실로 모티프 두 개를 뜬다.

2 겉감 안쪽에 접착심을 붙인 후 겉감 앞판에 1의 모티프를 손바느질로 붙인다. 앞뒤판을 겉끼리 맞대고 옆선과 바닥을 박는다.

3 안감은 겉끼리 맞대 바닥에 창구멍 8cm를 남기고 앞뒤판과 옆선, 바닥을 박는다.

4 겉감에 안감을 씌우듯 겉끼리 겹쳐 백 입구를 박음질한 다음 창구멍으로 뒤집고 공그르기로 꿰매 막는다.

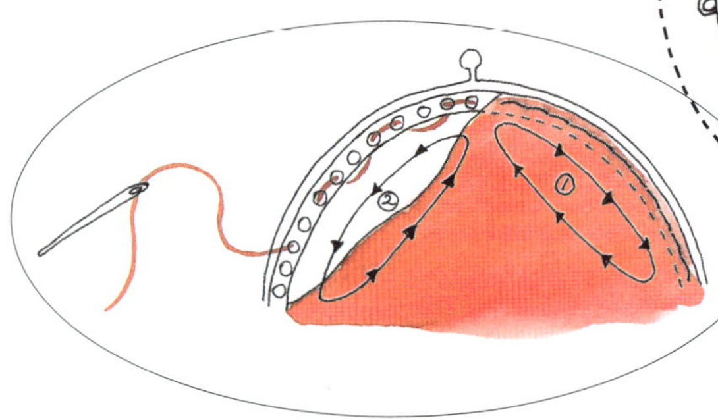

5 똑딱 프레임을 4의 가방 입구에 맞추고 중심에서 한쪽으로 홈질로 끝까지 연결한 후 다시 홈질로 되돌아온다. 반대쪽도 중심에서 홈질로 끝까지 바느질한 후 다시 홈질로 되돌아와 중심에서 마무리한다.

6 땋아진 가죽 끈을 똑딱 프레임 양 끝 고리에 끼워 매듭짓고 실로 한 번 더 단단하게 꿰맨다.

special thanks

촬영을 위해 제품을 내주신 협찬처 여러분께 진심으로 감사드립니다

장소

봉평 메이힐 펜션

가구 및 소품

노반럭스 02-563-0075

off-time 02-546-8915

ZU 02-540-4580

이시엘라 02-532-2655

포커시스 02-3481-0153

데코야 02-542-7557

지오데코 02-549-7123

이고세 02-549-3238

noah 02-3445-5677

art&life 02-511-1100

mmmg 02-547-5276

인어뷰 02-546-1105

모던하우스 02-323-0456

겐자이 마루 02-571-6123

바인홈 02-2296-5819

토왕 02-2243-1490

세상에 단 하나

나만의 명품 백 DIY

초판 1쇄 인쇄   2005년 4월 9일
초판 1쇄 발행   2004년 4월 18일

사장 · 발행인 / 김학준
출판국장 / 최맹호
출판국 부국장 / 횡의봉
출판팀장 / 지재원

기획 / 이기숙
진행 / 김미영
사진 / 이동욱(EEDONG Studio)
일러스트 / 연선홍
패션스타일리스트 / 박현나
인테리어스타일리스트 / 주혜준
모델 / 우리, 장가을
메이크업 & 헤어 / 장문선, 끌로에(02-512-5400)
교정 / 전남희

출판미술팀장 / 장호식
디자인 / 곽 창 · 윤영선
오퍼레이터 / 김현주 · 박미영 · 박경옥
스캔 · 출력 / 김광삼 · 최윤호 · 이상국
이수용 · 신광철

펴낸곳 / 동아일보사 Ⓑ
주소 / 서울 종로구 세종로 139(110-715)
전화 / (02)361-1092~6(영업)
(02)361-0992(편집)
등록 / 1968.11.9(1-75)
인쇄 / 삼성문화인쇄

값 / 12,500원

ISBN 89-7090-415-8
23590